双孢菇智慧化工厂生产关键技术与装备

姬江涛　赵凯旋　李倩文　编

机 械 工 业 出 版 社

双孢菇有"世界菇"之称，是目前世界上栽培地域最广、生产规模最大、产量最高的一种食用菌。本书介绍了双孢菇智慧化工厂生产关键技术和装备，主要内容包括双孢菇工厂化生产环境调控、双孢菇内外部信息智能感知、双孢菇智能采收技术与装备、双孢菇智能分级与包装装备等。本书内容翔实、丰富，创新性强，为双孢菇智慧化生产奠定了基础。

本书可供食用菌工厂化栽培相关的工程技术人员和管理人员参考，也可作为农业机械、食用菌科学与工程等相关专业本科生和研究生的教材。

图书在版编目（CIP）数据

双孢菇智慧化工厂生产关键技术与装备／姬江涛，赵凯旋，李倩文编. -- 北京：机械工业出版社，2024. 9. -- ISBN 978-7-111-76375-8

Ⅰ. S646-39

中国国家版本馆 CIP 数据核字第 20241VC618 号

机械工业出版社（北京市百万庄大街 22 号　邮政编码 100037）
策划编辑：侯宪国　黄倩倩　　责任编辑：侯宪国　黄倩倩　杜丽君
责任校对：郑　雪　李　婷　　封面设计：张　静
责任印制：李　昂
北京捷迅佳彩印刷有限公司印刷
2024 年 10 月第 1 版第 1 次印刷
184mm×260mm · 14.5 印张 · 356 千字
标准书号：ISBN 978-7-111-76375-8
定价：58.00 元

电话服务　　　　　　　　网络服务
客服电话：010-88361066　　机 工 官 网：www.cmpbook.com
　　　　　010-88379833　　机 工 官 博：weibo.com/cmp1952
　　　　　010-68326294　　金　书　网：www.golden-book.com
封底无防伪标均为盗版　机工教育服务网：www.cmpedu.com

前　言

双孢菇，又称白蘑菇、口蘑、洋蘑菇，是一种色泽洁白、质地柔嫩、味道鲜美、营养丰富的食用菌。它含有丰富的蛋白质、氨基酸、维生素及矿物质，具有多种保健功能，以作物秸秆、动物粪便为生长原料，生长周期仅为 45 天，种植利润是大棚果蔬的数十倍，传统主粮作物的数百倍，生产成本低、经济效益高。目前，我国双孢菇的生产模式主要以传统生产模式和"企业+农户"生产模式为主，其生产特点主要表现为生产规模小、生产设备简陋、劳动强度大、劳动力成本高、产量受季节性影响较大，与工厂化生产模式的生产标准化、规模化、机械化和周年化等特点相比，工厂化生产具备单产高、产品质量稳定的优势，但由于其对技术要求高，且倚重于资金、技术和管理的投入，整体仍处于较低水平，严重制约了双孢菇产业的发展。因此，加快推进双孢菇产业智慧化工厂生产，对提高双孢菇产量及质量，增加双孢菇生产经济效益，促进农民增产增收，提升我国双孢菇产业在国内甚至国际上的竞争力具有重要意义。

基于工厂化生产的双孢菇智慧化生产关键技术，借助于现代化工厂农业生产模式，集成了自动化、智能化及物联网等新一代信息技术，快速、高效地完成双孢菇的管理、采收和保鲜包装等生产过程。在解放人力劳动的同时，利用各种先进生产技术实施生产环境精准调控、成熟子实体智能采收、鲜菇智能保鲜包装等内容，有效提升双孢菇的产量和质量，满足了消费者的需求。

本书不仅全面系统地总结了当前技术的应用现状，还展望了未来的研究方向和发展潜力，对推动双孢菇产业智能化进程具有重要指导意义。

本书的出版得到了国家重点研发计划项目"标准化果园智能化生产技术装备创制与应用"（编号：2023YFD2000013）、河南省重大科技专项（龙门实验室重大项目）"智慧农场成套智能装备研发与应用"（编号：231100220200）、河南省重大科技专项"主粮作物智慧化生产加工关键技术装备研发及应用"（编号：221100110800）的资助。

本书编写分工：河南科技大学姬江涛教授对全书内容进行了总体设计和校核，并撰写了第 1 章、第 5 章和第 6 章；河南科技大学赵凯旋撰写了第 4 章的内容；河南科技大学李倩文撰写了第 2 章和第 3 章。

河南科技大学研究生刘卫想参与了书稿原始内容的录入、图片编辑和排版等工作。书中部分内容借鉴参考了有关单位或个人的研究成果，均已在文末参考文献中列出，在此对刘卫想及所参阅文献的作者表示衷心的感谢！

本书借鉴了信息检测、智能控制等先进生产技术与方法的最新研究成果，具备了一定的创新性。但由于编者水平有限，书中内容难免存在疏漏之处，欢迎广大读者批评指正。

编　者

目　录

第1章

绪　　论

1.1　双孢菇工厂化生产现状

双孢菇为草腐生真菌，中文别名有蘑菇、洋蘑菇、白蘑菇等，欧美各国生产经营者常称之为普通栽培蘑菇或纽扣蘑菇。双孢菇是世界性栽培和消费的菇类，有"世界菇"之称，是目前世界上栽培地域最广、生产规模最大、产量最高的一种食用菌。其含有丰富的蛋白质、氨基酸、多糖和维生素，可以补充人体所需钾、磷等重要的营养元素，是一种公认的营养、鲜美、健康的食物。近年来，随着人民生活水平的不断提高，对这种健康食品的需求越来越大。

双孢菇以作物秸秆、动物粪便为生长原料，生长周期仅为45天，且生产成本低、经济效益高，种植利润是传统主粮作物的数百倍。目前，我国的双孢菇生产模式主要有传统生产模式、"企业+农户"生产模式和工厂化生产模式三种。其中，传统生产模式以农户为主，生产规模小，生产设备简陋，主要为季节性生产，劳动强度大，劳动力成本高；"企业+农户"生产模式是由传统生产模式向工厂化生产模式转型的过渡模式，虽然将传统生产与工厂、市场对接连通，但其产量受季节性影响较大，不稳定；工厂化生产模式具备生产标准化、规模化、机械化、周年化等特点，单产高、产品质量稳定，但对技术要求高，且倚重于资金、技术和管理的投入。

根据《2018—2024年中国食用菌市场深度分析与发展战略预测报告》统计显示：我国食用菌产量由2010年的2261万t上升到2020年的4081.20万t，涨幅达到80%以上。根据中国食用菌协会统计，我国近些年来食用菌产业的年产量和总产值都呈现扩增趋势，2018年全国食用菌总产量3842.03万t，年产值2938.78亿元，有12个省份的食用菌产量超过百万吨，2019年全国食用菌总产量达到3961.91万t，2020年全国食用菌产量达4081.2万t，其中双孢菇产量占比达10%左右，如图1-1和图1-2所示。

近年来，随着国内经济水平的提高，人民对食用菌这种健康食品的关注度越来越高，国内消费市场持续走高，对双孢菇的需求也越来越高，意味着双孢菇工厂化生产的必要性和紧要性。而且与传统生产方式相比，工厂化生产具有以下优势：一是产品品质安全可靠，可以通过控制原料安全和精准控制环境条件来实现安全优质生产；二是产品数量可控，可以稳定

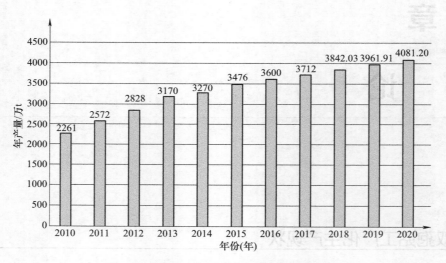

图 1-1 2010~2020 年中国食用菌年产量统计

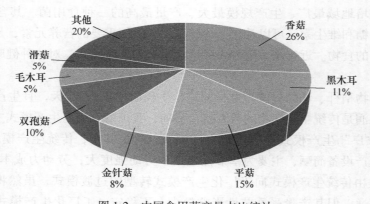

图 1-2 中国食用菌产量占比统计

供应市场，避免季节性上市对销售商和消费者的影响；三是劳动强度低，实现了机械化、自动化生产；四是劳动力投入少，通过智能化设备和设施的应用，部分生产环节基本可以实现无人化；五是生产率高，可以精准调控环境条件，通过层架栽培实现高效生产。然而，从图1-3来看，中国食用菌工厂化总产量和工厂化率变化趋势，虽逐年稳步增长，但工厂化率仍在10.5%以下，整体处于较低水平。食用菌工厂化生产仍有很大的发展空间。

自20世纪90年代后，我国双孢菇生产进入快速发展期，自1999年以来产量稳居世界第一，我国2014~2022年双孢菇年产量如图1-4所示，虽然有所波动，但均保持在160万t以上，最高时可达338万t。此外，我国还是双孢菇第一出口大国，以2019年为例，产品出口量占全球的65%左右。如图1-5所示，我国2017~2020年工厂化率持续上涨，即使总产量有所下降，工厂化产量仍在逐年增长，表明双孢菇工厂化生产正在稳步发展，并成为该行业的趋势。然而，我国的双孢菇产业仍然存在问题，超过85%的双孢菇生产仍采用传统的生产模式或"企业+农户"的模式，仅有不到15%的产量来自工厂化生产。以2019年和2020

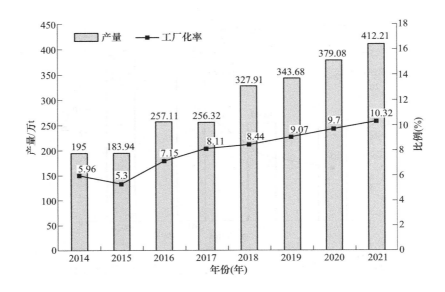

图 1-3　2014~2021 年中国食用菌工厂化总产量及工厂化率趋势

年为例,工厂化年产量分别占总产量的 10.55% 和 12.18%,严重制约了双孢菇产业的发展。因此,加速推进双孢菇产业的工厂化生产,改变传统生产模式,成为双孢菇产业发展的重要方向。

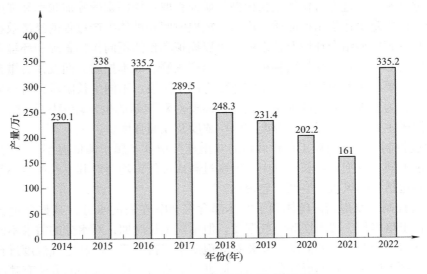

图 1-4　2014~2022 年中国双孢菇年产量

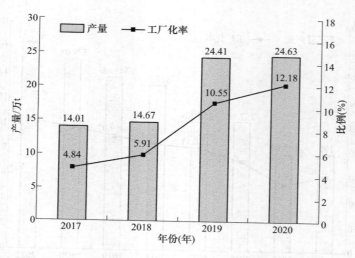

图 1-5　2017～2020 年中国双孢菇工厂化产量及工厂化率趋势

1.2　双孢菇智慧化生产关键技术

1.2.1　双孢菇工厂化环境调控技术

设施果蔬作物的环境调控主要包括：室内空气湿度、CO_2 浓度、温度、通风和光照、土壤湿度及养分含量。通过专有作物生长模型的研究获取环境因素的施加频率和强度信息。施加过程的合理性决定了作物出产品质、产量、成熟时间和整体生产过程的经济效益。成型的设施作物生长发育模型结合环境调控系统，可以模拟和预测不同作物管理和环境管理措施对作物生长发育的影响，在优化果蔬种植管理、出产预测、成本控制方面发挥着重要的作用。

双孢菇生长要经历菌丝体生长和子实体发育两个阶段，不同生长阶段，对环境因子的需求不同。因此，为了提高双孢菇的生产效益，需要对双孢菇的生长环境因子进行智能调控，其环境调控因子主要包括：温度、湿度、CO_2 浓度及光照强度。

（1）温度控制　我国目前工厂化栽培的双孢菇菌株基本属于偏低温型，不同生长阶段，对温度的要求不同。双孢菇生长过程中，温度过高或过低，均会对其生长产生不利影响，其主要控温设备包括：热风机、空调、卷帘机。

（2）湿度控制　双孢菇菌丝体和子实体都含有 90% 左右的水分，其整个生长期所需的水分主要来自于培养料、覆土层和空气湿度，但不同生长时期，对水分的需求不同，为了保证双孢菇在不同时期对水分的需求，需要对双孢菇培养料、覆土层和空气湿度进行控制，使其生长环境始终维持在适宜的湿度范围内，促进双孢菇的生长。加湿的方法有喷淋加湿、超声波加湿、高压微雾加湿和蒸汽加湿等。

喷淋加湿具有安装方便、附带降温效果。超声波加湿设备，是通过其振动子产生直径小于 5μm 的雾粒加湿效率高，加湿后不产生滴水现象，但对水质要求高，需要软化处理，去除水中的水溶性无机物和杂质，振动子需定期更换。高压微雾加湿设备，通过高压泵对水加

压到 4.9×10^6 MPa 以上，再经过高压管输送到喷嘴，雾粒直径小于 $15 \mu m$，水雾从液态变成气态，在空气中吸收热量，起到降温和加湿作用，一般用于面积较大的菇房。蒸汽加湿设备，蒸汽管直接通入菇房，起到加热和增湿作用，一般用于北方寒冷、干燥的菇房。

（3）CO_2 浓度控制　双孢菇是一种好氧性菌类，菌丝体生长和子实体发育阶段进行呼吸作用，吸收 O_2，排出 CO_2。另外，培养料中还有其他微生物，分解养分的过程中也会产生 CO_2，如果不对其加以控制，会使菇房内的 CO_2 浓度上升，阻碍菌丝体生长和子实体发育。同时，双孢菇培养料被菌丝分解时还会产生硫化氢、氨等有害气体，对双孢菇的生长产生不利的影响，封闭的环境也容易引起各种杂菌和病害的发生，因此需要对菇房采取通风或 CO_2 及其他有害气体排出措施，并补充新鲜空气。通常采用的方法是自然通风或采用通风设备（换气扇、热交换器和空调箱等）进行通风换气，且所采用的通风换气装置常将通风换气和温度控制一起完成。

根据菇房大小或菇架数量选择合适的换气扇型号和数量，保证有足够的风压和风量，快速地送、排风，达到设定的 CO_2 浓度。热交换器的主要作用是将新鲜空气和室内空气进行热量交换后，通过送风管送入菇房，起到减少空调负荷、节能的目的。空调箱主要起制冷（或加热）和新风送入作用。新风通过空调箱制冷或加热，进入的新风温度要和室内温度比较接近，避免室内忽冷忽热，同时新风通过分布在室内的风管送入菇房，均匀度更高。

（4）光照强度控制　不同的环境下，光照强度的大小不同，比如黑夜环境的光照度为 $0.001 \sim 0.02$ lx，阴天室内的光照度为 $5 \sim 50$ lx，晴天室内的光照度为 $100 \sim 1000$ lx，夏季中午太阳光下的光照度约为 10^6 lx 等。双孢菇生长发育对光照的需求极低，菌丝体和子实体均能在黑暗环境中生长，在黑暗环境中长出的双孢菇菇体洁白、柄短粗壮、形态圆整、品质优良。光线强或直射光会造成子实体菌盖薄、菇柄细长弯曲、菇体表面硬化发黄、菇盖歪斜，双孢菇品质下降。因此，双孢菇栽培过程中应进行遮光。

1.2.2　双孢菇内外部信息感知技术

双孢菇的生长信息主要分为形态长势和内部元素。形态长势包括单个双孢菇的外部形态特征，如直径、圆度、白度等外部信息。内部元素多指维生素、氨基酸及其他有益微量元素含量。作物的生理信息获取方法有多种，对于设施作物来说，要求不能对其生长发育过程造成干扰，同时又能适时反馈真实信息。因此，快速、无损的信息感知技术在双孢菇生产管理及品质评估中发挥着重要作用。

通过采用机器视觉、传感器技术、光谱分析、多光谱图像处理、高光谱图像处理及其他声学检测技术等，探究双孢菇直径、圆度、白度、新鲜度等信息检测方法，获取双孢菇内、外部信息，为双孢菇采摘及分级提供决策信息，使其根据特定指标进行选择性采摘和等级划分，推动双孢菇采摘和分级装备向自动化和智能化方向快速发展。

1.2.3　双孢菇智能采收技术

采菇作为双孢菇生产的重要环节，不仅对产品的品质有影响，同时也影响下潮菇的产量，因此适时、合理的采收方法是双孢菇从栽培到产品的基础所在。处于收获期的双孢菇采摘时间短而集中，需要投入大量的人力和物力，人工采摘作为目前主要的双孢菇采摘方式，存在劳动强度大、工作耗时长、成本高等弊端。自动化采摘可将生产者从单调、高强度和重复的劳动中解放出来。研发双孢菇采摘机器人对于解放劳动力、提高劳动生产率、降低生产成本、保证新鲜品质等具有重要意义。

农业采摘机器人经过几十年的发展，其研究和应用逐步实现了代替人工作业。在农业采摘机器人各部分执行机构中，果实的采摘机械手直接接触果实进行采摘作业，是采摘机器人的关键零部件之一。采摘机械手在采摘过程中既要做到无损采摘又要保证采摘效率，因此在研究采摘机械手过程中既要考虑农艺的要求，又要考虑果实自身的特点。食用菌的种类不同，机械手的力学特性、机械损伤影响因素也存在差异，因此具有针对性的食用菌采摘机械手的设计开发尤为重要。另外，食用菌的生长特性、栽培模式、作业环境不尽相同，因此研发满足特定食用菌要求的配套采摘机器人的设计也不容忽视。

现阶段，人们对双孢菇自动化采摘的研究较少，且研究成果具有一定的局限性，如双孢菇采摘力学特性研究欠缺，采摘机械损伤率较大、平均采摘周期较长等一系列问题。双孢菇自动化采摘尚不能商业化，双孢菇采摘机器人仍处于初级发展阶段。以双孢菇为研究对象，根据双孢菇的力学特性，建立采摘模型，进行基于自适应力反馈的双孢菇采摘机械手及配套采摘机器人的设计研究；将机器视觉技术与采摘机械手等技术相结合，对基于机器视觉的双孢菇采摘机器人进行设计研究，为双孢菇自动化采摘效率的提升以及产业化发展提供了十分重要的理论价值和现实意义。

1.2.4　双孢菇智能分拣技术

目前双孢菇的分组检测多采用人工分拣，工人劳动强度大，长时间工作容易产生视觉疲劳，判断存在一定的误差，从而造成商品菇规格不统一、存在等级差别、分拣效率低等问题。随着计算机视觉、数字图像处理技术及作物品质检测技术的不断发展，自动分拣技术在众多领域得以应用。因此，可以通过采用计算机视觉、图像处理、光谱分析、多光谱图像处理、高光谱图像处理及测量技术等对双孢菇品质进行检测，结合相应的双孢菇等级划分策略及方法来实现双孢菇在线自动等级划分，推动双孢菇工厂化分级分拣装备的自动化与智能化发展。

1.2.5　双孢菇贮藏与包装技术

在我国，双孢菇以鲜品消费为主，然而由于双孢菇表面缺乏角质层保护结构，质地柔嫩，采后呼吸速率和蒸腾作用都较高，且易损伤褐变，使得营养物质快速消耗并易受到物理或微生物污染及水分损失，造成其耐贮性和抗病性降低，常温条件下仅能保存 1~3 天，严重制约了双孢菇的消费与流通。因此，为了延长双孢菇货架期，使其保持完整、新鲜、美观得品质，提高其商品性，对其采取相应的保鲜包装措施。

目前，食用菌保鲜方式主要是通过生物生理、化学及物理方法来抑制相关酶活性，预防和控制其产生变质，达到延长贮存期、保持其品质的目的。双孢菇常用的保鲜技术主要有低温保鲜、气调保鲜、保鲜剂保鲜、生物保鲜、辐照保鲜、速冻保鲜、臭氧保鲜等。其中，低温、速冻、辐照、臭氧、气调等物理保鲜技术是通过降低子实体生理代谢水平，抑制呼吸强度等来维持其品质；保鲜剂等化学保鲜和生物保鲜技术可防止微生物的侵害，延缓菇体组织病变和腐烂进程。

双孢菇在贮、运、销过程中极易造成机械损伤、水分蒸发、腐烂变质及微生物污染等问题，而保鲜包装措施的采取，能够最大限度避免外界环境对双孢菇的影响，降低贮、运、销过程中双孢菇品质的劣变并延长贮藏及货架期。同时，保鲜包装的采取不仅能够使双孢菇在流通过程中保持品质稳定，还起到了产品美化和宣传的作用，对提高商品价值、增加市场竞争力具有一定的促进作用。常见的自动包装机械主要包含充填、裹包、封口等包装工序。对于食用菌类的包装，多采用塑料袋、托盘式的拉伸膜。托盘式的拉伸膜双孢菇包装机械主要包含菇体输送、包装盒输送、拉伸膜输送与回收、封切、称重、贴标等装置，可以完成对双孢菇的商品化包装。

1.3 双孢菇工厂化生产关键技术与装备主要研究内容

1.3.1 环境调控技术与装备

针对双孢菇高效工厂化生产对环境条件的要求，开发了制冷量、制雾量、通风量变量调控装置，设计了多因素模糊控制策略，实现了环境温度、湿度、CO_2 浓度，以及培养料土自身温度、湿度的综合调控，为双孢菇工厂化生产环境自动精准调控提供技术支撑。

利用自研温室环境控制系统，以"奥吉 1 号"为试材，研究不同基质水分方案下双孢菇全育期动态发育规律，分析出菇阶段双孢菇品质指标、产量及水分利用效率对不同水分亏缺的响应结果，进而探讨双孢菇对培养料水分的生态适应性机理。精化温室双孢菇生长阶段适宜的施水方案，提高出菇品质和水分利用效率，为建立双孢菇生长模拟模型、完善自适应环境管控系统，打造智慧化食用菌工厂提供理论基础。具体研究内容包括以下几点：

1）水分胁迫对双孢菇菌丝和子实体发育的影响。通过水分胁迫试验和生长曲线模拟对双孢菇"奥吉 1 号"菇柄、菇盖的形态指标生育期内动态发育进行研究；不同水分处理对双孢菇子实体形态指标（如菇盖直径、菇盖厚度、菇柄直径、菇高发育速率）的影响；不同水分胁迫对双孢菇根系活性的影响。

2）水分胁迫对单菇品质的影响。通过试验研究不同水分胁迫下双孢菇内部可溶性蛋白、可溶性糖、维生素 C 的动态变化；通过质构仪对双孢菇子实体进行消费者口腔 2 次咀嚼的 TPA 模式试验，分析不同水分胁迫下子实体的硬度、黏度、凝聚性、弹性和咀嚼性。

3）水分胁迫对区域产菇品质、质量的影响。研究不同水分胁迫下区域双孢菇产出后的数量与质量、畸形菇、病斑菇、开伞菇的数量，统计优质菇比例。

4）不同时期基质含水量与双孢菇营养成分、发育、根部活性的关系。分析双孢菇子实体内部营养成分、口感和根系活性与全育期内基质含水量的相关联系。建立整体评价水分胁迫下双孢菇的综合生长指标。

5）不同水处理方案下区域耗水量和水分利用效率。对比双孢菇全育期内实施不同水处理方案下水分消耗量，结合采收后的区域产量，分析出水分利用效率较好的施水方案。综合前期水分胁迫对双孢菇生长发育的影响，细化基质水分管控方案，达到节能、高效的施水目的。

1.3.2 内外部信息智能感知

为解决双孢菇自动化采摘和分级中个体外部信息检测缺失问题，开展了基于机器视觉的双孢菇直径、圆度的原位检测和双孢菇白度检测。由于双孢菇生长环境复杂，受光照和菌丝影响传统 RGB 图像处理难以实现双孢菇目标识别，造成自动化采摘困难；而白度作为双孢菇外观品质的重要参考，更是被忽略。因此，选取双孢菇深度图像和 RGB 图像为研究对象，结合机器视觉和图像处理技术，实现了双孢菇原位检测和直径、圆度的原位检测以及双孢菇白度检测，主要研究内容如下：

1）分别搭建了双孢菇深度图像原位采集系统和双孢菇 RGB 图像采集系统，为双孢菇外部信息检测提供数据支撑。

2）根据双孢菇三维结构特点，克服了菇房光照环境差、菇床菌丝生长密集等问题，开发了双孢菇个体原位检测方法，并实现黏连双孢菇分割，为双孢菇外部信息检测提供支持。

3）基于图像坐标转换和原位检测方法，开发了双孢菇直径原位检测方法并获得双孢菇中心坐标；基于内切圆和外接圆检测算法，实现双孢菇圆度检测，为双孢菇自动化选择性采收提供决策信息。

4）基于机器视觉技术，以双孢菇 RGB 图像为研究对象，建立图像 RGB 数据与 CIE-XYZ 三刺激值的转换关系，实现了双孢菇 RGB 图像的白度检测，为双孢菇分级策略和分级方法提供技术支持。

双孢菇新鲜度是双孢菇品质等级划分的重要标准。采集不同贮藏天数的双孢菇近红外短波光谱，分析其光谱特征，寻找其特征光谱波长，以优选特征波长建立新鲜度识别检测模型。

1.3.3 智能采收技术与装备

1. 柔性仿形采摘末端执行器

从柔性仿形的角度出发，针对采摘对象双孢菇，提出一种新型柔性仿形采摘执行器。该执行器旨在降低采摘果实的损伤率，提高采摘效率。具体研究内容包括以下几点：

（1）双孢菇物理力学特性研究和基础试验　基于前人研究的基础，深入研究双孢菇的基本物理参数和力学特性，包括其生长特性、力学特性以及机械损伤特性等方面，以便更全面地了解双孢菇的生长规律和机理。查阅市场售卖双孢菇的分级标准，为末端执行器的尺寸提供参考值。测试双孢菇的采摘扭力和采摘拉力，为末端执行器的作业方式提供依据。同时，对双孢菇在采摘过程中易受损部位进行深入分析，为末端执行器的无损采摘提供依据。

（2）末端执行器整体结构设计　基于双孢菇的物理、力学特性和基础试验研究，得到双孢菇采摘执行器的设计原则和采摘方式。针对现有夹持式采摘机械手对双孢菇造成的机械损伤高、采摘损失大等问题，提出一种采用颗粒阻塞原理的柔性仿形末端执行器设计方案。为了提高采摘作业的稳定性和高效性，选择气动作为末端执行器的驱动方式。根据各部件的结构特点，完成双孢菇整体结构的设计。对末端执行器吸持和拉脱双孢菇的采摘过程进行受力分析，为末端执行器的控制提供理论基础。基于反馈控制原理，设计气压反馈系统，以实现力与负压的精确转换。

（3）末端执行器关键部件设计　根据双孢菇的外观形状和生长特性，确定末端执行器的结构和基本尺寸。从末端执行器和双孢菇之间密封程度的角度出发，结合乳胶膜和硅胶膜吸持性能的特点，选择适合双孢菇采摘的柔性膜。基于气压反馈控制原理，构建气压精准反馈控制系统，实现末端执行器采摘过程自动化。对末端执行器进行有限元仿真，模拟末端执行器在仿形和吸持过程的变形情况和受应力情况，得到末端执行器的最佳参数和吸持性能的影响因素。

（4）末端执行器样机试制与试验　根据末端执行器的设计和仿真结果，进行末端执行器的样机试制。开展末端执行器性能指标试验，得到各个影响因素对末端执行器性能的影响程度。开展采摘试验，得到末端执行器的采摘成功率和采摘损伤率。开展同类型末端执行器对比试验，依据不同末端执行器的性能参数、采摘成功率、采摘损伤率对样机进行整机评价。

2. 低损采摘机械手

以双孢菇为研究对象，进行双孢菇力学特性研究、机械损伤特性分析和采摘机械手设计。

（1）双孢菇力学特性研究及机械损伤特性分析　研究双孢菇的力学特性，分析双孢菇采摘最小夹持力及破裂极限压缩力，探讨不同因素对双孢菇采摘机械损伤的影响。根据研究的力学特性及机械损伤特性来对采摘机械手的参数设计做出指导和依据，并提出采摘机械手功能需求，确定采摘机械手控制方案。

（2）采摘机械手设计　进行双孢菇采摘机械手的设计研究，通过对比多种采摘方式，优选得到夹持采摘方案；根据双孢菇外形设计采摘机械手仿形机构，并对采摘机械手进行三维建模及动力学仿真；对夹持机构进行受力分析，建立了夹持机构与蘑菇作用力、传动转矩之间的数学模型；基于模糊 PID 反馈控制方式，设计基于转矩传感器的力反馈自动控制系统，实现机械手的自动操作及自适应夹持力控制。

3. 采摘机器人

开发一种基于机器视觉的双孢菇采摘机器人。首先研究双孢菇生长的三维结构特征，提出基于潮汐原理的"水淹法"基质背景分割方法，实现双孢菇多目标快速检测和直径测量；然后结合双孢菇采摘农艺要求，开发具有位置补偿功能的双孢菇精准采摘机构；再集成研发一套包含爬升装置、采摘机构及控制系统；最后试制采摘机器人样机，并进行采收试验，依据双孢菇的采摘情况对该样机进行整机评价。

4. 智能蘑菇采摘机器人

面向工厂化褐菇种植，南京农业大学研发了蘑菇采摘机器人自动化设备，针对蘑菇采摘机器人的结构设计及优化、机器人测控系统设计，以及机器视觉的蘑菇在线辨识及测量的相关算法展开研究。其主要研究内容如下：

1）根据蘑菇采摘生物学特性、菇房环境及菇床尺寸等，制订蘑菇采摘机器人的设计需求和参数。为满足菇床狭窄空间高度设计机械手臂系统，并研制多传感器感知的柔性手爪。

2）使用 D-H 法研究机器人运动学方程，Lagrange 法研究机器人手臂动力学方程，据此建立手臂尺寸多目标优化模型。构建导轨系统及采摘机械手臂虚拟样机仿真模型，判断机器人运动学及动力学特性是否得到优化及符合预期优化设计目标。

3）搭建采摘机器人软、硬件测控系统。

4）结合菇房光源昏暗，光照不均的照明条件，菇床菌丝和蘑菇成像特性近似的情况，采用结构光 SR300 深度相机采集菇床深度信息图像进行蘑菇在线辨识与测量，对深度图像进行分割和黏连识别，以期获得蘑菇位置、尺寸半径、偏向角及倾斜角信息。

5）对研制的蘑菇采摘机器人进行高度控制测试、柔性手爪抓取测试、蘑菇识别与测量测试和整机采摘测试，验证机器人升降、视觉识别、无损采摘、高效运行等性能。

1.3.4 智能分级及保鲜包装

通过机械机构设计、理论分析与计算、ADAMS 仿真软件、MATLAB 软件数据分析设计了双孢菇分级分拣系统样机，并在室内进行样机试验，对鲜采双孢菇低损、高效的分级分拣装置开展相关研究。具体研究内容如下：

1）双孢菇分级分拣系统硬件设计研究。设计符合双孢菇物料特性的低损伤、快速分拣硬件系统。完成基于并联机构的高速分拣机械手运动空间仿真，得出结构部件参数；完成基于气吸式的吸盘负压参数设计，使用理论分析与试验验证的方法确定最优负压力参数值；使用虚拟机仿真试验的方法确定拨正机构的传送带速度设计。

2）基于图像处理的双孢菇分级检测研究。使用图像处理的方式建立双孢菇分级检测模型。首先选用适当的预处理方式将双孢菇前景图像与背景图像分割开来，然后提取其直径、圆度以及纹理特征共计 10 个维度的特征参数，基于机器学习方法，使用特征参数建立双孢菇品质检测模型。

3）双孢菇分拣系统人机交互界面程序设计研究。使用 QT 平台搭载 OpenCV 视觉处理库编写人机交互界面，便于后期样机试验操作，完成整机分拣试验。

针对双孢菇采后生长代谢、微生物感染及蒸腾作用产生的开伞、褐变、异味、失水等现象，导致其耐贮性降低的问题，对食用菌低温保鲜、气调保鲜、保鲜剂保鲜、生物保鲜、辐照保鲜、速冻保鲜、臭氧保鲜等常用保鲜技术的保鲜机制、优缺点、保鲜效果等进行论述，为完善双孢菇贮藏技术、延长货架期、保持采后品质、提高商品率提供理论依据及技术支撑。以双孢菇工厂化栽培为背景，对双孢菇自动化包装生产线进行论述，为后续双孢菇包装自动化生产线的研究与开发提供参考。

1.4 本章小结

1）分析了我国食用菌年产量、工厂总产量及工厂化率近几年的变化趋势，以及双孢菇年产量、工厂总产量及工厂化率近几年的变化趋势，指出推进双孢菇产业的工厂化生产，为我国双孢菇产业发展的重要方向。

2）简述了双孢菇工厂化生产过程中双孢菇生产环境的调控、双孢菇子实体内外部信息的检测、双孢菇智能采收、分级分拣与保鲜包装所涉及的关键技术。

3）介绍了双孢菇工厂化生产过程中环境调控、双孢菇子实体内外部信息检测、智能采收、智能分级分拣与双孢菇保鲜包装等关键技术与装备的主要研究内容。

第 2 章

双孢菇工厂化生产环境调控

2.1 概述

近年来，随着人们生活水平与科学膳食意识的逐步提高，使得双孢菇市场发展潜力不断提升，双孢菇规模化、工厂化的生产已成为未来双孢菇产业高速发展的必然趋势与手段。构建双孢菇高效生长的最适环境条件，将环境因子调控在最适宜菌种生长的范围内，为双孢菇大规模工厂化生产提供有力支撑，也是获得高产、优质双孢菇的有力保证。

众多专家学者在温室环境调控方面开展了大量的研究工作，目前温室环境调控技术已经相当成熟，硬件上从单机控制发展到物联网控制，控制因素从单一的温度调控发展到温、光、水、通风等多因素协同调控，环境调控方法历经了单环境因子控制、综合环境控制、基于模型的决策控制、经济最优控制、作物信息反馈的优化控制等发展阶段，使控制方法越来越多样化。

在食用菌环境调控领域，1947 年荷兰 Bels 等首先采用在环境控制条件下种植双孢菇，开启了食用菌环境调控的先河，随后，美国、巴西、欧洲等国家和地区也开始了基于环境调控的食用菌工厂化生产进程，对食用菌进行实时自动监管和工厂内部环境调控，创造适宜食用菌生长的外部条件，实现周年稳定生产。我国在食用菌工厂化生产研究方面，由于起步较晚，虽然也在不断地发展，对食用菌自动化工厂的研究也进入一个新的阶段，取得了一些实质性的成果，但食用菌自动化种植尤其是环境调控系统的研发仍较为落后，还需进行装备的优化与功能的完善。

整体上，食用菌环境调控系统研究相对滞后，且多为笼统的食用菌类作物的环境控制，对于特定种类菌种很少有针对性环境调控系统的研究，因此，适合双孢菇生长的环境控制系统发展较慢，环境控制系统的研究主要针对双孢菇生长环境控制，而对培养料土与环境综合调控的研究较少，且相应技术有所欠缺。

2.1.1 双孢菇生长环境条件

双孢菇工厂化种植与传统常规季节栽培不同，需要对各种环境影响因子进行细致调控，如温度、湿度、CO_2 浓度及喷水管理等。现代化工厂栽培的食用菌（如常见的杏鲍菇、金针菇等）均可以在较高的 CO_2 浓度下进行栽培管理，因此对通风要求不是太高，而双孢菇对通风要求极高，因此传统的菌类工厂化栽培管理方式并不适用于双孢菇的生长环境控制。

双孢菇生长过程可分为菌丝体生长和子实体发育两个阶段，不同的生长阶段对环境因子的要求都有所不同，环境因子直接影响菌丝的生长速度以及子实体的分化质量和数量。不同生长发育阶段对环境控制的需求如下：

（1）温度　不同双孢菇菌株及在不同的生长阶段对温度的需求有所差异。目前国内大面积栽培的菌株基本属于偏低温型。双孢菇生长各阶段对温度的要求如下：

1）菌丝体生长阶段。该阶段温度范围较广，为 5~30℃。最适温度为 22~25℃，该温度区间内，菌丝体生长粗壮浓密、生命力强。温度低于 5℃时，菌丝体生长极为缓慢。温度高于 30℃时，菌丝体生长稀疏无力、生活力降低、菌丝变黄、易老化，33℃ 以上菌丝体停止生长或死亡。

2）子实体生长阶段。该阶段温度范围为 5~22℃。最适温度为 13~16℃，该温度条件下生长的双孢菇菌盖肉厚致密、菇体较重、柄短、产量高、质量好。温度在 18~20℃时，子实体生长虽加快，但菌柄细长、肉质疏松，且易产生薄皮菇和开伞菇，质量差。温度持续数天在 22℃ 以上时，会引起大面积菇蕾枯萎死亡。温度在 12℃ 以下时，子实体生长速度减慢，出菇减少，产量降低。温度低于 5℃时，子实体停止生长。

（2）水分　双孢菇生长所需的水分主要来自于培养料、覆土层和空气湿度。但不同的生长时期对水分和空气湿度的要求不同。

1）菌丝体生长阶段。培养料的含水量一般保持在 60% 左右。含水量低于 50% 时，菌丝体生长不良，表现出生长缓慢，绒毛状菌丝多且细，难以形成子实体。含水量高于 70% 时，培养料内透气性差，菌丝体生活力降低，培养料中部难以长透菌丝，培养料表面菌丝表现出稀疏无力，甚至萎缩。覆土层湿度应偏干些，为 17%~18%。空气相对湿度在 70% 左右。过低的空气湿度将导致培养料和覆土层失水，阻碍菌丝生长，而过高又易导致病虫害。

2）子实体生长阶段。该阶段要求较高的湿度，一般培养料表层的含水量为 62%~65%，若培养料表层湿度过低，不易形成子实体。覆土层的含水量为 20% 左右，若覆土层过干，蘑菇瘦小、产量低；若覆土层过湿，会使菌丝萎缩。空气相对湿度在 85%~90% 为宜。若空气湿度小，菇体易产生鳞片、菌柄、开伞早；若空气过湿，则易产生锈斑菇、红根菇等病害和杂菌。

（3）空气　双孢菇是一种好氧型菌类。菌丝体生长和子实体发生阶段，都需要充足的新鲜空气。

1）菌丝体生长阶段。该阶段 CO_2 浓度应控制在 5000×10^{-6} 以下。

2）子实体生长阶段。该阶段 CO_2 浓度应控制在 $340 \times 10^{-6} \sim 1000 \times 10^{-6}$ 之间。CO_2 浓度超过 1000×10^{-6}，则菌盖小、菌柄细长、极易开伞，超过 5000×10^{-6} 将会抑制子实体分化，停止出菇。

（4）光照　双孢菇生长发育对光照的需求极低，菌丝体和子实体均能在黑暗环境中生长，且菇体洁白、品质优良。光线强或直射光会使菇体表面硬化、发黄，菇柄弯曲，菇盖歪斜，导致双孢菇品质下降。

2.1.2　工厂化生产环境调控系统设计要求

双孢菇不同生长发育阶段的环境参数调控有所不同，为了提高双孢菇产量和质量，结合双孢菇生长农艺及自身特性，设计开发双孢菇工厂化生产调控系统，实现对双孢菇工厂化生产过程中影响其生长的环境温度、环境湿度、CO_2 浓度，以及培养料土自身温度、湿度等的实时调控。结合前文所述，双孢菇工厂化生产模式下环境调控系统设计主要环境参数设计要求为：菌丝体生长期间，菇房内环境温度维持在 20～27℃，培养料土温度保持在 22～25℃，环境相对湿度控制在 70%～75%，培养料土最适含水量应在 50%～70%，CO_2 浓度控制在 $3000×10^{-6}～5000×10^{-6}$，保证育菇房内充足通风；子实体生长期间，育菇房内环境温度维持在 15～22℃，培养料土温度保持在 13～18℃，环境相对湿度控制在 85%～90%，培养料土最适含水量应在 50%～70%，CO_2 浓度应小于 $1000×10^{-6}$。

上述环境因子调控范围均为各生长阶段所需调控范围，所设计环境调控系统应结合双孢菇生长农艺对环境因子调控量做到适时、适量控制，培养料土温度控制精度达到 ±1℃，环境相对湿度控制精度达到 ±1%，培养料土湿度控制精度达到 ±5%，CO_2 浓度控制精度达到 $±200×10^{-6}$。由于双孢菇生长无需光线，可在完全黑暗条件下进行，试验菇房只需提供微弱光便于环境查看即可，不需要复杂控制系统调控，因此本设计调控系统不对光照因素进行控制。

2.2　环境调控系统设计与应用

2.2.1　总体设计方案

根据双孢菇工厂化生产环境调控系统功能需求，设计的环境调控系统总体架构如图 2-1 所示。该调控系统由终端控制单元、信息采集单元、中央控制单元、执行控制单元四部分构成。终端控制为触摸屏人机交互界面，该终端控制既可以实现对试验现场的实时监测，也可以控制中央控制单元发送指令给执行控制单元。信息采集单元包括各种环境因子传感器，通过它们实现对环境因子信息的采集。中央控制单元是整个系统的核心，起到接收与处理决策信息的作用。执行控制单元包括各种执行控制设备，通过执行控制设备工作改变菇房环境，使双孢菇处于适宜的环境。

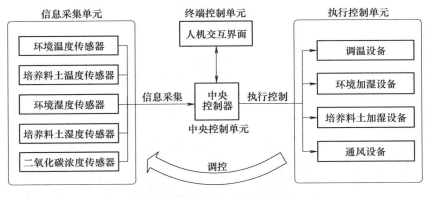

图 2-1　环境调控系统总体构架

调控原理环境因子传感器采集环境信息到中央控制器，中央控制器分析处理所采集信息，结合设定控制策略以及终端控制向执行控制设备发送指令，执行控制设备执行接收到指令后对环境因子进行调节控制，调控后环境信息再次被各种环境因子传感器采集，开始下一轮调控，直到菇房环境保持在预设环境效果下。

2.2.2　试验环境总体结构

双孢菇智慧栽培温室主要由栽培菇房和控制室两部分组成。菇房尺寸为3m×7m，内部有宽1.4m、长6m的菇床，菇床分为3层。控制室尺寸为4m×7m，内有环境控制器和土壤水分控制器，如图2-2所示。

2.2.3　硬件设计

1. 温度控制系统

菇房温度控制包括两方面，环境温度控制以及培养料土温度控制。如图2-3所示，温度控制系统硬件部分主

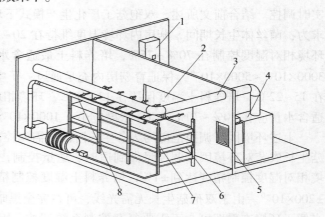

图 2-2　双孢菇智慧栽培温室总体结构图
1—基质含水率控制器　2—可视窗口　3—空调出口管
4—环境温度、CO_2控制装置　5—出风口
6—菇床、菇架　7—管路　8—加湿装置与湿气出口管

要包括环境温度传感器、培养料土温度传感器、调温设备、中央控制器。

图 2-3　温度控制系统原理图

菇房环境属于潮湿环境，环境温度传感器需要有一定防水能力，本系统环境温度传感器采用 RS-WS-N01-2 型温湿度变送器（仁硕电子科技有限公司，济南，中国），该传感器的防护等级为 IP65，防雨雪且透气性好，输出信号类型为 RS485，标准的 Modbus-RTU 协议，该温度传感器布置于菇架上，使其与双孢菇处于同一温度环境。培养料土是具有毛细管多孔性的特殊固体电解质，因此培养料土温度传感器除了要具备防水功能外，还需要有良好的防电解、耐蚀性，为满足要求，使用 RS-WS-N01-TR 型土壤温湿度变送器（仁硕电子科技有限公司，济南，中国），其采用环氧树脂抽真空灌装，防水、抗腐蚀，探头为防电解性强优质不锈钢针，最大功率为 0.4W，使用时需在培养料土上垂直挖直径约20cm、深度约12cm 的坑，将传感器填埋压实，确保钢针与土壤紧密接触。调温执行设备采用工业级水冷空调，该类空调能耗低，操作维护简单，可提供较好的制冷制热效果，实用性强。

温度控制系统原理：通过环境温度传感器及培养料土温度传感器采集菇房温度信息并传输给中央控制器，中央控制器发送指令控制调温设备实现执行控制功能，进而控制环境温度与培养料土温度达到预设值。培养料土温度主要靠环境温度热传递来实现变温控制，因此只需一套调温执行设备即可实现对环境温度及培养料土温度的控制。

2. 湿度控制系统

双孢菇生长需在潮湿环境中进行，对菇房内湿度的控制必不可少。考虑到若单独控制培养料土湿度很难达到双孢菇生长所需外部潮湿环境，影响出菇品质，若单独控制环境湿度，水分渗透到培养料土中速度过慢且渗透量太少，直接影响蘑菇生长。鉴于此，这里湿度控制系统采用两套子系统控制：环境湿度控制系统和培养料土湿度控制系统。

湿度控制系统如图 2-4 所示，两套子控制系统原理相似，均为将传感器采集湿度信息传输给中央控制器，中央控制器通过控制执行设备使湿度达到预设值。两套子系统不同之处在于信息采集传感器与执行设备不同，环境湿度控制系统信息采集使用 RS-WS-N01-2 型温湿度变送器，执行控制机构选用 kungchung ly-020y 型工业超声波加湿器（蓝图环保科技有限公司，上海，中国），该加湿器利用雾化片的高频震荡将水打散成细小

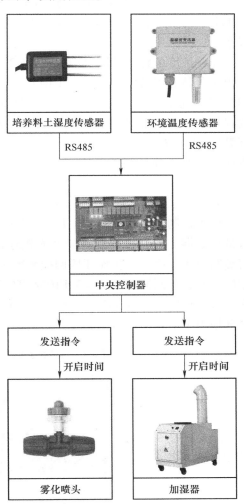

图 2-4　湿度控制系统原理图

的颗粒，并将其抛离水面产生成水雾，利用风扇将水雾顺着管道吹到菇房，雾化细腻，相对湿度能达到90%以上。培养料土湿度控制系统信息采集选用传感器与温度控制系统相同，为 RS-WS-N01-TR 型土壤温湿度变送器，加湿执行设备采用 Plastro-FLF 雾化喷头（北京普

拉斯托灌溉技术有限公司产品），该雾化喷头加装有压力阀，止停性好，喷洒雾滴平均直径为 65μm，雾化性能优异。

3. CO_2 浓度控制系统

CO_2 浓度相比于温湿度属于次要环境因子，CO_2 浓度调控主要作用在于抑制杂菌生长以及为双孢菇生长提供适宜的多氧环境。双孢菇是好气性菌类，生长发育需要大量氧气，产生出大量 CO_2，CO_2 浓度控制主要通过通风执行设备来实现，其控制系统如图 2-5 所示。

CO_2 浓度系统原理：与温湿度控制类似，CO_2 浓度传感器将菇房内 CO_2 浓度信息传输给中央控制器，中央控制器控制通风执行设备工作，使菇房 CO_2 浓度达到预设值。

CO_2 浓度传感器采用 RS-CO_2-N01-2 型 CO_2 变送器（仁硕电子科技有限公司，济南，中国），该设备测量精准、无惧凝露、抗干扰能力强。新风阀、回风阀、送风机为主要通风执行设备，通过控制两阀开闭合度及送风机频率来确保菇房 CO_2 浓度适宜双孢菇生长。在 CO_2 浓度降低控制过程中，需要有外部环境新鲜空气经新风阀送入菇房，为保证控制效果，新风阀应置于空气流通环境中。

4. 中央控制器

中央控制器结构如图 2-6 所示。中央控制器主要用于接收处理数据、控制执行设备以及人机通信控制，采用 C 语言编写应用程序。为实现环境调控系统对温度、湿度、CO_2 浓度控制，控制器选用 STM32F103ZET6 型单片机，该单片机采用 ARM cortex-M3 内核 32 位嵌入式处理器，快速 485 通信技术，软件协议使用标准 modbus-rtu 协议，控制器接收、处理各环境因子信息，按照设定好控制策略控制执行设备，进而达到控制目的。380V 交流电输

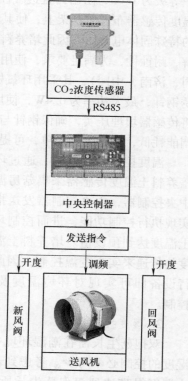

图 2-5　CO_2 浓度控制系统原理图

图 2-6　中央控制器结构

1—断路器　2—OEG 继电器　3—电流互感器　4—交流接触器　5—导轨开关电源
6—单片机　7—变频器　8—电磁继电器

入后，断路器、继电器、电流互感器、交流接触器配合使用，对大功率设备进行安全控制。为实现送风机频率可调控制，选用 HZ-RF300M 变频器（赫茨电气设备销售有限公司，保定，中国），通过改变电机工作电源频率来控制送风机交流电动机的电力控制设备，进而控制送风速率。

2.2.4　软件设计

1. 控制系统设计

双孢菇工厂化生产环境控制系统是一个非线性、多输入、多输出的复杂系统。室外环境因子的持续变化不断影响着菇房环境的变化规律，不确定性是现实控制应用中一个无法回避的问题，因此控制算法必须根据菇房自身情况实时修整自身参数。本系统采用融合经典模糊控制理论方法，建立整套系统的模糊控制模型，该模型不需要建立被控对象的精确模型，鲁棒性强，采用非线性、时变控制，能够较好地解决菇房环境控制问题。

（1）模糊控制原理　模糊控制原理框图如图 2-7 所示。模糊控制系统是闭环控制系统，输入给定值 r 进入模糊控制器，对输入量进行满足模糊控制需求的处理，得到系统偏差 e 和系统偏差变化率 ec，再进行模糊化处理获得模糊化信息 E、EC，根据人类专家经验建立控制规则，将获得的模糊化信息进行模糊推理得到控制信号 U，控制信号 U 经过逆模糊化得到具体控制信号 u，u 通过 D/A 转换器转化为模拟信号控制执行机构实现对被控对象的控制，最终输出值为 o，o 被传感器检测到，经过 A/D 转换器将模拟信号转化为数字信号成为新的给定值 f，实现环境因子的反馈控制。

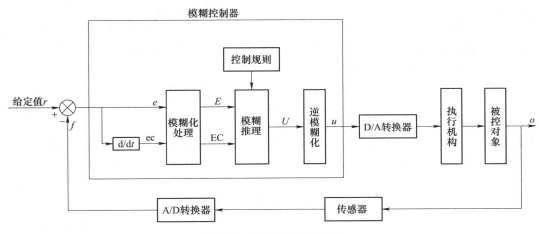

图 2-7　模糊控制原理框图

（2）双孢菇模糊控制系统　双孢菇工厂化生产环境控制系统属于多因素控制系统，培养料土温度、环境温度、培养料土湿度、环境湿度、CO_2 浓度都对双孢菇的生长发育有影响。某双孢菇模糊控制系统框图如图 2-8 所示。

温度控制过程中，由于菌菇从培养料土中长出，培养料土温度对菌菇的存活以及活性影响更大，因此培养料土温度控制效果优先于环境温度控制效果，控制系统输入值选定为预设培养料土温度。本系统培养料土温度的控制是通过环境调温执行设备改变环境温度，环境温度再经过热传递方式实现的。热传递方式存在能量传输速度慢，传递滞后特点，要想达到预

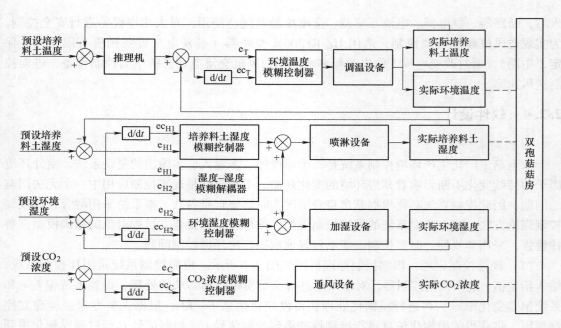

图 2-8　某双孢菇模糊控制系统框图

期温度控制效果，在短时间内实现温度控制，则两温度预设值需存在一定温差且该温差需要满足一定条件。若两温度预设值相差过小，培养料土温度响应速度慢，温度控制过程时间长、控制效率差；若两温度预设值相差过大，环境温度偏离双孢菇生长农艺所需最佳环境温度范围，不利于双孢菇生长发育。如图 2-9a 所示，在输入温度模糊控制器之前，预设培养料土温度经过推理机得到预设环境温度值。推理依据是培养料土温度响应速度以及双孢菇生长农艺允许环境温度范围。推理过程为

$$\begin{cases} T = st_s + r \times es_t \\ es_t = st_s - st_c \end{cases} \qquad et_s = \begin{cases} max, & T > max \\ T, & min < T < max \\ min, & T < min \end{cases} \qquad (2\text{-}1)$$

式中，st_s 为预设培养料土温度值，℃；st_c 为实际培养料土温度值，℃；et_s 为系统预设环境温度值，℃；T 为考虑响应速度条件下温度值，℃；es_t 为培养料土温度偏差（预设值减去实际值），℃；r 为换算系数，最小值为 0，当 $r = 0$ 时，$es_t = st_s$，系统响应速度最慢；max 为适宜双孢菇生长温度最大值，℃；min 为适宜双孢菇生长温度最小值，℃。

环境温度预设值确定后，结合传感器采集环境温度信号以及执行设备工作效率，进行满足模糊控制需求的处理，再按照模糊控制原理进行环境温度模糊控制，进而间接控制到培养料土温度，直到实际培养料土温度达到预期效果。

在湿度控制过程中，培养料土湿度与环境湿度之间存在交叉耦合，当培养料土湿度改变时，培养料土水分蒸发量改变，导致环境湿度有所改变，同样，当环境湿度改变时，水分对培养料土渗透效果也会改变，对培养料土的保湿作用有所影响，忽视耦合特性无法达到满意控制效果。鉴于此，湿度控制系统采用湿度-湿度解耦策略，该系统由 2 个单独的模糊控制单元和 1 个湿度-湿度模糊解耦单元组成。首先采用模糊解耦单元对培养料土湿度和环境湿度 2 个主回路进行解耦补偿，消除耦合回路对两个主回路的影响，然后分别对培养料土湿度和环境湿度两个回路进行独立的控制。如图 2-9b 所示，模糊解耦器是一个 2 输入、2 输出的模糊控制器，

它的输入 e_1 为培养料土湿度偏差，e_2 为环境湿度偏差，经过模糊解耦单元先由总结出来的模糊规则进行模糊推理，经过模糊推理后进行逆模糊化处理，得到培养料土湿度补偿和环境湿度补偿的模糊决策值，输出培养料土湿度回路补偿量 u_1 和环境湿度回路补偿量 u_2。

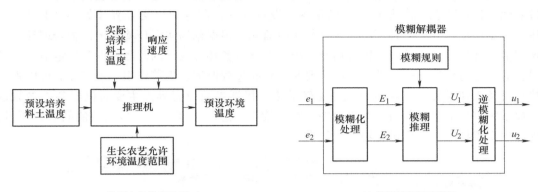

a) 环境温度偏差预处理　　　　　　　　　b) 模糊解耦器原理图

图 2-9　模糊控制补充原理图

CO_2 浓度控制过程中，传感器实时监测菇房中的 CO_2 浓度，并与预设值做比较。CO_2 浓度偏差及偏差变化率作为模糊控制器的输入，经过模糊推理得到通风执行设备控制信号，再通过对通风执行设备进行控制，最终使实际 CO_2 浓度达到预设值。CO_2 浓度控制干扰主要来自菇房外部环境因子，通风执行设备在控制过程中需要吸入外部空气，而外部空气成分具有不固定性，因此会对控制过程有所影响，其主要影响为控制速度。外部空气 CO_2 浓度低，控制速度快，菇房 CO_2 浓度能更快达到预设值；外部空气 CO_2 浓度高，控制速度慢，菇房 CO_2 浓度较慢达到预设值，但不影响整个双孢菇生长发育过程。

2. 主系统软件流程

主系统软件流程如图 2-10 所示。系统上电初始化后，设置各环境因子预设值。设置方法有两种：一种为手动设置参数，即各环境预设值按照操作者意图设置；另一种为自动设置参数，即根据专家经验系统自动设置各环境预设值，只需选择模式启动即可。各参数设置好之后，系统开始接收各种环境因子传感器所采集数据，结合各执行设备工作效率，计算各环境因子值偏差及偏差变化率。这些值作为输入进入模糊控制系统进行模糊处理及模糊推理，查询模糊规则表得出实际的控制输出量，执行设备启动，根据查表得出的控制量控制执行设备，人机交互界面显示各环境因子实际数据，若各环境因子实

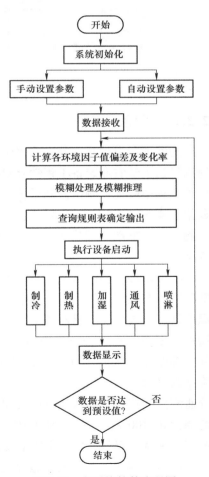

图 2-10　主系统软件流程图

际数值未达到预设值，继续下一轮控制，直到各环境因子实际数值达到并稳定于预设值。

3. 人机交互界面

人机交互界面主要用于菇房实时数据的显示和系统参数的设定，主要包括主界面、故障处理界面、运行状态查询界面以及机器参数设置界面，部分人机交互界面如图 2-11 所示。当用户开始使用后，可对各环境因子进行实时监测。根据菇房实际环境情况设置合理环境因子设定值，在进行模式选择后即可启动系统，即通过各环境因子的监测数据及设定值启动执行设备对其进行调控。故障处理界面主要对设备起过载保护、报警作用。查询界面可以查询各执行设备工作情况，监控执行设备运转效果。机器参数设置界面主要对机器各类参数设置，显示字符串的参数项目，对界面中设置项给定项进行选择设置；显示数值的参数项目，对界面中设置项的数值框进行输入数值设置。

图 2-11　部分人机交互界面

2.2.5　试验

为验证所设计双孢菇工厂化生产环境调控装置与系统控制性能，于 2019 年 9～10 月在河南科技大学农业装备工程学院双孢菇生产实验室进行模拟工厂化栽培试验，在双孢菇实际生长过程中验证及测试控制系统。实验室长 6.5m，宽 4m，高 4m，菇房内放置有试验菇架。菇架长 4.5m，宽 1.4m，共三层，每层间距 0.5m。菇架位于菇房内中央区域，送风口位于一侧上方，末端连接横置的均匀开孔集风袋，使得流动的冷/热空气能够均匀地流经整个菇架。

为验证环境调控系统监测准确性以及环境调控均匀性，除系统自带传感器之外，在菇房实验室另布置多组传感器。其中，环境温湿度传感器、CO_2 浓度传感器各 9 组，便携式土壤温度计、土壤湿度传感器各 1 组。环境温湿度传感器、CO_2 浓度传感器仍选用 RS-WS-N01-2 型温湿度变送器和 RS-CO_2-N01-2 型 CO_2 变送器。便携式土壤温度计选用 Delta Trak 11063 探针式温度计（Delta Trak Inc.，Pleasanton，USA），该温度计温度测量范围为 -40～155℃，精确度为 ±0.5℃，分辨力为 0.1℃，防水级别为 IP56。土壤湿度传感器选用 JK-100F 型土壤水分速测仪（优科仪器仪表有限公司，兴化，中国），采用高周波扫描法测量土壤水分，测量范围为 0～100%，分辨率为 0.1%。在每层菇架中央均匀布置 3 组环境温湿度传感器和 CO_2 浓度传感器。双孢菇生产实验室及传感器布置情况如图 2-12 所示。

1. 环境温度及培养料土温度控制试验

（1）环境温度分布均匀性试验　菇房环境温度稳定在预设值后，由于菇房内送风口、

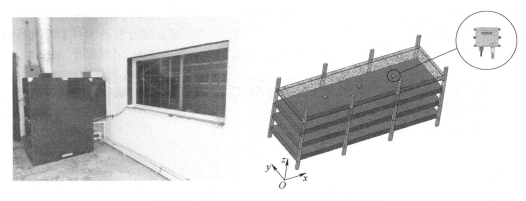

图 2-12　双孢菇生产实验室及传感器布置图

回风口布置位置及尺寸不完全相同，导致菇房内各个点位空气流动速度不同，靠近送风口与回风口等位置空气流动快，远离则空气流动慢，再加上监测传感器自身监测误差，因此测得的菇房内各点位环境温度不会完全相同，即表现为环境温度分布有差异。需要测试系统控制稳定后菇房环境温度分布及变化情况，以及系统自带环境温度传感器监测数据准确性、一致性。于 2019 年 10 月进行试验，保持培养料土温度预设值 21℃ 不变，系统测得环境温度趋于稳定时，使用布置的 9 组环境温湿度传感器持续测温 840min，每 5min 读取一次温度值，监测结果统计表见表 2-1。

表 2-1　菇床不同位置环境温度变化统计表　　　　　　（单位：℃）

传感器位置		最小值	最大值	均值	方差
第一层菇床	S_1	20	20.2	20.107	0.003
	S_2	20	20.1	20.039	0.002
	S_3	19.9	20.1	20.032	0.003
第二层菇床	S_4	20.3	20.5	20.395	0.003
	S_5	20	20.3	20.224	0.004
	S_6	19.9	20.2	20.056	0.005
第三层菇床	S_7	20	20.2	20.043	0.003
	S_8	20	20.1	20.046	0.003
	S_9	20.2	20.4	20.273	0.002
调温系统监测值		19.9	20.2	20.055	0.005

通过分析表 2-1 可知，系统控制温度稳定后任意监测点温度都变化平缓，各监测点位环境温度值虽有差异但相差不大，环境温度最大值点与最小值点差值小于 1℃，各点位环境温度均值相差小于 0.5℃，方差小于 0.01，层间温度差异不明显，系统控制菇房环境温度分布均匀性好，回风与送风装置布置合理，空气流动性好，空气循环性优良。长时间监测结果显示各点位环境温度变化小于 0.5℃，温度控制稳定性好、控制策略合理。同时刻系统监测温度与各点位温度差值小于 0.5℃，系统监测数据准确性好、普遍性强，可有效表示菇架整体环境温度，满足监测要求，且监测效果良好。

（2）培养料土温度控制试验　在双孢菇正常生长过程中，保持培养料土温度预设值21℃不变。当系统测得料土温度趋于稳定时，使用探针式土壤温度计对培养料土温度进行测量，测量三层培养料土温度，每层均匀测量 24 个点，测量结果如图 2-13 所示。

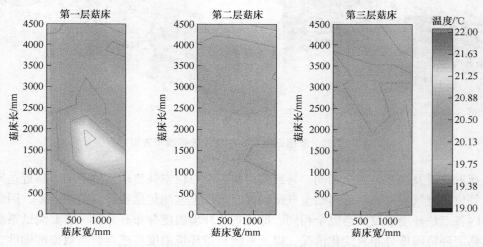

图 2-13　菇床不同位置培养料土温度分布测量结果

由图 2-13 可知，环境温度稳定后培养料土各个点位温度值同样相差不大，稳定在 20℃左右，最大温度值为 21.3℃，最小温度值为 19.6℃，不同点位间最大温度差值小于 2℃，调控后培养料土温度对比预设值上下浮动在 1℃范围内，在培养料土温度调控允许范围内。培养料土温度值最高区域出现在第一层菇架，该块区域土层较薄，环境温度热传递效果好，温度略微偏高，但对于双孢菇生长发育无影响；培养料土温度值最低区域出现在第二层菇架，该区域靠近通风百叶窗，保温效果相对较差，温度略微偏低，同样对双孢菇生长发育无影响。菇床第一层培养料土平均温度最高，为 20.4℃，第二层平均温度最低，为 20.2℃，各层间培养料土平均温度差异小，层间热量分布均匀。分析可知，菇房环境中培养料土温度分布均匀性较好，系统监测数据代表性强，系统控制效果良好。

（3）温度系统控制试验　首先保持培养料土温度预设值 21℃不变，待系统稳定后测得环境温度为 20.4℃，初始培养料土温度为 21℃。然后改变培养料土温度设定值为 18℃，控制系统将提高制冷量对温度进行调节。降温过程中，每 5min 读取一次温度值，直到环境和料土温度均保持稳定后停止数据读取。系统控制温度变化结果如图 2-14 所示。

由图 2-14 可知，环境温度比培养料土温度下降快，因培养料土温度靠环境温度热传递间接控制温度，培养

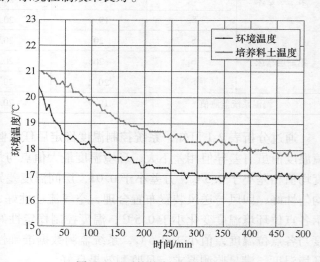

图 2-14　系统控制温度变化结果

料土温度下降要滞后于环境温度，环境温度下降更快一些，符合前文控制理论所述。模糊控制器在实际值距离预设值较远时，调温执行设备大负荷运作，降温迅速；当实际值靠近预设值时，模糊控制器控制执行设备小负荷运作，降温速度慢。因此，环境温度下降速度先快后慢，下降到 17℃ 左右温度变化趋于稳定。17℃ 即为环境温度预设值，由系统自主决策得到。培养料土温度下降较为平缓，在温差较大时段培养料土温度下降略快，最后培养料土温度稳定在 18℃ 左右，耗时约 400min，温度控制时间较长，但控制准确性良好。

本系统调温方式相比以前单独监测控制环境温度优点在于，双孢菇生长于菇床，对培养料土温度要求相对较高，在发酵阶段，若培养料土温度调控达不到要求，将导致菌料发酵不彻底，菌丝生长缓慢甚至停滞，影响后期出菇；在生长阶段，若培养料土温度调控达不到要求，将影响子实体的分化质量和数量。培养料土温度直接影响双孢菇菌丝体发育和子实体生长。而环境温度主要影响子实体所处空间温度，该温度允许范围较大，包含于培养料土所需温度范围，单独通过监控环境温度来达到双孢菇生长所需温度，控制精准程度远低于这里的温度调控方式。

2. 环境湿度控制试验

环境湿度控制试验是为了验证环境湿度调控的准确性和高效性。试验开始于菌丝体生长向子实体生长过渡阶段，系统测得初始环境相对湿度为 74.8%，预设环境相对湿度预设值为 85%，每 5min 读取一次相对湿度值，监测时间为 400min。环境湿度控制试验结果如图 2-15 所示。

由图 2-15 可知，环境湿度响应速度快，上升阶段仅耗时约 100min，前 50min 环境湿度快速上升，后 50min 系统控制湿度缓慢上升；100min 后湿度变化趋于稳定，达到预设环境相对

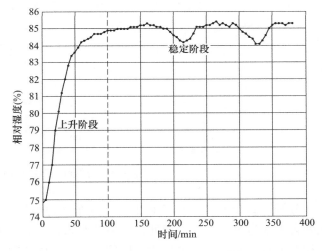

图 2-15　环境湿度控制试验结果

湿度值为 85%，稳定后最高环境相对湿度为 85.2%，最低环境相对湿度为 84.1%，调控湿度差上下幅度小于 1%，环境湿度加湿控制过程快，控制效果好。环境湿度在稳定阶段出现两处湿度低谷，低谷最低湿度分别为 84.2%、84.1%，其原因是加湿器在达到控制预设值后会暂停工作，出风与回风带动环境湿度循环流通，环境湿度下降，下降到湿度调控触发值后，加湿器开启，继续加湿，直到再次达到环境湿度预设值，环境湿度调控小于 1%，在调控允许范围内。

本系统环境湿度控制对比传统环境湿度控制。传统环境湿度控制方式是通过在菇房地面及墙壁洒水来增加环境湿度的，这种方法虽可有效提高菇房湿度和产量，但是大量洒水对水的利用率低，水量损失大，且长期浸泡墙壁、地面会缩短菇房的使用寿命，不利于菇房长久使用，地面过多积水还易滋生杂菌，加大杂菌治理成本，影响双孢菇产量。本系统采用雾化加湿器对菇房进行加湿，加湿效果好，水的使用量减少、利用率提高，高效节能且控制高效。

3. 培养料土湿度控制试验

双孢菇生长发育对培养料土湿度要求较高，湿度过高或过低均会影响双孢菇生长发育。为测试本系统喷淋加湿效果，于2019年10月9日培养料覆土后做喷淋试验。设定培养料土预设值，开启加湿系统，培养料土湿度（含水率）达到预设值后，喷淋设备暂停工作，由于培养料土渗透速度较慢，培养料土吸收水分后，湿度测试值下降，设备继续开启，直到培养料土充分吸收水分后所测湿度达到预设值，喷淋设备停止工作结束。与培养料土温度测试试验类似，使用土壤湿度传感器对培养料土湿度进行测量，测量三层菇床的培养料土湿度，每层均匀测量24个点，试验结果如图2-16所示。

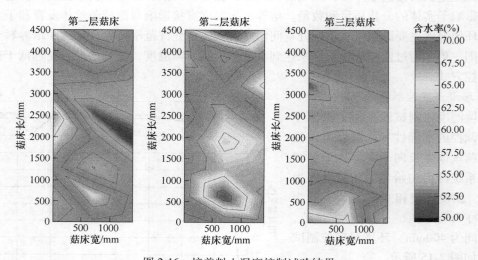

图2-16　培养料土湿度控制试验结果

分析图2-16可知，培养料土湿度分布均匀性较差，湿度最高处含水率达到69.9%，最低处含水率为50.9%，最低处含水率已经超过了培养料土最适含水率范围，两处位置含水率相差19%，喷淋设备喷洒均匀性较差。第一层菇架含水率均值为58.97%，第二层菇架含水率均值为62.48%，第三层菇架含水率均值为58.64%，第二层菇架含水率最高，且含水量相对较为均匀。总体上培养料土湿度分布均匀性较差，其原因是因为喷淋设备喷洒均匀性差，喷头喷水压力设置精准性差，有些喷头喷水量大，有些喷头喷水量小，甚至部分含水率高区域出现轻微重叠喷洒情况，含水率最低区域出现漏洒现象，喷淋设备有待改进。虽培养料土湿度分布均匀性较差，部分区域甚至接近培养料土最适含水率范围边缘，但该菇床环境仍满足双孢菇生长所需湿度范围，不影响双孢菇正常生长发育。

4. CO_2 浓度控制试验

双孢菇生长过程中不断地消耗氧气，排出 CO_2，因此系统主要任务为控制降低 CO_2 浓度。为测试系统对 CO_2 浓度的控制效果，于2019年10月19日9:00开始试验（菌丝体生长向子实体生长过渡阶段），系统测试 CO_2 浓度值为 3120×10^{-6}，设置预设值为 1000×10^{-6}，所布置9组 CO_2 传感器持续测量265min，每5min读取一次数据，试验结果如图2-17所示。

由图2-17可知，监测时间范围内 CO_2 浓度下降到约 1500×10^{-6}，下降速度较快，通风

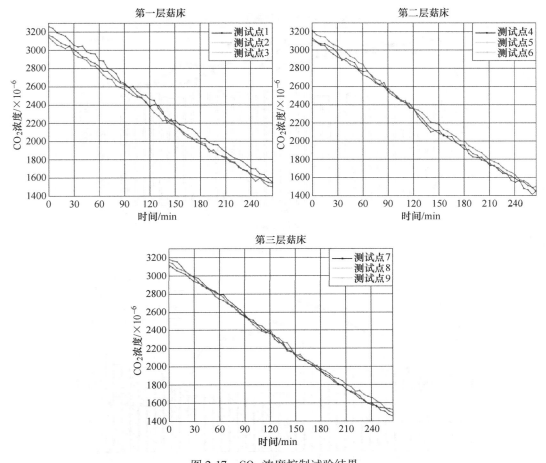

图 2-17　CO_2 浓度控制试验结果

执行设备控制效率高。各监测点位 CO_2 浓度下降趋势近似直线，表明菇房空气流通快，系统控制稳定性好。通风执行设备在运作过程中效果良好，空气循环迅速且全面，CO_2 浓度分布均匀性良好，各监测点位 CO_2 浓度相差较小，同一时刻下 CO_2 浓度最大处与最小处相差小于 200×10^{-6}。

2.2.6　菇房环境控制系统的应用

环境控制系统在菇房上料后开启，主要调控的环境因素包括室内温度、环境湿度、基质温度和 CO_2 浓度。菇房环境信息经调控后，相对湿度及温度如图 2-18 所示。在发酵阶段，环境温度和基料温度均在 25℃ 左右，覆土施水后环境温度有所降低，基料温度控制在 28℃ 以下。在结菇期内，环境温度逐次降低，降至 19℃，基料温度随之下降到 17℃。环境相对湿度控制在 95% 左右，环境相对湿度是菌丝发育阶段获得水分的重要途径。

如图 2-19 所示，在栽培前期频率保持风机频率在 25~35Hz 范围，CO_2 浓度逐步增加，达到 5000×10^{-6}。覆土后送风频率降低到 18~20Hz。结菇后控制 CO_2 浓度逐次降低，保持在 1500×10^{-6} 左右。室内环境因子在双孢菇发育期内能够满足其栽培要求。

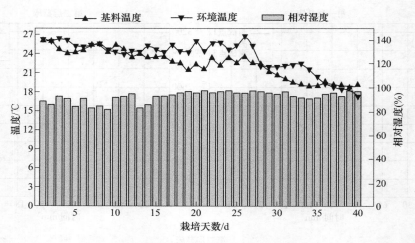

图 2-18 相对湿度及温度

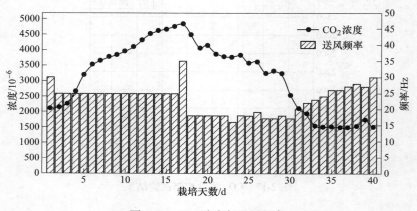

图 2-19 CO_2 浓度与送风频率

2.3 水分胁迫对双孢菇生长信息及品质的影响

2.3.1 水分胁迫对双孢菇菌丝及子实体动态发育的影响

双孢菇菌丝有着很高的药用价值，其在生长发育过程中适宜环境下整体颜色洁白、布满基质层极浓密、长势快。子实体的发育形态指标主要包括菇盖厚度与直径、菇柄直径和菇体高度。适宜基质水分栽培下的子实体菇盖较厚、圆润饱满，菇柄粗壮。

1. 试验材料

试验所需培养料基质由洛阳奥吉特有限公司提供。培养料基质的饱和持水率为 78%，由熟后的麦草、秸秆、牛粪按照一定比例混合搅拌、发酵制成。配置尿素、硫酸铵、过磷酸钙、石灰、石膏、草木灰。基质的 pH 值为 8.95。将基质包均匀地摆放在每层菇架上，如图 2-20 所示。经过一周左右的时间发酵，一周后菌丝长势良好且基质呈现红褐色时，对基质表层进行覆土。覆土材料由石灰粉、面粉、黏土和水混合而成。覆土阶段，将混合后的黏土均匀的覆在基质表层，厚度约为 1cm。覆土后，待覆土层有菌丝长出，进行翻土，将基质翻到黏土表层。

2. 试验方法

（1）试验设计　菌丝生长到出菇的整个生育期时间为 15~20d。培养料含水率按照梯度大小设置 4 个水处理：正常水处理 T1（基质饱和持水率的 80%~90%）、轻度水分胁迫 T2（基质饱和持水率的 70%~80%）、中度水分胁迫 T3（基质饱和持水率的 60%~70%）、重度水分胁迫 T4（基质饱和持水率的 50%~60%）。每个处理的区域为 $1m^2$，设 3 个不连续小区，用亚克力板从菇床低层将基质分割成各试验区，共 12 个试验区域。上层菇架安置 CO_2 浓度传感器（RS-CO_2-N01-2 型）和温湿度传感器（RS-WS-N01-2 型）。将土壤湿度传感器（RS485 型）埋在基料约 15cm 深处，采集培养料含水率信息。采集频率为 60min。保留每天的平均值。各传感器安装布置情况如图 2-21 所示。

图 2-20　基质包摆放

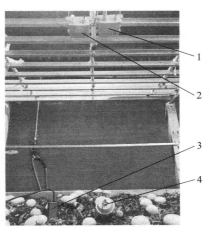

图 2-21　各传感器安装布置情况
1—温度、湿度传感器　2—CO_2 浓度传感器
3—基质含水率传感器　4—基质温度传感器

（2）菌丝生长指标测定　菌丝的干重采用烘干测试的方法，在覆土阶段后，待菌丝布满整个基质土层，划定单位区域，收取区域内菌丝，进行烘干称重。

（3）子实体形态指标测定　每个试验区域选择 6 颗发育良好、大小相仿的双孢菇，用标签插入其周围基质土层。双孢菇的子实体形态几何模型如图 2-22 所示。其关键形态指标包括菇盖最大直径、菇柄直径、菇盖厚度和菇高。当子实体从基质中冒出，发育成黄豆般大小，用标准游标卡尺测量标记出子实体的菇盖厚度和直径、菇柄直径；用标准直尺测量菇高（以基质面为原点测量），测量单位均为 mm，测量频率为 4h。子实体菇盖厚度、菇盖直径、菇高、菇柄直径的生长速率计算

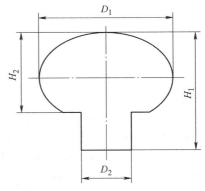

图 2-22　双孢菇的子实体形态几何模型
D_1—菇盖最大直径　D_2—菇柄直径
H_1—菇高　H_2—菇盖厚度

公式为

$$AGR = \frac{E_1 - E_2}{A_1 - A_2} \tag{2-2}$$

式中，AGR 为子实体菇高、菇柄直径、菇盖厚度的生长速率，mm/h；E_1、E_2 为相邻两次时间内测量的数值，mm；A_1、A_2 为相邻两次测定的时间，h。

（4）Logistic 生长曲线模型　生长曲线可用来描述大多数事物的发展过程，其开始、发展、结束不同阶段的持续时间、速率与事物本身机理密切相关。这里选用 Logistic 模型曲线与双孢菇形态发育指标进行回归拟合，求得基础参数。

Logistic 模型曲线方程为

$$y = \frac{k}{1 + ae^{-bt}} \tag{2-3}$$

式中，y 为所测物质增长量（这里为菇高、柄粗、盖厚），mm；t 为双孢菇从结菇到出菇的生长时间，h；k 为所测量的极限值；a、b 为基础参数；e 为自然对数的底数。

对 Logistic 生长函数求一阶导数，得到生长曲线的速率函数 v 为

$$v = \frac{dy}{dt} = \frac{kabe^{-bt}}{(1 + ae^{-bt})^2} \tag{2-4}$$

对 Logistic 曲线生长的速率函数求一阶导数，并令其等于零，得到生长速率高峰时间点 t_1。

$$\frac{dv}{dt} = \frac{kabe^{-bt}(abe^{-bt} - b)}{(1 + ae^{-bt})^3} = 0 \tag{2-5}$$

$$t_1 = \frac{\ln a}{b} \tag{2-6}$$

当 $t = (\ln a)/b$ 时，其达到生长速率的最大值，为其生长高峰期 V_{max}。

$$V_{max} = \frac{kb}{4} \tag{2-7}$$

对 Logistic 生长速度函数求二阶导数，并令其等于零得

$$\frac{d^2y}{dt^2} = \frac{kab^3e^{bt}(1 - 4abe^{bt} + a^2e^{2bt})}{(1 + ae^{-bt})^4} \tag{2-8}$$

$$t_2 = (\ln a - 1.317)/b \tag{2-9}$$

$$t_3 = \frac{\ln a - 1.317}{b} \tag{2-10}$$

t_2、t_1、t_3 分别对应双孢菇物质增长量的开始迅速增长时间点（始盛点）、增长高峰时间点（高峰点）、结束迅速增长时间点（盛末点）。双孢菇生长过程中形态指标变化渐增期为（0，t_2），快速增长期为（t_2，t_3），缓增期为 t_3 以后。

（5）数据统计与处理　试验数据使用 SPSS 软件进行平均值求解、误差分析和差异显著性测定，运用 OriginPro 2016 进行相关的拟合统计分析和图表绘制。

3. 结果分析

（1）基质含水率对菌丝生长发育的影响　覆土发酵后，对基质进行水分管控，记录不同水分处理下菌丝发育的情况并统计出菇时间，见表 2-2。T2 水处理下的菌丝长势浓密、菌

丝颜色洁白、发育状况优良，生长速度最快达到 8.4mm·d^{-1}，菌丝质量最大达到了 2.67g·m^{-2}。T3 水处理下的双孢菇现菇时间最快。不同水分处理下，双孢菇菌丝生长速度从快到慢依次为 T2>T1>T3>T4，菌丝质量从大到小依次为 T2>T3>T1>T4，现菇时间从短到长依次为 T3<T2<T1<T4。经过方差分析后得出，T2 水处理下双孢菇菌丝质量、生长速度与其他水处理差异显著（$P<0.05$）。轻微水分胁迫能够提前现菇时间，维持菌丝良好的发育和生长。

表 2-2　不同水处理下双孢菇菌丝发育信息

处理	发育状况	生长速度/mm·d^{-1}	菌丝质量/g·m^{-2}	现菇时间/d
T1	浓密、灰白、粗壮	6.5	2.05	13
T2	浓密、洁白、粗壮	8.4	2.67	12
T3	较浓密、洁白、较粗	6.2	2.15	9
T4	较浓密、洁白、细长	5.8	1.88	14

（2）水分胁迫对子实体菇盖动态发育的影响　双孢菇子实体菇盖厚度与直径的发育受基质不同水分处理的影响十分显著。子实体菇盖厚度为菇盖顶端到菇盖底部的最远距离；子实体菇盖直径为双孢菇发育过程中菇盖外圆所测的最大直径，菇盖直径大小是判断双孢菇子实体是否达到采收的重要标准。由图 2-23a 可见，菇盖厚度生长曲线呈 S 形，经历了逐渐增长阶段、快速增长阶段、缓慢增长阶段。T1 水处理下，菇盖厚度在 0～40h 内开始进入逐渐增长阶段；快速增长阶段开始在现菇后 40h，持续到 100h；在 100h 后进入缓慢增长阶段，逐渐停止增长趋于稳定。菇盖厚度的最大值随水分胁迫的加剧呈递减关联趋势，在采收后 T2、T3、T4 水处理下，菇盖厚度分别为 24.6mm、21.56mm、18.7mm，相比 T1 水处理（25.3mm）减少了 2%、14.8%、24.6%（$P<0.05$）。如图 2-23b 所示，T1 和 T2 水处理下，菇盖厚度的最大直径相差不明显，较为接近；T3 和 T4 水处理下，子实体最大菇盖厚度明显受到影响，下降明显。菇盖最大厚度在不同水处理下从大到小依次为 T1>T2>T3>T4。

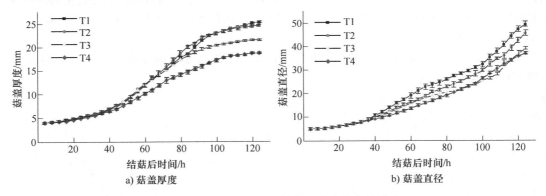

图 2-23　水分胁迫对子实体菇盖动态发育的影响

双孢菇子实体菇盖直径的大小是判断是否到达采摘标准的重要依据。子实体的菇盖直径发育过程在短暂的逐渐增长期后进入线性发育的快速增长阶段，直至到达采收指标，未及时采收的双孢菇菇盖直径未停止增长，但是菇盖会有形态上的变化，菇盖底部会展开伞幕或出现开裂，形成俗称的开伞菇。开伞菇的营养品质会极度下降，口感也会变差，经济价值直线下降。如图 2-23b 所示，菇盖直径在 0~40h 内缓慢增长发育，此阶段为逐渐增长阶段。不同水处理下双孢菇菇盖直径在此阶段没有明显的差异；40h 起进入快速增长阶段，此阶段菇盖直径在 T1 水处理下与 T3、T4 水处理间有了明显差异，表明不同程度水分胁迫产生了效果。与 T1 水处理相比，在 T2、T3、T4 水处理下双孢菇达到采收标准的时间分别延长 8.3h、15.6h、16.5h（P<0.05）。其中，T3、T4 水处理下，双孢菇达到采收标准的时间相似。菇盖直径到达采收标准的时间从短到长依次为 T1<T2<T3<T4。

（3）水分胁迫对子实体菇盖厚度生长速率的影响

双孢菇盖厚度生长速率在不同水分胁迫下的响应结果，一定程度反映了菇盖形态发育速率的特征。由图 2-24 可知，菇盖厚度生长速率的最大值随着基质含水率的减小而降低，呈负相关趋势。双孢菇菇盖厚度生长速率在 T4 水处理下呈现了两次峰值的变化，在 T1、T2、T3 水处理

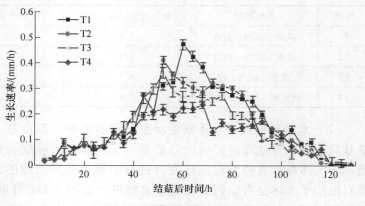

图 2-24　菇盖厚度生长速率

下呈现先增长后下降的走势。T2、T3 水处理下，双胞菇菇盖厚度生长速率不断增加，在结菇后 57h 左右达到了最大值，随后又逐步降低，直至趋于稳定；T4 水处理下，双孢菇菇盖厚度生长速率不断增加，在结菇后 48h 左右到达第一个生长速率峰值，在起伏中有所下降并在结菇后 70h 左右达到第二个生长速率峰值，随发育进程逐渐降低，直至发育结束；T1 水处理下，双胞菇菇盖厚度生长速率不断增加，在结菇后 65h 左右到达了最大值，随发育进程逐渐下降，直至趋于稳定发育结束。T4 水处理下双孢菇菇盖厚度生长速率在整个发育期都低于 T1 水处理下水平，在 40~100h 发育阶段尤为明显，说明中度胁迫对菇盖厚度的发育主要体现在快速发育阶段，且影响效果显著。T2、T3 水处理下双孢菇菇盖生长速率在 50~60h 时间段速率高于 T1 水处理下水平。

对比各个水处理下的子实体菇盖厚度生长速率峰值的大小可以发现，T2、T3、T4 基质水处理下菇盖厚度生长速率峰值为 0.41mm/h、0.36mm/h、0.28mm/h，分别占 T1 水处理（生长速率峰值为 0.48mm/h）的 85.4%、75% 和 58.3%，差异化极为显著（P<0.05）。不同水处理下，菇盖厚度生长速率峰值从大到小依次为 T1>T2>T3>T4。

（4）水分胁迫对子实体菇盖直径生长速率的影响

如图 2-25 所示，双孢菇子实

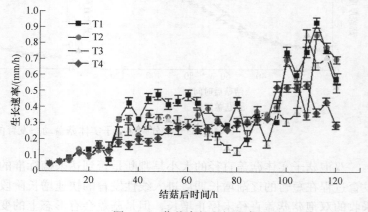

图 2-25　菇盖直径生长速率

体的菇盖直径最大生长速率同样随着水分胁迫程度加剧而减小。在整个生长发育过程中，双孢菇子实体的菇盖、直径生长速率在前期缓慢稳定增长，维持到一个稳定的范围，在发育后期波动增长，达到生长速率峰值。在结菇后 0～30h 时间段内，各水处理下双孢菇菇盖直径大小发育未有明显的差异。T1、T2、T3、T4 水分处理下双孢菇生长速率峰值分别为 3.72mm/h、3.4mm/h、3.41mm/h、2.15mm/h，到达的时间分别为 112h、112h、108h、108h。在菇盖直径发育后期也是采收双孢菇的关键时间段，此时双孢菇直径发育速率维持在较高值，人工采收时应频繁多次检查菇床，将达到采收标准的双孢菇子实体及时摘掉，防止未及时采收的子实体底部伞幕开裂导致变质。

（5）不同水处理下子实体菇盖厚度 Logistic 生长参数模型　经过对不同水处理下双孢菇菇盖发育结果分析可得，双孢菇菇盖厚度的全育期动态发育过程符合 Logistic 生长曲线，经历逐渐增长阶段、线性快速增长阶段、恢复缓慢增长直至趋于稳定发展阶段，受水分胁迫影响极为显著。对双孢菇菇盖厚度增长曲线进行 Logistic 生长曲线拟合，得到其模型特征参数见表 2-3。由表 2-3 可知，随着水分胁迫加剧，双孢菇菇盖厚度到达峰值时间有不同程度提前，快速增长时间也明显延长。在 T1、T2、T3、T4 水处理下双孢菇菇盖厚度到达生长速率峰值的时间为 60h、52h、50h、44h。与 T1 水处理相比，T2、T3、T4 水处理下双孢菇子实体厚度到达生长速率峰值的时间分别提前 8h、10h、16h（$P<0.01$）；T1、T2、T3、T4 水处理下双孢菇菇盖厚度快速增长期持续时间分别为 35.2h、39.31h、40.56h、45.8h。与 T1 水处理相比，T2、T3、T4 水处理下双孢菇菇盖厚度快速增长持续时间分别延长 4.1h、5.4h、10.6h。T4 水处理下双孢菇子实体菇盖厚度达到峰值时间最快，快速增长时间维持最长。与 T1 水处理相比，T2、T3、T4 水处理下双孢菇菇盖厚度到达生长速率峰值分别提前了 10.04h、10.7h、21.3h（$P<0.05$），菇盖厚度快速增长时间分别延长了 4.1h、5.4h、10.6h（$P<0.05$）。

表 2-3　不同水处理下双孢菇菇盖指标的 Logistic 生长模型及特征参数

指标	处理	回归方程	生长速率峰值 V_{max} /(mm/h)	至始盛点时间 t_2/h	至高峰点时间 t_1/h	至盛末点时间 t_3/h	快增期持续时间 L_c/h	决定系数 R^2
菇盖厚度	T1	$y = 25.4/(1 + 90e^{-0.3x})$	0.48	42.4	60	77.6	35.2	0.98[①]
	T2	$y = 24.6/(1 + 33e^{-0.27x})$	0.41	32.36	52	71.67	39.31	0.98[①]
	T3	$y = 21.6/(1 + 29e^{-0.26x})$	0.36	31.7	50	72.26	40.56	0.97[①]
	T4	$y = 18.7/(1 + 12.6e^{-0.23x})$	0.28	21.1	44	66.9	45.8	0.96[①]

注：y 为盖厚模拟值，mm；x 为现菇后时间，h。

[①]在 0.01 水平上显著相关。

（6）水分胁迫对子实体菇柄动态发育的影响　双孢菇子实体菇柄直径受基质不同含水率的影响极为显著。菇柄直径为双孢菇菇盖下柄的最大直径参数。如图 2-26 所示，菇柄直径的生长曲线呈 S 形，生长发育过程分为逐渐增长阶段、线性快速发育阶段、缓慢增长阶段。T1 水处理下，菇柄直径在 0～58h 内处于逐渐增长阶段；在 58h 后菇柄直径进入线性快速增长阶段，一直持续到 95h 左右；在 100h 后菇柄直径进入缓慢增长阶段，逐渐停止增长趋于稳定。菇柄直径的最大值随着水分胁迫加剧而呈现递减关联趋势。在采收后 T2、T3、T4 水处理下双孢菇的最大柄直径分别为 19.84mm、17.58mm、16.11mm 相较 T1 水处理下（菇柄最大直径 21.45mm）减少了 7%、18.1% 和 24.9%（$P<0.05$）。其中，T1、T2 水处理下双孢菇菇柄直径较为接近，相差约 1mm；T3、T4 水处理下双孢菇菇柄直径较为接近，相差约 1.5mm，其受水分胁迫的影响显著，与 T1 水处理间差异明显。菇柄最大直径在不同水分处理下从大到小依次为 T1>T2>T3>T4。

（7）水分胁迫对子实体菇柄直径生长速率的影响 双孢菇菇柄直径生长速率在不同基质水分胁迫下响应程度，在一定程度上反映了菇柄形态的发育速率的特征。由图 2-27 可知，菇柄直径的生长速率峰值随着水分胁迫程度加剧而减小，呈现负相关趋势。双孢菇菇柄直径生长速率在 T1、T2、T3、T4 水处理下都呈现先增长后下降

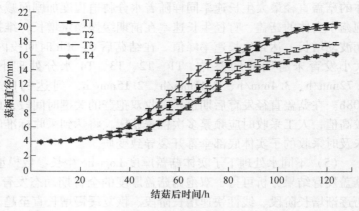

图 2-26　菇柄直径

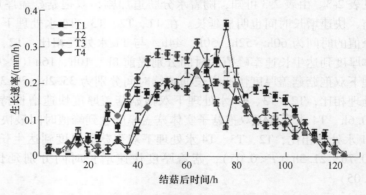

图 2-27　菇柄直径生长速率

的趋势，产生一个生长速率峰值。在发育进程 0~20h 内，各水处理间菇柄直径发育速率无明显的差异；在发育进程 20~70h 时间段内 T2 水处理下，双孢菇菇柄直径发育速率高于其他水处理，首先达到生长速率峰值；在发育进程 70~90h 时间段内，T3、T4、T1 水处理依次达到了菇柄直径生长速率峰值。随着发育进程延续，在达到生长速率峰之后（90h 后），双孢菇菇柄直径生长速率下降，直至发育期结束。T4 水处理下，双孢菇菇柄直径整体发育进程都在 T1 水处理水平之下，在 20~100h 时间段内尤为明显。此阶段重度水分胁迫对双孢菇菇柄的发育影响显著，在后期试验中应保持快速发育阶段的充足供水。T2、T3、T4 水处理下双孢菇的菇柄直径生长速率峰值分别为 0.31mm/h、0.29mm/h、0.24mm/h，占 T1 水处理下（菇柄直径生长速率峰值 0.36mm/h）的 86.1%、80.5% 和 66.7%，菇柄直径的生长速率峰值受水分胁迫影响显著（$P<0.05$）。不同水分处理下双孢菇子实体菇柄直径生长速率峰值从大到小依次为 T1>T2>T3>T4。

（8）不同水处理下子实体菇柄直径 Logistic 生长参数模型　经过对不同水处理下双孢菇菇柄发育结果分析得，双孢菇菇柄直径的全育期动态发育过程符合 Logistic 生长曲线，经历了逐渐增长阶段、线性快速发育阶段、缓慢稳定增长阶段，且受水分胁迫影响显著。对双孢菇柄直径增长曲线进行 Logistic 生长曲线拟合，得到其模型特征参数见表 2-4。在 T1、T2、T3、T4 水处理下双孢菇柄直径到达生长速率峰值的时间为 76h、68h、72h、64h，快速增长期持

续时间分别为 36.3h、46.2h、40.5h、43.9h。随着水分胁迫加剧，双孢菇柄直径到达峰值时间有不同程度提前，快速增长时间也明显延长，但未呈现递增趋势。不同水分处理下双孢菇柄直径达到生长速率峰值的时间从快到慢依次为 T4<T2<T3<T1，T4 水处理下最快到达生长速率峰值。不同水分处理下双孢菇菇柄直径快速增长持续时间从长到短依次为 T2>T4>T3>T1，T2 水分处理下菇柄直径的快速增长时间较其他水分处理持续更久。与 T1 水处理相比，T2、T3、T4 水处理下双孢菇柄直径到达生长速率峰值分别提前了 8h、4h、12h，菇盖厚度快速增长时间分别延长了 10h、4.2h、7.6h（$P<0.05$）。

表 2-4　不同水处理下双孢菇菇柄指标的 Logistic 生长模型及特征参数

指标	处理	回归方程	生长速率峰值 V_{max} /(mm/h)	至始盛点时间 t_2/h	至高峰点时间 t_1/h	至盛末点时间 t_3/h	快增期持续时间 L_c/h	决定系数 R^2
菇柄直径	T1	$y = 20.1/(1 + 247e^{-0.29x})$	0.36	57.9	76	94.2	36.3	0.97[①]
	T2	$y = 19.9/(1 + 55.7e^{-0.25x})$	0.31	41.25	68	87.4	46.2	0.97[①]
	T3	$y = 17.6/(1 + 107e^{-0.26x})$	0.29	51.58	72	92.1	40.5	0.98[①]
	T4	$y = 16.1/(1 + 43.4e^{-0.24x})$	0.24	40.88	64	84.78	43.9	0.96[①]

注：y 为盖厚模拟值，mm；x 为现菇后时间，h。

[①] 在 0.01 水平上相关。

（9）不同水分胁迫下子实体高度阶段发育变化　如图 2-28 所示，双孢菇菇体高度受基质水分胁迫的影响不显著。在整个菇期内，菇体高度的发育同样经历了 S 形生长曲线轨迹，分别为渐增期、快速增长期、缓增期。T1 水处理下菇体高度的快速增长期开始于出菇后的 35h，一直持续到 100h；之后进入缓增期。不同水分处理下菇体高度：T1 为 31.23mm、T2 为 29.64mm、T3 为 30.05mm、T4 为 30.74mm。

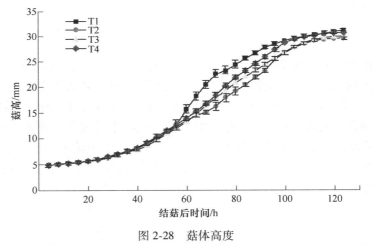

图 2-28　菇体高度

T3 为 30.05mm、T4 为 30.74mm。不同水分处理下，菇体高度从高到低依次为 T1>T4>T3>T2。

2.3.2　水分胁迫对双孢菇品质和营养成分的影响

通过双孢菇全育期水分胁迫试验，研究不同基质水分下双孢菇生长发育过程中的营养物质变化和出菇后的单体品质与区域产菇品质的变化。双孢菇的营养价值极高，可溶性蛋白质、可溶性糖、维生素 C（VC）含量是评判其营养价值的关键指标。双孢菇单体品质一方面参考子实体内营养物质含量，另一方面参考口感品质。高品质的双孢菇具有质地较硬、脆爽可口的特点，低品质的双孢菇会表现出绵软的特性。双孢菇的区域产菇品质指区域采收后优质菇比例，是判断经济收益的重要指标。低品质的残次菇经济价值较低，比例过高会造成经济成本的浪费。

1. 试验方法

双孢菇品质与营养成分受水分胁迫影响试验与 2.3.1 节试验同期进行。试验水处理、供试材料、基质特性完全相同。设置 4 种水处理试验区域，每个水处理方案有 3 组不连续重复区域。根据双孢菇子实体发育进程，分别在结菇后的 12h、36h、60h、84h、108h 节点上，采摘发育形势良好的子实体。每个水处理下的不同区域在目标发育进程节点上采摘 3 颗进行营养成分测定。在双孢菇发育过程中记录人工剔除的病斑菇，在结菇末期，将菇床上的双孢菇子实体分批次采收直至第一潮菇全部完成采收。采收后统计不同试验区域内双孢菇总数与优质菇比例。每个试验区域随机优选 3 颗双孢菇，按照质构分析（texture profile analysis，TPA）要求，首先进行切片处理，制成厚度约 20mm 的块状子实体，再进行口感品质分析。

（1）子实体营养成分方法测定

1）可溶性蛋白含量。将子实体剥下表层取样，放入液氮中约 10min，取出后放入冷冻箱保持低温。测定时，迅速取样 1g 放入研钵中，同时加入 10mL pH 值为 7.8 的磷酸缓冲液，研磨后冷冻离心 25min 提取液。取 100μL 提取液放入 10mL 刻度试管中，再加入 3mL 考马斯亮蓝 G250 反应液，充分混合 2min，于 595nm 下比色，子实体中可溶性蛋白 SP 的计算公式为

$$SP = \frac{C \times V_{SP1}}{Z \times V_{SP2}} \tag{2-11}$$

式中，SP 为可溶性蛋白含量，g/100g；C 为标准曲线查值，g；V_{SP1} 为子实体样品提取液的体积，mL；V_{SP2} 为测定所用提取液体积，mL；Z 为测定时所用样品的质量，g。

2）可溶性糖含量。将子实体剥下表层取样，洗净擦干后置于烘箱中烘干。称取 1g 样品研磨后放入 10mL 离心管，加入 5mL 纯净水后将离心管置于水浴锅中煮沸加热 30min，取出冷却离心，将上清液倒入 50mL 容量瓶，合并上清液并定容至 50mL。取 0.1mL 放入 10mL 刻度管内，再加入 3mL 蒽酮试剂，然后将试管放入水浴锅中以 90℃ 加热 15min，取出冷却后与 620nm 比色。可溶性糖 SS 含量的计算公式为

$$SS = \frac{C \times V_{SS1} \times n}{Z_2 \times V_{SS2}} \tag{2-12}$$

式中，SS 为可溶性糖含量，mg/g；C 为所查标准曲线值；V_{SS1} 为样品提取液总体积，mL；V_{SS2} 为提取液体积，mL；Z_2 为样品质量，g；n 为稀释倍数。

3）VC 含量。将子实体洗净擦干后切块称重 100g 作为样品，混合 2% 的稀释草酸溶液后进行研磨，使用滤纸重复过滤研磨后的溶液，每次过滤后加入适量 2% 草酸溶液完成下一次过滤。试管内上清液合并后持续加入 2% 的草酸溶液定容至 100mL。通过量杯取得 10mL 提取液放入锥形瓶中，用 0.1% 2，6-二氯酚靛酚溶液滴定，至提取液颜色变为淡红色且保持 12s 不褪色，即为滴定完成。测量所用 0.1% 2，6-二氯酚靛酚溶液的体积。试验重复 3 次。量取 10mL 1% 的草酸溶液作为对照。VC 含量的计算公式为

$$S_{VC} = \dfrac{\left(\dfrac{V_{A1}}{V_{A3}} - \dfrac{V_{A2}}{10}\right) \times V_A \times T}{Z_3} \qquad (2\text{-}13)$$

式中，S_{VC} 为子实体 VC 含量，mg/g；V_{A1} 为滴定试样所用的染料体积，mL；V_{A2} 为滴定对照所用的染料体积，mL；V_{A3} 为滴定时量取试样提取液的体积，mL；V_A 为双孢菇子实体样品提取液的总体积，mL；T 为 1mL 染料所消耗的抗坏血酸的量，mg；Z_3 为获取样本的质量，g。

（2）TPA 方法测定　双孢菇的口感反映了出菇的品质，通过质构仪的质地多面分析模式模拟消费者反复咀嚼口感。采用的质构仪型号为 TA. XTC-16（上海保圣实业发展有限公司，上海，中国），如图 2-29 所示。TPA 模式下，质构仪参数设定为预压速度 1mm/s，下压、上行速度同为 2mm/s，2 次下压间隔预留时间为 5s，当试样受压形变 40%、触发力 0.3N 时，得到质地特征曲线。其中表征双孢菇口感品质的指标有：硬度、弹性、凝聚性、黏性、咀嚼性。

将质构仪调整到 TPA 模式，设置好参数后，更换合适探头、传感头。将不同水处理下采收的双孢菇子实体切成相同大小的块状并放置在物料台上，开启质构仪，探头模拟人体咀嚼产生两次下压动作，其质地特征曲线如图 2-30 所示。硬度为子实体第 1 次受挤压后，探头产生的最大位移，其数值对应曲线第 1 次波峰点 F1；弹性指子实体首次受挤压后能够恢复到原初的程度，在特征曲线中由第 2 次压缩后产生的峰值大小 F2 与第 1 次波峰 F1 的比值来表示；凝聚性为第 1 次探头下压后子实体应对第 2 次探头下压后压缩的相对抵抗能力，在双孢菇子实体 TPA 特征曲线上对应为第 2 次下压产生的做功面积 S4 与第 1 次下压产生的做功面积 S1、S2 之和的比值；黏性为子实体与探头第 1 次接触后，探头上行克服两者之间吸附力所做的功，在双孢菇子实体 TPA 特征曲线上对应为探头第 1 次下压曲线到达坐标轴 0 点和上行后再次到达 0 点之间曲线与 $F=0$ 合围的面积 S3；咀嚼性是一个综合口感评价标准，其在特征曲线上的表示方法为硬度、凝聚性与弹性的乘积。

图 2-29　质构仪

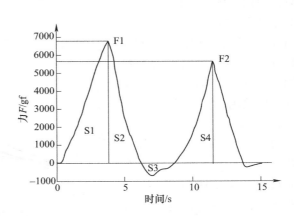

图 2-30　双孢菇子实体质地特征曲线图

（3）区域产菇品质统计　双孢菇直径在 40~45mm 时应及时采收。未及时采收的子实体菇盖下方会展开伞幕，严重影响了双孢菇的营养价值、口感和品质。在将近一周的采摘期内，对符合大小的双孢菇进行批次采摘。分析不同基质水处理下区域双孢菇的产菇品质，统计各试验区域内出菇总数、畸形菇数、开伞菇数、病斑菇的数量。如图 2-31 所示，畸形菇指菇柄细长弯曲的高脚菇、并蒂菇和菇盖极度不圆整的双孢菇；开伞菇指未达到采收标准菇盖底部就已经展开伞幕、发生质变的双孢菇；病斑菇指发育过程中菇盖上有深黄色或褐色斑点的双孢菇。病斑菇在发现后需及时剔除，避免其在菇床上感染扩散。

a) 畸形菇 b) 开伞菇

c) 病斑菇 d) 优质菇

图 2-31　采收后不同类型的双孢菇

（4）数据统计与分析　试验数据使用 SPSS 软件进行相关数据平均值求解，误差分析和差异性测定，使用 OriginPro 2016 进行相关的拟合统计分析和图表绘制。品质结果、质构特性结果采用均值表示。

2. 结果与分析

（1）水分胁迫对子实体内部营养物质的影响　可溶性蛋白为双孢菇子实体内主要营养物质之一，在一定程度上可反应双孢菇发育的代谢水平。如图 2-32 所示，4 种水处理下双孢菇子实体内可溶性蛋白含量

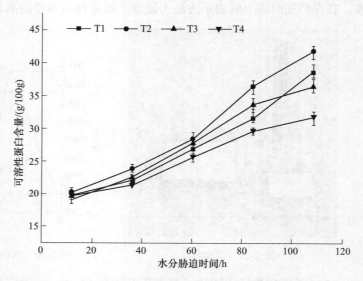

图 2-32　水分胁迫对双孢菇子实体可溶性蛋白含量的影响

全部随着发育进程呈现不同程度的增加。采收后对比发现，T3、T4 水处理下子实体可溶性蛋白含量低于常规水处理 T1 下水平，分别为 36.4g/100g、31.8g/100g；T2 水处理下双孢菇子实体内可溶性蛋白含量最高，达到 41.8g/100g。在结菇后的 10~40h 时间段内，4 种水处理下双孢菇子实体可溶性蛋白含量分别为 22.1g/100g、23.8g/100g、22.5g/100g、21.4g/100g，与 T1 水处理间未有明显的差异性；在 40h 后的发育进程内，双孢菇子实体内可溶性蛋白含量随着水分胁迫程度加剧出现显著化差异，在结菇后 108h，T3 水处理下双孢菇子实体可溶性蛋白含量与 T1 水处理相比显著下降了 5.4%；T4 水处理下双孢菇子实体可溶性蛋白含量与 T1 水处理相比显著下降了 17.4%；T2 水处理下双孢菇子实体可溶性蛋白含量与 T1 水处理相比显著增加了 8.6%。各水处理下双孢菇子实体可溶性蛋白含量从大到小依次为 T2>T1>T3>T4。

可溶性糖为双孢菇子实体重要发育调节能量物质之一，其经合成、积累和运输，最终形成器官的重要发育物质。如图 2-33 所示，双孢菇子实体可溶性糖的含量随着发育进程整体在 T1 水处理下呈平稳增加趋势，在 T2、T3、T4 水处理下呈先稳步增加后波动下降又稳定增长趋势。在 10~20h 内，双孢菇子实体可溶性糖含量在 4 种水处理下分别为 56mg/g、57mg/g、52.5mg/g、54mg/g，各处理间差异性不显著，水分胁迫在结菇前期没用显著改变

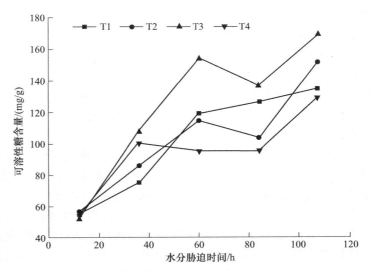

图 2-33　水分胁迫对双孢菇子实体可溶性糖含量的影响

子实体内可溶性糖含量；在结菇后 36h，T2、T3、T4 水处理下子实体可溶性糖含量为 86mg/g、108mg/g、101mg/g，均高于 T1 水处理下 75mg/g 水平；在结菇后 60h，水分胁迫对双孢菇子实体可溶性糖含量在不同水处理间产生差异化效果。T3 水处理下双孢菇子实体可溶性糖含量高于其他水处理达到 154mg/g，占 T1 水处理下可溶性糖含量约 130%。T2 水处理下双孢菇子实体可溶性糖含量与 T1 水处理在此节点相比差异效果不显著。T4 水处理下双孢菇子实体可溶性糖含量为 95mg/g，占 T1 水处理下可溶性糖含量的 79.8%；在结菇后 108h，T2、T3 水处理下双孢菇子实体可溶性糖含量分别为 153mg/g 与 1700mg/g，相比 T1 水处理下可溶性糖含量 135mg/g 分别提高 13.3% 和 25.9%。T4 水处理下子实体可溶性糖含量相比 T1 下降约 4%，差异效果显著。采收后 4 种水处理下双孢菇子实体可溶性含量从大到小依次为 T3>T2>T1>T4。水分胁迫对双孢菇子实体可溶性糖含量的影响主要集中在 60h 后的发育中后期。

VC 是表征双孢菇子实体营养品质的重要因素之一，其含量的高低影响了双孢菇的营养丰富程度。如图 2-34 所示，双孢菇子实体内的 VC 含量随着发育进程呈不断增长的趋势。T3、T4 水处理下子实体内 VC 含量相比 T1 水处理下有显著降低；T2 水处理下子实体 VC 含

量相比 T1 水处理有明显提升。在结菇后 12~30h 内，4 种水处理方案下双孢菇子实体含量差异效果不显著。在结菇后 60h，T3 水处理下子实体 VC 含量为 32.2mg/100g，与 T1 水处理差异效果不显著；T4 水处理下双孢菇子实体 VC 含量为 28.3mg/100g，与 T1 水处理相比减少了 17.6%，其受水分胁迫影响最严重；T2 水处理下子实体 VC 含量为 39.4mg/100g，与 T1 水处理相比提高了约 14.7%。在结菇后 108h，比较不同水处理

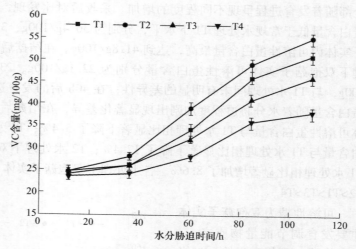

图 2-34　水分胁迫对双孢菇子实体 VC 含量的影响

VC 含量。4 种水处理下，子实体 VC 含量由大到小依次为 T2>T1>T3>T4。在结菇后 108h，子实体 VC 含量在 T2、T3、T4 水处理下分别为 55.2mg/100g、46.3mg/100g、38.6mg/100g，分别占 T1 水处理的 108.3%、90.8%、74.5%。

（2）水分胁迫对子实体口感品质的影响　通过 TPA 试验得到了不同水分处理下双孢菇质地特性的各类参数，从而分析单菇品质受水分胁迫的影响程度。双孢菇子实体的硬度、内聚性、咀嚼性都与基质含水率呈正相关联系。由表 2-5 可知，随着水分胁迫加剧，子实体硬度下降显著。轻度水胁迫 T2 水处理下，双孢菇子实体硬度与 T1 水处理相比差异不明显。严重水分亏缺胁迫 T4 水处理下双孢菇子实体硬度占 T1 水处理的 0.54（$P<0.05$）。双孢菇子实体硬度直观反映了子实体内部密实程度，是人体口腔接触的第一感觉，也是评价双孢菇口感品质的最直接标准。质地测试中子实体弹性与水分胁迫相关性较低，其受水分胁迫的变化不显著（$P>0.05$）。凝聚性反映了子实体内细胞间结合力大小，其随着水分胁迫加剧，呈逐步降低趋势，表现出绵软特性。与 T1 水处理下双孢菇子实体凝聚性相比，T2、T3、T4 水处理下其分别占比 76.3%、56.6%、47.4%（$P>0.05$）。咀嚼性与硬度相关性很高，其模拟消费者食用时持续咀嚼下果实的抗性。以咀嚼性作为综合品质评价标准可知，T1、T2、T3 水分处理下，子实体的咀嚼性相比 T1 水处理下分别下降了 21.8%、47% 和 73%（$P<0.05$）。中度、重度水分胁迫下，双孢菇品质差异显著较大，在双孢菇栽培期间，应通过环境调控尽量避免。

表 2-5　不同基质水处理下单菇口感品质分析

处理	硬度	弹性	凝聚性	咀嚼性
T1	6176.6a	0.59b	0.76a	2770a
T2	6125.6a	0.61b	0.58b	2167.2b
T3	4728.5b	0.71a	0.43c	1443.5c
T4	3355.21c	0.68a	0.36d	821.4d

注：同列不同小写字母表示处理间差异显著（$P<0.05$）。

（3）水分胁迫对区域双孢菇采收品质的影响　如图 2-35 所示，T2 水处理下双孢菇总采摘数为 274.4，高于其他水处理下采摘菇数，与 T1 水处理相比区域产菇数量增加了 9.2%。T2、T3 水处理下双孢菇总采摘数有明显下降，相比 T1 水处理分别减少了 14.2%、25.7%（$P<0.05$）。区域产菇中的开伞菇、病斑菇受基质水分胁迫影响显著，T1、T2、T3 水处理下产菇中开伞菇数量处在较低水平，其中 T1 水处理下未出现双孢菇提前开伞现象，T4 水处理下双孢菇受水分亏缺影响严重，提前开伞的数目激增，相比轻度水分亏缺数目有成倍地增加；病斑菇的数量在 T1、T2 水处理下维持在较低水平，其相互之间差距不大。T3、T4 水处理下病斑菇数目同样出现倍增，相比于 T1 水处理下病斑菇数目分别增加 3.5 倍、7.2 倍（$P<0.05$）。畸形菇数目在 T1、T2 水处理下没有显著差异，T3、T4 水处理下有显著增加。畸形菇在双孢菇栽培中不可避免，可通过规范化栽培工艺来减少畸形菇数。T2、T3 水处理下双孢菇采收优质菇率下降明显，相比于 T1 水处理下降 11.4%、32.8%，差异效果显著（$P<0.05$）。轻度水分胁迫对区域双孢菇产出品质无显著影响下提高了产菇数目。严重水分亏缺导致双孢菇病斑菇、开伞菇数目都成倍增加，产菇品质下降的同时出菇数目也有所下降。

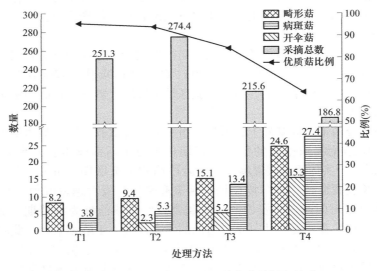

图 2-35　不同基质水处理下区域产菇数量与品质

（4）水分胁迫下双孢菇品质及营养成分与基质水分的关系　将双孢菇子实体各类营养元素与基质水分做相关性分析，稀释倍数为 4 时，其决定系数见表 2-6。由表 2-6 可知，在结菇 36h 后，子实体营养成分中 VC 和可溶性蛋白与基质水分呈正相关关系，且效果显著。可溶性蛋白含量与基质水分在发育进程胁迫时间持续 60h 后，达到了极显著效果。VC 含量在发育进程胁迫时间持续 84h 后，与基质含水率之间达到极显著差异效果。在结菇 36h 后，双孢菇子实体可溶性糖含量与基质含水率呈负相关关系。在发育进程水胁迫持续到 60h 后，此时相关系数达到最大为 -0.956，后随着水分胁迫的持续，出现下降但始终保持极显著水平。在结菇前期，3 种营养元素与基质水分间关系不显著，随着发育进程持续在中期、后期其之间关系达到显著水平。说明水分胁迫对子实体营养物质指标的影响主要在双孢菇发育进程的中后期。

表 2-6　子实体营养指标与基质水分的相关系数（$n=4$）

指标	结菇后水分胁迫时间/h				
	12	36	60	84	108
可溶性蛋白	0.247	0.687[①]	0.879[②]	0.915[②]	0.95[②]
可溶性糖	0.345	−0.415[①]	−0.956[②]	−0.845[②]	0.912[②]
VC	−0.315	0.648[①]	0.718[①]	0.847[②]	0.895[②]

①在 0.05 水平上显著相关。

②在 0.01 水平上显著相关。

2.3.3　水分胁迫对双孢菇根系活力、产量和水分利用效率的影响

在前期全育期水分胁迫试验中，对双孢菇全育期内菇形指标、营养物质的变化和单菇子实体口感品质、区域产品品质进行记录分析。本节研究全育期水分胁迫下双孢菇根系活力的变化，并结合此前研究内容设计组合式复水试验，以水分利用效率为评价标准，确立温室双孢菇适宜、高效的施水方案，为双孢菇基质水分精准管理提供理论依据。

1. 试验设计

全育期水分胁迫下双孢菇根系活力的试验与前期试验水分处理方法相同。分别选取结菇后 T1、T2、T3、T4 水处理下持续胁迫时间 20h、60h 和 100h 作为双孢菇发育进程前期、中期、后期 3 个节点。在时间节点上，不同试验区域内选取 3 颗发育良好的子实体，对根部取样，进行活力值检测。

在此前基质水分胁迫试验基础上，增加 6 组水分组合试验方案，整体试验方案见表 2-7。首先通过前期试验结论将双孢菇的整个发育期化为覆土后菌丝生长发育阶段简称为发菌期（Ⅰ）；出菇后，子实体逐渐缓慢增长发育阶段简称为渐增期（Ⅱ）；渐增期后双孢菇子实体进入快速生长发育阶段，此阶段菇柄、菇盖迎来生长发育速率峰值，其维持的时间越久，双孢菇整体出菇时间越短，资源利用率越高，此阶段简称为维持期（Ⅲ）；在维持期后，双孢菇减缓生长发育速度，此时直径达标的子实体被人工陆续采收，此阶段简称为出菇期（Ⅳ）。在双孢菇发菌期内通过试验得到 T2 水处理下菌丝长势最旺盛茂密，因此后期试验发菌期设置基质含水率区间范围为 54.6%~62.4%。维持期内为满足子实体快速发育期间对水分充足的要求，结合前期试验设置基质含水率区间范围为 62.4%~70.2%。T12、T13 水处理分别为在双孢菇渐增期、出菇期进行轻度水分胁迫处理；T14 水处理为同时在双孢菇渐增期和出菇期进行轻度水分胁迫处理；T22、T23 水处理为分别在双孢菇渐增期、出菇期进行中度水分胁迫处理；T24 水处理为在双孢菇渐增期和出菇期都进行中度水分胁迫处理。双孢菇复水试验同样在河南科技大学农业装备工程学院智慧菌类温室开展，开始于 2020 年 11 月。整体试验环境管控方法参考前期水分胁迫试验。

表 2-7　复水试验水处理方案

编号	处理方式	不同阶段基质含水率上下限（%）			
		发菌期（Ⅰ）	渐增期（Ⅱ）	维持期（Ⅲ）	出菇期（Ⅳ）
T1	常规水处理	54.6~62.4	62.4~70.2	62.4~70.2	62.4~70.2
T2	全育期轻度水分胁迫	54.6~62.4	54.6~62.4	54.6~62.4	54.6~62.4

（续）

编号	处理方式	不同阶段基质含水率上下限（%）			
		发菌期（Ⅰ）	渐增期（Ⅱ）	维持期（Ⅲ）	出菇期（Ⅳ）
T3	全育期中度水分胁迫	54.6~62.4	46.8~54.6	46.8~54.6	46.8~54.6
T4	全育期重度水分胁迫	54.6~62.4	40.1~46.8	40.1~46.8	40.1~46.8
T12	渐增期轻度水分胁迫	54.6~62.4	54.6~62.4	62.4~70.2	62.4~70.2
T13	出菇期轻度水分胁迫	54.6~62.4	62.4~70.2	62.4~70.2	62.4~70.2
T14	渐增期和出菇期轻度水分胁迫	54.6~62.4	54.6~62.4	62.4~70.2	54.6~62.4
T22	渐增期中度水分胁迫	54.6~62.4	46.8~54.6	62.4~70.2	62.4~70.2
T23	出菇期中度水分胁迫	54.6~62.4	62.4~70.2	62.4~70.2	46.8~54.6
T24	渐增期和出菇期中度水分胁迫	54.6~62.4	46.8~54.6	62.4~70.2	46.8~54.6

2. 试验方法

（1）根系活力测定方法　在双孢菇生长前期、中期、后期分三次采样，取样后清洗干净，放置于实验室冰箱中，测定时取 1g 进行根系活力测试、试验重复 3 次，将平均值作为有效运用数据。氯化三苯基四氮唑（TTC）溶液还原后生成红色不溶于水的三苯甲（TTF），TTC 被广泛用于作酶试验的氢受体，根部中脱氢酶所引起的 TTC 还原，能够被琥珀酸、延胡索酸、苹果酸增强，而被丙二酸、碘乙酸所抑制。TTC 还原量能表示脱氢酶活性，作为根系活力的指标。

单位质量鲜根的四氮唑还原强度 P_1 的计算公式为

$$P_1 = \frac{C_{TTC}}{Z_4 \times t_D} \tag{2-14}$$

式中，C_{TTC} 为从标准曲线查出的四氮唑还原量，mg；Z_4 为样品质量，g；t_D 为反应时间，h。

（2）产量与耗水量测定方法　开启室内环境控制系统，保持室内空气湿度在 85% 左右。通过计算机采集室内温度、湿度、CO_2 浓度等环境信息。试验培养基质摆放完后，提前进行水分预处理，使其满足菌丝发育的水分条件。当潮菇子实体开始冒出，如黄豆般大小，通过自制的水分管理控制系统开启控制电磁阀，打开水路，定量施水，辅以喷雾器对各区域进行补充供水，区域施水量的计算公式为

$$I = (1.15 \sim 1.3)nq_0 l \times 10^3 + S(h_1 - h_2) \tag{2-15}$$

式中，q_0 为喷水强度，L/min·m²；n 为试验区域内喷头数目；l 为设定喷水时长，min；S 为喷雾器底面积，mm²；h_1、h_2 为施水前后容量刻度值，mm；I 为区域施水量，mL/m²。

试验区域水分平衡公式为

$$ET_a = P - V + I + \Delta W \tag{2-16}$$

式中，ET_a 为计算时段实测蒸腾量；P 为全育期降水量；V 为降水小于一定界限值的无效降水量；I 为区域施水量；ΔW 为全育期内土壤储水的变化量。因本实验为室内试验，故 P、V 值都为 0。

通过区域产量、基质耗水量及灌水量，计算各水处理下双孢菇的水分利用效率 WUE（water use efficiency），其计算公式为

$$WUE = \frac{Q}{1 + \Delta W} \tag{2-17}$$

式中，Q 为区域采收双孢菇产量，kg/m^2；WUE 为水分利用效率，kg/m^3。

（3）数据统计与分析　采用 Origin 软件进行绘图，产量、耗水量和水分利用效率由均值表示。

3. 结果与分析

（1）水分胁迫对双孢菇根部活性的影响　在双孢菇整个生育期内所需的营养物质和水分绝大部分通过根部从基质中获取。根系是双孢菇赖以生存的关键器官之一，其将基质中的氮、磷、钾主要元素和其他微量元素通过合成营养物质（如氨基酸）运输、分配到地上器官。根系的活力值代表了双孢菇吸收养分的能力，其在不同时期与基质含水率之间有着密切的关系。双孢菇根系活力受水分胁迫影响的结果如图 2-36 所示。在结菇前期，T2、T3、T4水处理下根系活力值都高于常规 T1 水处理，且差异化显著。T2 水处理下双孢菇根系活力值为 22.3mg/(g·h)，高于其他水处理，是 T1 水处理下根系活力值的 143%；在发育进程中期，T4 水处理下双孢菇根系活力值出现下降趋势，说明水分严重亏缺影响了根系生理发展。T1、T2、T3 水处理下双孢菇根系活力值相比前期都出现增长，其中 T2 水处理与其他处理间差异化更显著，是 T1 水处理下根系活力值的 139%；在生长后期，双孢菇根系活力值在不同水处理下从大到小依次为 T2>T1>T3>T4。各水处理根系活力均出现下降，T2 水处理下根系活力仍为最高水平，是 T1 水处理的 127%。双孢菇根系活力与基质含水率呈正相关，短期适度的水分亏缺下，根系活力值出现上升，是作物适应环境的表现。随着胁迫时间延长，根系活力会下降。水分亏缺严重下，双孢菇根系活力下降更加明显。

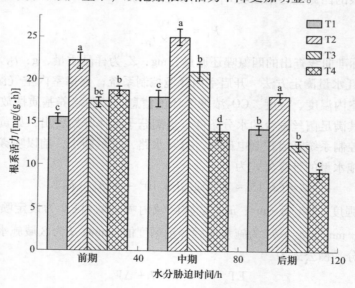

图 2-36　水分胁迫对双孢菇根系活力的影响

（2）不同水处理下双孢菇耗水量与水分利用效率的变化　水分处理方案对双孢菇整个生育阶段的影响，最终反映在作物的经济产量和水分利用效率（WUE）上。水分利用效率作为衡量作物产量和用水量之间关系的重要指标，是评判温室栽培水处理方案的决定因素之一。结合前期水分胁迫试验和后期复水试验，双孢菇第一潮菇在不同水分处理下的产量、耗水量、水分利用效率见表 2-8。

表 2-8　不同水处理下双孢菇产量、耗水量及水分利用效率

处理	总产量/(kg/m²)	总耗水量/mm	水分利用效率/(kg/m³)
T1	10.416	445	23.4
T2	9.842	411	24.2
T3	7.675	384	19.8
T4	6.343	363	17.4
T12	10.398	428	24.3
T13	10.517	435	24.1
T14	10.419	418	25.0
T22	9.265	402	23.1
T23	9.556	408	23.4
T24	7.954	391	20.1

前期全育期水分胁迫胁迫试验中，双孢菇的耗水量、产量、水分利用效率整体随着基质含水率的范围梯度下降呈现降低趋势。与 T1 水处理下双孢菇产量 10.416kg/m² 相比，T2、T3、T4 水处理下，双孢菇产量分别降低了 5.5%、26.3%、39.1%（$P<0.05$）。耗水量随着水分处理要求含水率界限呈依次下降趋势。轻度水分胁迫 T2 水处理下，双孢菇水分利用效率为 24kg/m³，高于 T1、T3、T4 水处理方案，相比于常规水处理下水分利用效率提高了约 3%。T3、T4 水处理下，水分利用效率相较 T1 水处理分别降低了 15.4% 和 25.6%（$P<0.05$）。

结合双孢菇水分胁迫复水试验分析双孢菇的第一潮菇产量中，T13、T14 水处理下双孢菇产量高于 T1 常规水处理方案。轻度水分胁迫复水的三组水处理方案 T12、T13、T14 产量都高于全育期轻度水分胁迫 T1 水处理，整体达到 10kg/m² 以上。T13 水处理方案下，双孢菇产量高于其他水分处理。中度水分胁迫复水的 3 组水处理方案 T22、T23、T24 的产量受水分亏缺影响，整体低于全育期轻度水分胁迫 T2 水处理，明显高于全育期中度水分胁迫 T3 水处理。T24 水处理下双孢菇产量显著下降，相比于 T1 水处理下降约 23.6%（$P<0.05$）。复水试验中，仅在出菇期进行水分胁迫的整体耗水量高于仅在渐增期进行水分胁迫的处理。与 T1 水处理相比，T12、T13、T14 水处理下区域耗水量分别下降 3.82%、2.25%、6.06%，T22、T23、T24 水处理下区域耗水量分别下降 9.6%、8.3%、12.1%（$P<0.05$）。在 6 组水分胁迫复水试验中，有 4 组水处理方案水分利用效率不低于常规 T1 水处理。其中，T14 水处理下双孢菇区域水分利用效率达到 25kg/m³，高于其他水处理。

2.4　双孢菇智能喷淋装置设计与调控

2.4.1　喷淋装置的硬件设计

喷淋装置整体主要由三部分组成：水源、管路网和末端喷头装置。检测传感器测得基质

的温度与湿度。菇房实验室内安置一个 5m³ 的水箱与水管相连。水箱顶部有水满自动闭合的阀门。水箱内底部安置 QJD15-40/4-1.85 潜水泵（流量 15m³/h、扬程 30m、口径 50mm）。潜水泵后连接 2 寸叠片式过滤器。过滤器前后连接有逆止阀、进排气阀、限压阀、泄水阀和点接点压力表。采用 PE 材质的管材作为喷淋系统的干管（直径 50mm）和支管（直径 20mm）。在支路端口安装小型过滤器和 2s200-20 pt3/4 DN20 型电磁阀。电磁阀门控制开关和水泵磁力开关（cjx-20910/220v/50Hz）集成的控制箱安置在与菇房间隔的控制室内。因菇房内对环境无菌程度要求较高和空气湿度较大的条件，将集成的控制装置都安放在控制室内。

喷淋装置的毛管选用 PVC 材质，直径为 6mm。喷头选用框架折射喷头，其技术参数包括：工作压力为 0.3MPa，射程为 1.3m，流量为 60L/h。喷淋区域分配及管网设计图如图 2-37 所示。

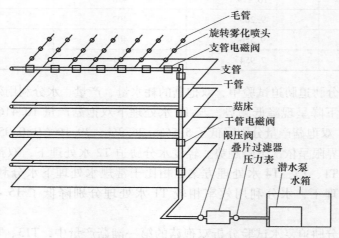

图 2-37　喷淋区域分配及管网设计图

菇房喷淋控制系统主要由 PLC、基质温湿度传感器、数电转换模块、预警装置和保护装置构成。喷淋控制系统硬件工作原理如图 2-38 所示。

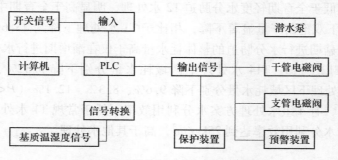

图 2-38　喷淋控制系统硬件工作原理

2.4.2　喷淋系统的调控与应用

在双孢菇栽培期间，根据双孢菇栽培特性，在覆土后统一均匀施水 1 次，使表层无积水即可。由图 2-39 可见，在覆土后前期不同水处理下，基质含水率出现较大的波动，后期 12d 后通过水分管理控制系统，基质含水率能够逐渐稳定在各要求梯度范围内。

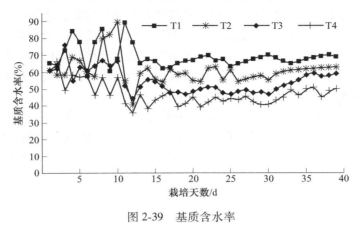

图 2-39　基质含水率

2.5　本章小结

本章节为了构建双孢菇最适生长环境，实现双孢菇工厂化生产环境的自动精准调控，开发设计了双孢菇工厂化生产环境调控系统和智能喷淋装置，研究了全育期水分胁迫对双孢菇菌丝发育和子实体动态发育、品质、根部活力的影响。在组合式复水试验中探究不同施水方案下，双孢菇产量与水分利用效率的变化规律，探究菇房高效施水管理方案。得出以下结论：

1）开发设计的双孢菇工厂化生产环境调控系统，其主控制器采用了三种模糊控制策略，可监测实现 5 种菇房环境因子，并对应这 5 种环境因子，设计了 3 套控制子系统，使用 4 套执行控制设备。对所开发的环境调控系统进行试验研究，结果表明，培养料土不同点位温差小于 2℃，调控培养料土温度控制精度为 ±0.5℃，料温改变 3℃ 耗时在 7h 以内；环境湿度提高 10% 耗时约 100min，湿度调控精度为 ±1%；培养料土不同点位含水量在 50%~70% 范围内；CO_2 浓度调控精度为 $±200×10^{-6}$，所设计的环境调控系统整体性能稳定可靠，控制效果完全满足双孢菇生长所需环境。

2）全育期水分胁迫对双孢菇菌丝发育和子实体动态发育的影响。双孢菇菌丝生长发育的最适基质含水率在 54.6%~62.4% 区间范围，此基质水分下菌丝长势快、色泽洁白，生长速度和质量高于其他基质水分区间范围；双孢菇子实体动态发育过程中菇盖厚度、菇柄直径、菇盖直径这些形态指标与基质含水率呈正相关，受水分胁迫影响十分显著（$P<0.05$）；随着基质水分胁迫程度加剧，盖厚和柄粗的最大生长速率降低，生长速率峰值提前，快速增长期显著延长；菇高受水分胁迫的影响不显著。

3）全育期水分胁迫对双孢菇品质和营养成分的影响：过多水分亏缺下，双孢菇质感绵软、畸形菇数目激增；在较重水分胁迫下，双孢菇子实体内可溶性蛋白、VC 含量明显下降，可溶性糖含量增加；水分亏缺对子实体营养物质的积累在发育进程前期。营养物质与水分胁迫程度关系取得显著效果集中在双孢菇发育进程的中后期。

4）全育期水分胁迫对双孢菇根系活力、产量和水分利用效率的影响。在水分适度亏缺的情况下，双孢菇对环境有一定自适应调节能力，使物质积累倾斜于根部，从而促进根部的发育，增强根部吸收营养物质的能力，双孢菇快速发育时间和发育速率峰值明显提前。在出菇后渐增期和出菇时缓增期内，双孢菇发育受水分轻度、中度胁迫的影响不太显著，在基质水分管控方案设计上可以通过组合式基质含水率方案来达到精量化目的。根据双孢菇不同阶段需水特点制订适度水分亏缺管理方案，能够在保证产量的情况下减少整个双孢菇生长期内耗水量，达到提高整体方案水分利用效率的目的。

5）通过组合式施水试验发现水分利用效率最高的方案为：子实体发育前期 0~40h 和后期 100h 后控制基质含水率在 54.6%~62.4% 范围内；在子实体发育中期 40~100h 内，基质含水率维持在 62.4%~70.2% 范围内，为双孢菇基质水分精准管理提供理论依据。

第3章

双孢菇内外部信息智能感知

3.1 概述

为了满足市场需求，提高双孢菇生产率，国内相继出现一批双孢菇工厂化生产企业，相关研究人员也开发了配套的工厂化生产设备，如菌料发酵设备、菌料装盘-码盘设备、菇房环境监测与调控系统、成品菇分级设备。通过实地考察，国内工厂的双孢菇采摘主要依靠人工。由于同一潮菇的出菇时间不一致，为避免过生长现象，人工采摘需要全天候循环进行，存在费时、劳动强度大等弊端。在双孢菇分级环节，国内设备主要采用直径作为单一指标，存在等级划分不精确、蘑菇新鲜度难以把控等问题。欧美发达国家主要采用机械化统一采摘，该技术类似于小麦收获，在同一时间把整个菇床上的蘑菇进行统一收割，再按大小和品质进行分选。然而，双孢菇作为一种真菌，其生长受到水分、温度、湿度、菌料营养等诸多因素的影响，导致不同个体长势存在较大的差异性。统一收割时，有些个体处于过生长或欠生长状态，造成蘑菇品质下降和质量分选困难。

国内外双孢菇采摘和分级环节存在诸多问题，主要问题在于信息检测环节的缺失与不足。相比较现有的双孢菇采摘和分级方法，融合机器视觉、光谱分析及传感器等的技术与方法，提供双孢菇直径、圆度、白度等外部信息，及表征双孢菇新鲜度和成熟度等内部信息的检测技术，具有以下优点：为双孢菇采摘机械提供"大脑"，使其能够根据特定指标进行自主选择性采摘，减少劳动力投入，降低分级难度；为双孢菇低损、快速的分级分拣提供更多依据，提高优质双孢菇价值。

因此，为提高双孢菇工厂化生产率，降低劳动力投入，改善由于双孢菇信息检测缺失造成的成品菇品质低下、生产劳动成本增加等问题，研究双孢菇内、外部信息检测方法，为双孢菇采摘和分级提供信息决策显得尤为重要，对推动双孢菇工厂化生产及双孢菇采摘和分级装备的自动化、智能化升级具有重要意义。

3.1.1 信息检测技术

1. 机器视觉检测技术

机器视觉技术融合了计算机、图像处理、模式识别、人工智能、信号处理、光学、机械等多个领域的技术，采用相机来模拟人的视觉功能，以图像处理为基础对目标物进行分析，从而实现智能检测与识别，具有识别快速、精准，工作稳定性高等特点。在 20 世纪 80 年代中后期，机器视觉技术蓬勃发展，并开始在农业领域应用，但因当时科技条件和制造条件并不发达，所以机器视觉处理速度和处理效果并不理想。近年来，随着科技不断地发展和理论逐步地完善，机器视觉在农业领域的应用逐渐丰富，主要包括以下方面。

（1）农产品品质检测　农产品品质检测是保障产品质量，提高产品附加值的重要方法。传统的品质检测依靠人工检测、机械粗略检测，或者采用破坏性抽检，存在耗时、费力、破坏性强等缺点。目前，国内外学者利用机器视觉技术对多种农产品进行无接触、无损品质检测，主要包括果蔬类产品、畜禽类产品和少数主粮作物。例如，Ye 等人在黄瓜生长的复杂背景下，提出了一种改进的 GrabCut 算法来提取黄瓜的边界，通过提取黄瓜纹理和形状特征，实现黄瓜外观质量评测；梁丹等人开发了一种鸡蛋品质无损检测与分级方法，利用机器视觉算法实现了鸡蛋尺寸、裂纹、新鲜度与品质等级的自动化在线检测与分级。

（2）农作物生长检测　农作物生长信息包括植株高度、叶片营养状况、叶片面积及生长趋势等。适时检测作物状况，根据作物生长状态及时调整种植策略，对于提高作物产量具有重大意义。目前，作物生长检测研究主要根据作物 RGB 图像进行植株颜色、叶面积等信息的提取。随着光谱图像的发展，光谱分析与 RGB 图像结合的高光谱成像技术大有替代 RGB 图像的趋势，高光谱图像分析可以获得作物内部信息，如元素含量、叶绿素含量等。近年来，国内外相关研究人员利用机器视觉也进行了大量研究，如玉米幼苗叶片面积检测、芒果开花评估、植物生长参数反演、叶绿素含量估算等。

（3）农田病虫草害检测　病虫草害是病害、虫害、草害的统称，针对农田病虫草害的机器视觉技术主要是图像的分割、分类与识别技术。例如，杨信廷等人开发了温室粉虱和蓟马成虫图像分割识别算法，算法首先进行害虫区域图像分割，提取害虫 5 个形态特征，利用支持向量机（SVM）分类器实现害虫识别，粉虱和蓟马的识别率分别是 96.0% 和 91.0%；田凯开发了基于图像处理的茄子叶部病害识别方法，共采集颜色、形状和纹理等 30 个特征，利用方差和主成分分析法选择 20 个特征组成分类特征向量，通过分类测试对茄子褐纹病的识别准确率高达 90% 以上；苗荣慧等人基于图像处理开发了菠菜地杂草识别算法，通过提取特征、构造支持向量机，杂草识别成功率达 83.78%。随着神经网络的发展，在农田病虫草害检测领域神经网络和深度学习的应用逐渐成为热点。例如，基于卷积神经网络的棉花病害识别、基于深度学习的虫害检测、基于神经网络的橘林杂草检测。

（4）农业采摘机器人　农业采摘机器人已经成为当前的热门研究方向，在发达国家采摘机器人已有小规模应用。它可以有效节约人力物力，大幅提高农业生产率，增加农民收入。国外农业机器人起步较早，已经开发了多种采摘机器人，如日本冈山大学研发的葡萄采摘机器人、荷兰农业环境工程研究所研发的黄瓜采摘机器人，及日本农业研究院研发的茄子采摘机器人。国内农业采摘机器人起步较晚，但近 20 年来也取得了显著成果。例如，上海交通大学开发了双臂式番茄采摘机器人，该机器人配备 2 只 3 自由度 PRR 式机械臂，利用双目立体视觉系统实现果实的定位与识别，并配备滚刀式末端执行器和吸盘式末端执行器。同样配备双目视觉系统的还有中国农业大学张铁中团队开发的对垄式和高架式草莓采摘机器人、国家农业智能装备工程技术研究中心冯青春团队研发的草莓采摘机器人、中国农业大学以及浙江工业大学开发了黄瓜采摘机器人。

（5）农业机械导航　农业机械导航是实施精细农业的基础，可以有效减轻人员的劳动强度，提高作业效率和作业精度。在农业机械导航中，机器视觉系统通常安装在农机具的驾驶室上方，通过采集、处理图像信息，进行农田中沟、田垄障碍物和作物行间检测，最终实现机具路径选择和避障。机器视觉主要应用在拖拉机导航、农业收获机械导航和田间施药除草导航等方面。例如，郭翰林等人依据再生稻图像，利用修正因子-a，结合 Otsu 算法在 HSV 空间中的 S 分量基础上，得到了分割阈值 T-a，实现了稻谷植株分割，并利用霍夫（Hough）变换检测出行间导航路径；翟志强等人提出了一种基于 Census 变换的作物行识别算法，该算法基于双目视觉技术，采用最小核值相似算子提取作物行特征角点，实现作物轮廓检测，根据平行双目视觉定位原理，计算各角点的空间坐标，再根据作物生长高度和种植规律，设置合理阈值提取作物行并实现行数检测，为田间导航作业提供数据支持。

2. 高光谱成像检测技术

高光谱成像（hyperspectral imaging，HSI）技术是将光谱信息技术和图像处理技术相结合的无损检测技术，既可以通过光谱信息数据对物体内部物理结构及化学成分进行预测分析，又能通过图像处理实现目标值的对象化，将其外部特征、斑点或表面缺陷等反映出来。

高光谱成像技术在果蔬品质检测上的应用相对较早，涉及种类范围较广，大体分为两个方面，即果蔬外部品质检测和内部品质检测。其中，外部品质检测指标主要有形状、颜色、尺寸、表面缺陷及纹理等，内部检测指标有可溶性固形物含量、酸度、蛋白、淀粉、水分和硬度等。

（1）果蔬损伤缺陷检测　果蔬在采摘、采后处理、运输及贮藏等过程不可避免地会因为碰撞、挤压等原因造成机械损伤和冻伤，损伤部位随着时间的延长迅速产生褐变，严重影响果蔬品质。传统机器视觉技术由于精度低、操作复杂等原因难以及时检出早期损伤的果蔬产品，而高光谱成像技术具有分辨率高、检测速度快、操作简便等特点，能够实现果蔬外部品质的快速无损检测，已被广泛应用于农产品外部品质检测中。例如，Gowen 等人对 HSI 在双孢蘑菇冠层损伤检测中的潜在应用进行了研究，通过控制振动对蘑菇进行损伤，模拟运输过程中的损伤。Li 等人采用 HSI 结合主成分分析（PCA）方法检测橙子上的各种常见缺陷，基于主成分分析和频带比，结合简单的阈值方法，提出了缺陷检测算法，检测精度达到 93.7%。

（2）病虫害检测　传统农作物病虫害检测方法主要分为两种，一是依据植物专家或农民自身的经验由人工观测病虫害进行识别，该方法主观性较强、效率低，严重依赖专家和农民的认知水平和经验积累；二是酶联免疫吸附法、聚合酶链式反应、DNA 序列等生化方法，但是由于检测过程中会产生一定的损伤，前期准备和检测时间过长，检测设备价格较高等原因，在农作物病虫害检测方面应用较少。高光谱技术相比传统检测技术，能够及时检测出农作物早期病且具有无损、准确、环保等优势，已成为作物病虫害检测的重要手段之一。例如，Qin 等人研制了一种用于柑橘溃疡病检测的便携式高光谱成像系统，利用主成分分析对高光谱反射率图像进行分析，溃疡检测的总准确率达到 92.7%；田有文等人采用 VGG16、InceptionV3 与 ResNet50 深度学习模型对经过降维获取的蓝莓果蝇虫害高光谱图像数据集进行数据处理与分析，实现了对蓝莓果蝇的高识别率无损检测，提出了改进 im-ResNet50 模型，有效提升了蓝莓果蝇虫害的识别能力。

（3）农药残留检测　常见农作物农药残留检测方法主要有气相色谱法、液相色谱法、气质联用法、液质联用法等，然而这些检测方法不仅操作复杂、耗时长等，甚至还会对检测对象造成一定的损伤，而基于高光谱成像技术的农产品表面农药残留无损检测技术则克服了以上检测方法的缺点被逐步应用于农产品农药残留检测。例如，Nansen 等人研究杀螨剂在玉米叶片上的检测方法，收集了未处理的对照叶片（共 5 个处理）的高光谱数据，在施药后 0~48h 内，分 7 个时间间隔收集玉米叶片数据，对 5 个选定光谱波段（664nm、683nm、706nm、740nm 和 747nm）的 HSI 数据的变异函数参数采用相同的线性多元回归（multiple linear regression，MLR）方法，对每个光谱波段进行空间结构分析，结果表明，HSI 数据能准确检测出农药的表面残留率；张令标等人为探索应用高光谱成像技术检测小番茄表面农药残留的可行性，将 1∶20、1∶100 稀释后嘧霉胺农药溶液滴在番茄表面形成 3×3 矩阵，放置到通风阴凉处 12h 后，使用高光谱系统采集光谱图像信息，利用 PCA 选取特征波长，对特征波长下图像进行一系列图像处理，开发出一种适合番茄表面农药点识别波段比算法，可准确的检测出农药点的位置，表明了高光谱成像技术对小番茄表面农药残留检测可行。

（4）内部品质检测　果蔬内部品质作为衡量其营养价值的重要依据，可通过检测果蔬蛋白、淀粉、水分、可溶性固形物含量、硬度等指标进行判断。传统果蔬品质检测方法主要有化学法、高效液相色谱法、质谱分析法等，但这些方法对果蔬具有破坏性且检测速度较慢。随着光谱技术和图像技术的发展，高光谱成像技术被广泛应用于果蔬快速无损检测。例如，Itoh 等人采用近红外高光谱成像技术测定了叶菜的硝酸盐分布情况，通过对叶片高精度图像分析估算硝酸盐浓度，结果可以提示叶片内部硝酸盐浓度变化情况。程丽娟等人以灵武长枣为研究对象，利用高光谱成像技术与化学计量相结合方法建立蔗糖预测模型，并确定最优模型，实现了长枣蔗糖含量的无损检测可行性。

高光谱成像技术因具有无损、准确、分辨率高、检测速度快、操作简便等特点，可实现农产品品质的快速无损检测。然而由于分辨率高，相邻波长距离较近，代表的光谱和图像信息相似，导致冗余信息较多，使用时需要做许多降维和去噪处理，增加了图像处理复杂度。此外分析方法烦琐及分析速度慢等也使得高光谱成像技术在实际应用方面难以实现在线实时检测。

3. 多光谱成像检测技术

多光谱成像技术（multispectral imaging，MSI）通常获取的是具有几个或十几个离散波段的图像，它由高光谱成像技术发展而来，不仅具有非破坏性、高分辨率、识别力强、信息采集时间短、数据结构简单、数据易于保存处理、设备组成和操作成本低等的优点，还克服了高光谱技术多维数据高、计算量大、数据处理实时性差、不确定性显著、样本选择困难等的缺点。因为以上优点，多光谱技术被越来越多地应用于农产品在生产、加工、储存等过程中的评价及检测。例如，Sendin 等人利用多光谱成像技术对玉米的缺陷样本进行分类，建立的 PLS-DA 模型对于不同缺陷类型玉米分类的准确率为 83%~100%，为缺陷玉米的筛选提供方法，保障了玉米的高品质和优良品种；Liu 等人使用多光谱成像技术结合化学计量学方法对转基因水稻进行鉴别，对转基因水稻的分类准确率达到 94% 以上；Vresak 等人利用多光谱成像技术将感染镰刀菌和有黑色斑点的冬小麦种子与健康的小麦种子区分开来，有效阻止小麦种子的进一步感染；Sun 等人运用多光谱图像检测苹果的硬度，获得了较高的预测精度，其模型相关系数 R 和 RMSEP 分别为 0.87 和 7.17；史玉乐使用多光谱成像技术结合化学计量模型对小麦和玉米中禾谷镰刀菌及玉米中赤霉烯酮（ZEN）、小麦中脱氧雪腐镰刀菌烯醇（DON）进行快速无损检测，实现了对谷物中主要真菌毒素的准确预测与污染程度的鉴别，有效控制了谷物早期的真菌感染。

4. 光谱分析技术

光谱分析技术通过光谱仪采集目标在一定波长范围内的光谱信息，研究其在特定波长下的光谱曲线来分析目标的物质结构和成分含量。该技术具有分析速度快、效率高、成本低、测试方便、重现性好无损检测及处理方法强大等优点，已被广泛应用于水果、蔬菜、肉类等农产品品质检测中。例如，Lebot 等人通过采集木薯、野芋、甘薯、芋头、山药 5 种不同作物在 350~2500nm 可见/近红外光谱，基于偏最小二乘法（PLS），分别对这 5 种不同作物的淀粉和总糖建立 PLS 预测模型，其中淀粉和总糖的验证集相关系数分别为 0.77 和 0.86；Sanchez 等人采用手持式近红外分光光度计，结合草莓采收期和采后冷藏期间的外部和内部品质参数，建立了偏最小二乘回归模型，结果显示，利用该模型预测与草莓颜色相关的外部质量参数，以及硬度、可溶性固形物含量和可滴定酸度方面都是可行的，利用 ASD 光谱仪采集室温 20℃、冷藏 4℃、冷冻 -18℃ 下的猪肉样品及室温 20℃、冷藏 4℃ 下的蔬菜样品随时间放置的光谱数据，同时测定蔬菜样品水分相对含量，结合构建了猪肉 FI 指数，分析了蔬菜 RMC 值与光谱相关性，结合感官新鲜度评定结果对样品进行新鲜度综合评价，建立手机颜色光谱新鲜度识别模型，为生鲜食品新鲜度的快速检测提供了依据。

3.1.2　食用菌信息检测研究现状

1. 国外研究现状

国外很早就有利用机器视觉检测食用菌信息的案例。20 世纪 90 年代 Tillett 团队开发了双孢菇采摘机器人，该机器人包括黑白机器视觉系统、蘑菇检测定位算法、计算机控制的笛卡儿机器人和蘑菇采摘末端执行器 4 个部分组成。该蘑菇检测算法选用手动阈值实现相邻蘑菇的分离，采用链编码进行蘑菇边界追踪，实现蘑菇边缘检测和中心定位。试验结果表明，算法识别成功率为 84%，机器人采摘成功率为 57%。

Vooren. J. G. 等人介绍了图像分析技术在蘑菇品种鉴定中的应用，试验一共选取 9 类 460 个蘑菇样品，选择出面积、偏心率、菇面形状系数、菇柄形状系数等形态特征作为品种识别的依据，识别成功率达到 80%，表明图像分析是一种比目前使用的标准视觉和手动方法更快、更准确的品种鉴别方法。

Heinemann 等人采用机器视觉对双孢菇品质特征进行了定量分析，选取颜色、形状、切根状态和开伞程度 4 个特征参数。2 名检查人员将蘑菇分成 2 个等级，分别设置训练集和测试集，试验结果表明，机器视觉系统的分级准确率小于检查人员的评估差异。机器视觉系统对各指标的错误分类率为 8%~56% 不等，对于个别特征，平均错误分类率约为 20%。

Jarvis 等人对双孢菇采摘机器人进行了进一步探索，该研究涉及图像处理、三维测距和机器人操作的应用，研究主要是应用 Hough 变换方法来选择合适的蘑菇，并将这种分析与测距和机器人操作相结合，以实现选择性收获过程。

Reed 等人开发了双孢菇自动采摘机器，机器核心在于搭载了蘑菇自动定位和选择的机器视觉系统，开发了蘑菇定位和选择算法。算法根据蘑菇圆顶反射比侧面反射更强的特点，通过设置阈值检测出蘑菇圆顶，并以圆顶中心向四周追踪，在蘑菇边缘或者 2 个蘑菇交界处图像阈值达到谷底，从而实现双孢菇的边缘检测。该机器选择吸盘作为采摘执行器，采摘成功率达 80%。

Taghizadeh 等人比较了高光谱成像与常规 RGB 成像在双孢菇品质评估的性能，建立回归模型，将高光谱和 RGB 成像数据与测量的 Hunter L 颜色值相关联。结果表明，高光谱成像比传统的 RGB 成像更适合蘑菇品质的评价。此外，该团队还研究了基于高光谱图像的双孢菇含水量测量，获得了不同含水量下的双孢菇平均反射光谱，建立了偏最小二乘回归模型来预测蘑菇含水量。

Esquerre 等人将近红外高光谱成像技术用于双孢菇质量的无损检测，通过蒙特卡罗法确定归一化的稳定波长，建立了最小二乘法模型（PLS-DA）模拟光谱系统；最后，确定了 5 个关键光谱区域，分别位于 971nm、1090nm、1188nm、1383nm 和 1454nm 附近，实现双孢菇的物理损伤检测，使用其中 3 个光谱区域（1090nm、1188nm、1384nm）建立的 PLS-DA 模型，按 1454nm 波段（最小反射率）进行缩放，可以正确分类 100% 的物理受损蘑菇。

Kaveh Mollazade 等人基于高光谱成像技术，利用光谱范围为 380~1000nm 的高光谱成像系统，对 4 种不同褐变程度的双孢菇进行了检测，利用光谱相似性计算了不同褐变程度的内部变异。采用自适应加权采样算法提取褐变特定波长，选取了 8 个关键波长 519.15nm、595.69nm、831.38nm、556.81nm、719.61nm、612.70nm、859.3nm 和 799.79nm，最后使用最小二乘法判别分析，在标定和测试阶段的分类准确率分别达到 80.6% 和 80.3%。

2. 国内应用现状

国内食用菌信息检测起步较晚，但发展十分迅猛，相关研究均集中在近十年。

俞高红团队实现了双孢菇图像分割和蘑菇单体检测与定位，根据蘑菇图像的数字特征和灰度分布情况，通过合理设置蘑菇中心和边界的阈值，实现蘑菇检测和蘑菇边界分割，采用 Fourier 描述算子实现蘑菇边界描述，进而寻找蘑菇中心坐标，基于序贯扫描方法实现蘑菇图像中心区域的识别，该研究可为蘑菇采摘机器人视觉系统的开发奠定理论基础。

陈浩贤等人研制了一款基于机器视觉的香菇大小分级系统，采用彩色相机扫描香菇，利用图像处理技术，根据像素统计确定香菇大小、根据香菇图像面积与周长的比例定义受损情况，再综合颜色特征将香菇分为 3 个等级，对 250 个香菇样品进行测试，分级正确率达 92%。

台湾明道大学基于深度学习 YOLOv3 架构开发了一种基于图像处理技术的智能双孢菇测量系统，该系统可以自动测量和记录菇盖大小、子实体的生长速度，可以实现对蘑菇单体进行定位。根据获得的数据可以估计收获时间，也可以作为温室的参数，而且可以作为生产管理的重要指标。该系统可应用于其他具有相似几何形状的蘑菇。

罗奇针对蘑菇图像识别分类难度大的问题，提出了单一背景下的蘑菇图像识别方法，采用深度学习的方法，选择菌盖颜色、菌盖形状、菌盖表面形状、条纹、菌褶、菌环、菌柄、菌托、菌丝索、鳞片等图像特征，选取 5023 张蘑菇图像作为训练集、3100 张图像作为测试集，结果显示单张图像识别耗时 0.985s，识别准确率达到 91.6%。

王凤云团队基于机器视觉技术实现了双孢菇直径大小检测，并依据直径大小开发了双孢菇自动分级装备。提出以全局阈值分割法与最大熵值分割法相结合的第 1 次分水岭算法，去除图像阴影，又以 Canny 算子与或运算和闭运算结合的第 2 次分水岭算法，取出双孢菇柄部干扰。最后，采用最小外界矩形法求得双孢菇的直径。

杨永强等人针对双孢菇菇床背景复杂、蘑菇形状差异较大且相互黏连问题，开发了角点密度特征下的黏连蘑菇定位算法。算法以 Harris 角点为纹理特征，实现菇床复杂背景下的前景目标提取，针对黏连蘑菇的尺度差异，提出了一种迭代方法搜索前景距离图中的区域极值点，在此基础上采用基于标记的分水岭算法实现黏连蘑菇的分割，最后利用椭圆拟合对蘑菇边界和中心坐标进行定位，实现双孢菇检测。

王玲团队针对菇床上褐蘑菇的菌丝干扰背景，采用自适应动态阈值，从菇床背景中提取菇盖二值图像，对蘑菇的边界点进行追踪、去噪、插补，采用降维 Hough 变换拟合出单体蘑菇边界；根据陶瓷圆盘标定试验，获得相机世界坐标下蘑菇圆心和边界点的三维坐标，进而计算褐菇直径。试验表明，蘑菇直径最大误差为 5.57mm，倾角最大误差为 6.3°。

胡晓梅团队进行了双孢菇采摘机器人视觉系统设计，并开发了双孢菇采摘机器人样机；提出一种基于单目视觉的双孢菇直径和中心点位置测量方法。该方法通过摄像头的水平运动来测量双孢菇中心点的三维坐标，提出了椭圆拟合法来提高双孢菇的定位精度，并根据 Z 轴坐标补偿双孢菇直径的投影误差。试验表明，视觉系统的识别率在 90% 以上，满足机器人采摘要求。

山东理工大学张荣芳基于近红外光谱分析技术，对双孢菇的硬度、白度、含水量、灰分、可溶性固形物和蛋白质进行研究；建立了基于优化处理方法和最小二乘模型（PLS）的双孢菇内部品质近红外检测模型；运用 t 检验方法验证了模型预测结果与传统化学方法测定结果之间无显著差异，实现了双孢菇内部品质无损检测。

刘燕德等人基于拉曼光谱技术，研究不同成熟度的双孢菇硬度检测。根据直径大小将双孢菇划分成 2 种成熟度等级，对 2 类样品的光谱图像进行预处理并建立最小二乘模型，将不同成熟度等级与预测相关系数对应起来，实现双孢菇硬度无损检测。

国内外学者对于机器视觉技术在食用菌信息检测领域的应用都做了大量的有益探索，研究重点是食用菌采摘机器人视觉系统、食用菌高光谱内部品质检测和食用菌分级设备视觉系统。这对机器视觉在食用菌生产领域的创新应用具有重大意义。

3. 存在问题及应用趋势

双孢菇信息检测主要涉及直径、褐变和内部品质的检测。纵观国内外研究现状，由于菇房光照弱、菇床菌丝生长复杂，以 RGB 图像为研究对象的双孢菇直径检测，难以应用于双孢菇工厂化生产企业。双孢菇褐变和内部品质检测主要依靠高光谱和多光谱技术，技术成本高和设备运行环境要求高，难以应用于实际生产。国内近几年也开展了食用菌直径检测的研究，受检测方法、原理限制，检测精度不高，也难以应用于实际生产。因此，满足双孢菇工厂化自动采摘和分选，成本低廉、应用方便的双孢菇内、外部信息检测是急需解决的问题。

3.2　双孢菇外部信息感知

3.2.1　试验材料与设备

本研究所采用的试验材料为双孢菇生产实验室种植的双孢菇，试验设备主要是深度图像原位采集系统和 RGB 图像采集系统，分别基于深度相机和工业 RGB 相机实现双孢菇图像采集。

1. 试验材料

（1）双孢菇培育　双孢菇常规栽培要经历菌料制备、上料、二次发酵、铺料、种菌、菌丝培养、覆土、出菇、管理及采摘等环节。双孢菇培育对环境要求较高，需要保持一定的温度、湿度及 CO_2 浓度。为满足双孢菇种植及科学试验研究需要，课题组建立了双孢菇生产实验室，实验室分为双孢菇种植室和环境控制机房。其中，种植室应密封、避光，采用桁架式种植模式，桁架为 3 层结构，层高 70cm，桁架宽 140cm；种植环境由环境控制系统实时调控，实现保温、保湿和通风。种植室应严格消毒，各种管理操作应在机房完成。图 3-1 所示为实验室栽培的双孢菇。

（2）双孢菇外部信息　图 3-2 为双孢菇示意图，双孢菇外部信息主要包括外部形态信息和颜色信息。其中，外部形态信息包括双孢菇直径 D_1（菇盖直径）、菇柄直径 D_2、菇盖厚度 H_2、菇高 H_1、双孢菇圆度（畸形程度），外部颜色信息主要为双孢菇白度。双孢菇直径和圆度是双孢菇采摘和分级重要依据，直径能反映双孢菇成熟度和品质，而双孢菇白度是双孢菇品质和新鲜度的重压指标。这里选取双孢菇的直径、圆度和白度 3 个外部信息进行研究，直径和圆度为原位检测，白度为采后检测，可为双孢菇自动采摘和采后分级提供重要信息支撑。

图 3-1　实验室栽培的双孢菇

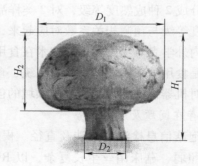

图 3-2　双孢菇示意图

2. 双孢菇深度图像原位采集系统

双孢菇深度图像原位采集是指采集平台按照指令移动到指定区域进行图像采集，依次扫描整个菇床区域。双孢菇深度图像原位采集系统主要由桁架平台、采摘执行器、深度相机、控制柜和工控机（上位机）组成。其中，深度相机安装在采摘执行器上，安装高度为 350～400mm（距离菇架支撑面），控制柜控制桁架平台和采摘执行器工作，工控机负责深度图像采集和处理，系统实物图如图 3-3 所示。

（1）硬件系统　硬件系统由深度相机、桁架平台、采摘执行器和控制系统组成。

1）深度相机。深度相机是指可以测量物体到相机距离（深度）的摄像装备，按照工作原理它可分为 RGB 双目型、TOF 飞行时间型和结构光型。本研究采用 RealSense SR300 结构光型深度相机，它来自 Intel 公司，能够同时采集彩色图像和深度图像，不受光照和物体纹理影响，安装方便，适用于双孢菇深度图像原位采集，其实物图如图 3-4 所示。

图 3-3　双孢菇深度图像原位采集系统实物图

图 3-4　RealSense SR300 深度相机

表 3-1 所列为 RealSense SR300 深度相机的主要参数。

表 3-1　RealSense SR300 深度相机的主要参数

指标	参数
拍摄范围	0.2~1.2m
景深图像分辨率（红外线，IR）	640×480（60 帧/s）
彩色摄像头	1080P（60 帧/s）
主板接口	USB3.0
所需操作系统	Windows10，64 位 RTM
语言	C++、C#、Visual Basic、Java

2）桁架平台。桁架平台采用笛卡儿机器人为原型，如图 3-5 所示。该平台主要包括控制柜、横梁驱动电动机、桁架驱动电动机、采摘执行器和蘑菇收集筐。桁架平台长 1.4m、宽 1.1m，安装在菇架两侧的滑轨上，配合横梁可实现桁架内 X、Y、Z 三轴行进，采摘执行器安装在横梁上并搭载深度相机，实现深度图像采集。

（2）软件系统　图像采集软件 Intel RealSense Viewer 由 Intel 公司提供，该软件可调整拍摄帧率、图像分辨率和图像渲染模式，可同时采集深度图像和 RGB 图像，实现图像在线可视化、图像储存等操作。此外，该软件还可实现图像预处理，并支持二次开发。双孢菇采集效果图如图 3-6 所示。

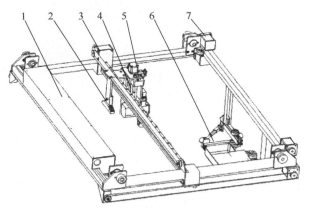

图 3-5　桁架平台结构示意图
1—控制柜　2—RealSense SR300 深度相机
3—横梁驱动电动机　4—采摘执行器
5—采摘驱动电动机　6—蘑菇收集筐　7—桁架驱动电动机

（3）数据采集　于 2019 年 9 月在河南科技大学农业装备工程学院双孢菇种植实验室，

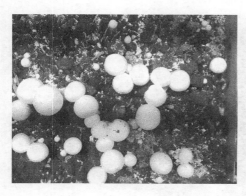
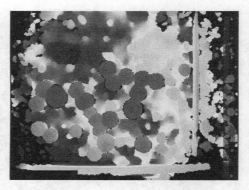

图 3-6　双孢菇采集效果图

桁架平台搭载 RealSense SR300 型深度相机进行图像数据采集。采集时，相机和菇架支撑面之间的距离 350～400mm，相机成像平面与菇架平面平行。种植室分布有顶置 LED 照明设施，菇架间光线弱，约为 30lx。在菇架各层不同位置处进行拍摄，图像分辨率为 640×480 像素，采用自动曝光模式，每层获取 10 幅深度图像，共获取深度图像 50 幅。

3. 双孢菇 RGB 图像采集系统

双孢菇 RGB 图像采集系统主要由工业相机、工业镜头、光源、光源支架、暗箱、PC 组成及配套图像采集软件组成。其中，工业相机和光源安装在金属支架上，安装高度分别为 20cm、35cm，金属支架安装在暗箱内。工业相机位于光源正上方，通过光源进光口与暗箱底面中心点垂直。相机通过千兆以太网连接到 PC，系统实物如图 3-7 所示。

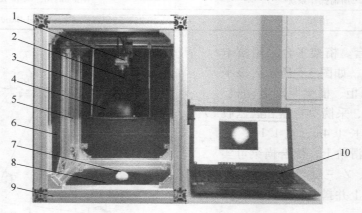

图 3-7　双孢菇 RGB 图像采集系统
1—DALSA 工业相机　2—GXTECH 工业镜头　3—光源支架　4—积分球光源
5—铝合金框架　6—亚克力板材　7—双孢菇　8—吸光布　9—暗箱　10—PC

（1）硬件系统

1）工业相机。工业相机选用加拿大 DALSA 工业相机，型号为 G3-GC10-C1280，有彩色和黑白两种拍摄模式可选，如图 3-8 所示。该相机采用 CMOS 图像传感器，机身小巧便于安装，采用千兆以太网传输，具有高分辨率、高速和高品质成像等优点，此外还具有高帧频、高动态、多重曝光和多个 AOI 设置等特点。

DALSA 工业相机的主要参数见表 3-2。

表 3-2　DALSA 工业相机的主要参数

指标	参数
图像传感器	Python 1300
分辨率	1280×1024 像素
像元尺寸	4.8μm×4.8μm
帧频	93/213 帧/s
数据格式	8/10bit
数据接口	C/CS
镜头接口	C++、C#、Visual Basic、Java
尺寸	21.1mm×29mm×44mm

2）光源。光源是双孢菇 RGB 图像采集系统中的重要组成部分，本研究采用定制漫反射积分球光源，其光学性能接近 D65 标准光源，由 180 个 LED 灯珠（NICHIA，2385～6500K，Japan）组合而成，功率 18W，色温 6500K，显色指数>90%，均匀度>90%，如图 3-9 所示。

图 3-8　DALSA 工业相机

图 3-9　漫反射积分球光源

3）其他硬件。暗箱由铝合金框架和黑色亚克力板搭建，尺寸为长 45cm、宽 45cm、高 60cm，暗箱内部底面铺放黑色吸光布；工业镜头为定焦镜头（GXTECH，GX-2514-10M，Japan），焦距为 25mm；PC 的处理器为 Intel ® Core™ i5-7500，3.40GHz，内存 8GB。

（2）软件系统　CamExpert 软件是加拿大 DALSA 公司自主开发的图像采集软件。该软件有视频和图像 2 种采集模式，可以设置曝光度、白平衡。CamExpert 软件界面如图 3-10 所示。

（3）数据采集　相机工作在手动模式下，通过 CamExpert 软件采集样本的 8 位彩色 RGB 图像，分辨率为 1280×1024，并以高分辨率和高质量的 PNG 格式储存。其中，镜头光圈 f= 3.6，曝光时间为 1/100s，自动白平衡模式。为保证图像采集的均匀性和可重复性，每次采集图像时，样本均位于相机视野中心，并且样本面积不超过相机视野面积的 50%，克服了相机镜头在将光传输到图像传感器时的位置差异。

3.2.2　基于深度图像的双孢菇目标原位检测

目标检测是实现个体特征检测的前提，实现双孢菇外部信息检测前，先要实现双孢菇目标检测。由于双孢菇的菇床背景复杂、菇房光照微弱且分布不均，采集彩色 RGB 图像进行

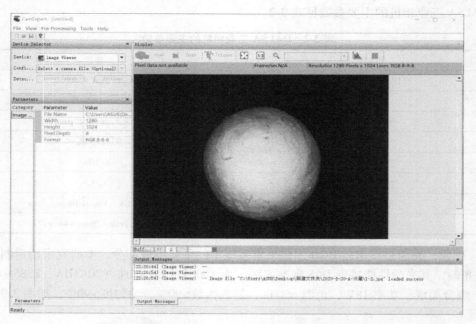

图 3-10　CamExpert 软件界面

双孢菇检测必然存在检测难度高、检测成功率低等诸多问题。因此，本小节基于不受光照和纹理影响的深度图像，开发了双孢菇原位检测算法。根据双孢菇三维结构特点，实现了菇床菌料及菌丝背景分割和双孢菇目标筛选；利用点云体素化、凸包算法，实现了双孢菇黏连分割；最终，实现了双孢菇原位检测，并获得双孢菇二值图像，为后续双孢菇个体特征检测奠定基础。

1. 方法总体流程

双孢菇原位检测是实现其外部信息测量的关键，图 3-11 所示为双孢菇原位检测方法流程。双孢菇原位检测的 2 个重要环节分别是：背景分割和黏连分割。首先，进行深度图像预处理和背景分割，获得目标区域；随后，进行目标筛选实现单个双孢菇检测，将判别为黏连目标的区域与深度图像进行匹配，获得黏连点云；最后，进行黏连目标分割，实现双孢菇原位检测。

2. 深度图像预处理

深度图像也被称为距离影像，它是将图像采集器到场景中各点的距离（深度）作为像素值的图像，其直接反映了物体可见表面的几何形状。深度图像中有两种异常点：一种是由于结构光被遮挡后成的深度值为 0 的点；另外一

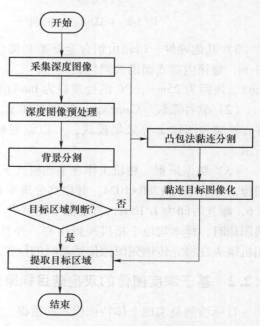

图 3-11　双孢菇原位检测方法流程图

种是由于成像系统的误差或者光线的影响等造成的明显偏离正常值的像素点。预处理的主要目的是消除这两类数据点。

首先，统计非 0 像素点深度值的下四位分数（Q_1）和上四位分数（Q_3），然后计算 Q_3 与 Q_1 的差值为 ΔQ，最后只保留区间 $[Q_1-\Delta Q，Q_3+\Delta Q]$ 以内的像素点，即可初步实现异常点的去除。最后，将剩余的像素点统一加上 h，从而将深度图像的深度值转换为目标物体与基准面之间的距离，以便于后续背景分割。本研究使用菇架的支撑面作为基准面，由于深度相机的安装高度距离菇架支撑面 350~400mm，因此 h 取值为 350mm。深度图像预处理结果如图 3-12 所示。

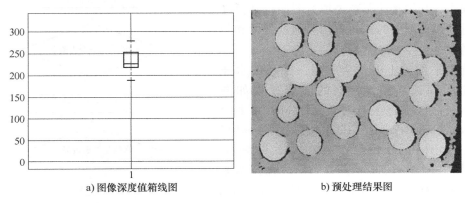

a) 图像深度值箱线图　　　　　　　b) 预处理结果图

图 3-12　深度图像预处理结果

3. 背景分割方法

（1）分割原理　由于双孢菇具有伞盖结构特点，深度相机工作时发出的结构光无法到达双孢菇菇盖下方，形成了圆柱状的阴影区域。根据双孢菇伞盖三维结构特点，本研究将深度图像逐层切割，通过对比相邻层间的目标特征，实现菌料背景分割。该过程类似于海水涨潮过程，将深度图像中的菌料和菌丝背景看作海底，将双孢菇看作耸立的岛屿。向干枯的海域不断注水的过程中（即涨潮过程），在双孢菇形成的圆柱阴影的作用下，从俯视角度来看，海底的小山丘（即菌料和菌丝背景）逐渐被淹没，只有耸立的孤岛（双孢菇）才会在水位持续上涨过程中稳定地保留下来，从而实现双孢菇和背景菌料分割，如图 3-13 所示。

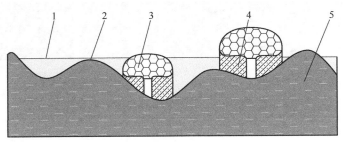

图 3-13　背景分割原理示意图

1—水面　2—凸起　3—双孢菇　4—阴影　5—基质

（2）分割过程　图 3-14 所示为背景分割流程图。在进行双孢菇检测时，使水平面从图像深度值下限（即海底）逐渐上升（每次上升 1mm）。随着水平面的上升，背景菌料和低矮的目标逐渐被淹没，把被水淹没的区域设置为 1，未被淹没的区域设置为 0，生成二值图像，称为水洼图；随着水位的每次上升，相当于把深度图像逐渐切片，每一层切片生成一个水洼图，其中的空洞即为孤岛区域。然后，利用 Matlab 中的"imfill（water_c，'holes'）"指令，对水洼图进行填充操作，利用水洼图减去填充图便得到孤岛图。此时，孤岛图中的孤岛包括双孢菇目标和凸起的菌料。

随着水平面的上升，会产生一系列的水洼图、填充图和孤岛图，它们的演变过程如图 3-15 所示。每次水位上升时，利用 Matlab 中的"regionprops（islands_c>0，'PixelIdxList'，'Area'）"指令获取孤岛图中的各个孤岛面积和其索引；随后，遍历孤岛图中的每一个孤岛，对各个孤岛面积（像素点个数）进行分析，寻找孤岛中的双孢菇目标，当水位上升至图像深度值上限时，水洼图、填充图和孤岛图的演变过程结束。

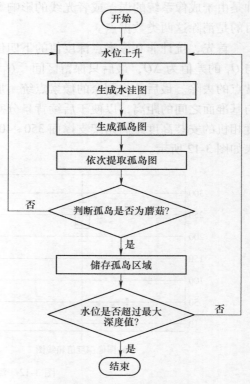

图 3-14　背景分割流程图

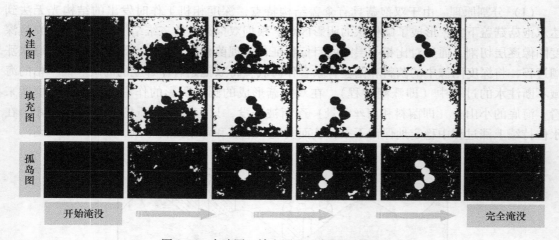

图 3-15　水洼图、填充图和孤岛图的演变过程

4. 目标筛选

通常情况下，双孢菇是菇床上生长高度最高的。在双孢菇菇盖形成的圆柱阴影的作用下，水位上升时，双孢菇目标形成的孤岛面积在某一段水位区间上几乎不发生变化；而菌料凸起部位形成的孤岛面积会逐渐变小且很快被淹没，所以可将蘑菇与菌料中的突起物进行区分。当水位上升过程中某一孤岛满足以下条件时，将被判定为蘑菇目标区域，当孤岛面积大

于或等于 T_2 时，判定为黏连目标，进行下一步黏连分割，即

$$\begin{cases} \dfrac{|\mathrm{AIS}_j - \mathrm{AIS}_{j-k}|}{\mathrm{AIS}} < R \\ T_1 < \mathrm{AIS}_j < T_2 \\ \mathrm{IS}_j \in \mathrm{IS}_{j-k} \end{cases} \tag{3-1}$$

式中，IS_j 为水位为 j 时某一个孤岛区域；AIS_j 为孤岛 IS_j 的面积；k 为水位回溯的深度；R 为面积变化率指标；T_1 为孤岛面积阈值；T_2 为黏连阈值；IS_{j-k} 为水位回溯至 $j-k$ 时 IS_j 的区域。

通过理论分析和反复实验，以确定算法中 4 个参数的值。回溯深度 k 与蘑菇目标本身的高度有关系。将蘑菇直径最大处与菌料之间的距离计为 H_m，则 k 应小于 H_m 的最小值。经统计，当双孢菇直径在 15～65mm 之间时，H_m 的分布区间为 8～25mm。考虑到菌料表面平整性对孤岛检测的影响，设定水位回溯值 k 为 5mm；此过程中，考虑到成像噪声干扰，孤岛面积变化率在 0.8～1.1 之间，因此 R 取值为 0.2。当双孢菇直径为 15mm 时，在深度图像中像素点的个数约为 1600，为避免漏选，T_1 取值为 1500；当双孢菇直径为 65mm 时，在深度图像中像素点的个数约为 29000，为筛选黏连双孢菇，T_2 取值为 30000。

5. 双孢菇黏连分割方法

双孢菇生长黏连通常是相邻黏连和重叠黏连，当出现重叠黏连时，双孢菇原位检测算法可以实现先检测上层蘑菇再检测下层蘑菇。对于没有高度差的相邻黏连，开发了双孢菇黏连分割算法。经过背景分割处理，得到双孢菇菇盖轮廓的二值图像，出现了双孢菇相邻黏连现象，如图 3-16 所示。在双孢菇二值图像中，包括单个双孢菇目标和严重黏连的双孢菇目标。为了避免黏连问题造成的直径检测失败，这里将进一步研究黏连目标分割，具体流程如图 3-17 所示。

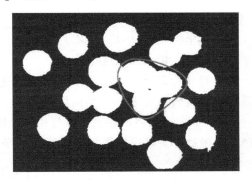

图 3-16　双孢菇黏连现象

图 3-17　双孢菇黏连分割流程图

（1）图像坐标与世界坐标转换

1）像素坐标系、图像坐标系、相机坐标系、世界坐标系。在视觉测量中，需要定义四个坐标的意义，即像素坐标系、图像坐标系、相机坐标系、世界坐标系，如图 3-18 所示。

像素坐标系（u-v）：以图像左上角顶点为坐标原点，它反映了相机 CCD 芯片中像素的排列情况，u 和 v 方向平行于 x 和 y 方向，u 和 v 分别代表图像数组中的列数和行数。

图像坐标系（O_i-x-y）：以相机光轴与图像平面的交点为原点，x 轴与 u 轴平行，y 轴与

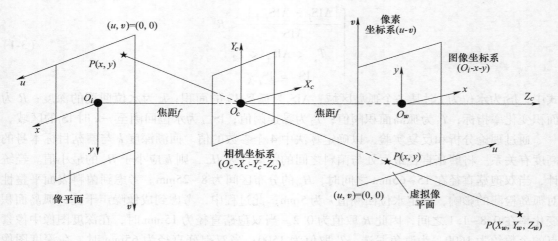

图 3-18 坐标转换示意图

v 轴平行，x 和 y 的单位是长度单位。

相机坐标系（O_c-X_c-Y_c-Z_c）：以光心为原点，X_c 轴平行于 x 轴，Y_c 平行于 y 轴，Z_c 轴平行于光轴，单位为长度单位。

世界坐标系（O_w-X_w-Y_w-Z_w）：为描述相机位置而引入，世界坐标和相机坐标的位置关系可以用旋转矩阵 R 和平移向量 t 表示。

2）坐标转换。世界坐标系与相机坐标系的转换是刚体变换，涉及旋转和平移，分别围绕 3 个坐标轴旋转可以得到 3 个旋转矩阵 R_1，R_2，R_3，世界坐标与相机坐标转换关系为

$$\begin{bmatrix} X_c \\ Y_c \\ Z_c \end{bmatrix} = R \begin{bmatrix} X_w \\ Y_w \\ Z_w \end{bmatrix} + t \tag{3-2}$$

$$R = R_1 R_2 R_3 \tag{3-3}$$

即

$$\begin{bmatrix} X_c \\ Y_c \\ Z_c \\ 1 \end{bmatrix} = \begin{bmatrix} R_{3\times3} & t_{3\times1} \\ 0_{1\times3} & 1 \end{bmatrix} \begin{bmatrix} X_w \\ Y_w \\ Z_w \\ 1 \end{bmatrix} \tag{3-4}$$

相机坐标与图像坐标的转换属于透视投影，是从三维到二维的转换，相机坐标中任一点 $P(X_c, Y_c, Z_c)$，图像坐标中任一点 $p(x, y)$，扩展到相机坐标系下其坐标为 (x, y, f)。根据三角形相似可得

$$\frac{Z_c}{f} = \frac{X_c}{x} = \frac{Y_c}{y}$$

$$\begin{cases} x = f\dfrac{X_c}{Z_c} \\ y = f\dfrac{Y_c}{Z_c} \end{cases} \tag{3-5}$$

即

$$Z_c \begin{bmatrix} u \\ v \\ 1 \end{bmatrix} = \begin{bmatrix} f & 0 & 0 & 0 \\ 0 & f & 0 & 0 \\ 0 & 0 & 1 & 0 \end{bmatrix} \begin{bmatrix} X_c \\ Y_c \\ Z_c \end{bmatrix} \tag{3-6}$$

图像坐标和像素坐标都在成像平面上，它们的原点和度量单位不一样，图像坐标的单位为 mm，而像素坐标的单位是像素，两坐标系为平移关系，平移向量为 (u_0, v_0)，设相机感光元件中单个像素的物理尺寸为 $d_x \times d_y$，两坐标系的转换关系为

$$\begin{cases} u = \dfrac{x}{d_x} + u_0 \\ v = \dfrac{y}{d_y} + v_0 \end{cases} \tag{3-7}$$

即

$$\begin{bmatrix} u \\ v \\ 1 \end{bmatrix} = \begin{bmatrix} \dfrac{1}{d_x} & 0 & u_0 \\ 0 & \dfrac{1}{d_y} & v_0 \\ 0 & 0 & 1 \end{bmatrix} \begin{bmatrix} x \\ y \\ 1 \end{bmatrix} \tag{3-8}$$

联立式（3-4）、式（3-6）、式（3-8），得到世界坐标系与像素坐标系的转换关系为

$$Z_c \begin{bmatrix} u \\ v \\ 1 \end{bmatrix} = \begin{bmatrix} \dfrac{1}{d_x} & 0 & u_0 \\ 0 & \dfrac{1}{d_y} & v_0 \\ 0 & 0 & 1 \end{bmatrix} \begin{bmatrix} f & 0 & u_0 & 0 \\ 0 & f & v_0 & 0 \\ 0 & 0 & 1 & 0 \end{bmatrix} \begin{bmatrix} \boldsymbol{R} & \boldsymbol{t} \\ \boldsymbol{0} & 1 \end{bmatrix} \begin{bmatrix} X_w \\ Y_w \\ Z_w \\ 1 \end{bmatrix} \tag{3-9}$$

进一步化简得

$$Z_c \begin{bmatrix} u \\ v \\ 1 \end{bmatrix} = \begin{bmatrix} f_x & 0 & u_0 & 0 \\ 0 & f_y & v_0 & 0 \\ 0 & 0 & 1 & 0 \end{bmatrix} \begin{bmatrix} \boldsymbol{R} & \boldsymbol{t} \\ \boldsymbol{0} & 1 \end{bmatrix} \begin{bmatrix} X_w \\ Y_w \\ Z_w \\ 1 \end{bmatrix} \tag{3-10}$$

式中，u，v 为图像坐标系下的任意坐标点；u_0，v_0 分别为图像的中心坐标；X_w、Y_w、Z_w 为世界坐标系下的三维坐标点；Z_c 为相机坐标的 Z 轴值，即目标到相机的距离；$\boldsymbol{R}$、$\boldsymbol{t}$ 分别为外参旋转矩阵和平移矩阵，f_x、f_y 分别为相机在 x 轴和 y 轴的焦距。

由于相机坐标系和世界坐标系的原点重合，同一目标在相机坐标系和世界坐标系具有相同的深度值，即 $Z_c = Z_w$，相机外参矩阵 $\begin{bmatrix} \boldsymbol{R} & \boldsymbol{t} \end{bmatrix} = \begin{bmatrix} 1 & 0 \end{bmatrix}$。在世界坐标系和图像坐标系中，

通过坐标转换，可以得到深度图像各像素点在世界坐标系的位置，转换公式为

$$\begin{cases} X_w = \dfrac{u - u_0}{f_x} \times Z_c \\[3mm] Y_w = \dfrac{v - v_0}{f_y} \times Z_c \\[3mm] Z_w = Z_c \end{cases} \tag{3-11}$$

通过坐标转化，将深度图像转为三维点云，将黏连区域与点云匹配起来，获得黏连目标点云，如图 3-19 所示。

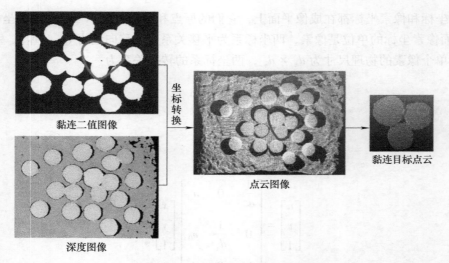

图 3-19 双孢菇黏连分割流程图

（2）点云体素化 体素是指通过大小均匀的空间体素网格来模拟点云或模型的几何形态，并产生生体素数据集。它能在最大限度保留点云原有特征的情况下，对点云进行精简，降低点云处理难度。点云体素化要首先计算点云边界，本研究运用 "$\min xyz = [\min x, \min y, \min z]$"、"$\max xyz = [\max x, \max y, \max z]$"、"$\mathrm{d}xyz = \max xyz - \min xyz$" 计算点云数据的边界框。由于双孢菇菇盖点云为表面结构，这里选取步长为 2mm×2mm×2mm 的立方体将点云进行网格划分。随后，进行点云所在体素网格判断，并记录体素网格包含的点云索引。遍历所有点云索引，提取点云体素中心（计算每个体素重心坐标），计算公式为

$$\mathrm{center}x = \sum_{i=0}^{n} \frac{x_0 + x_1 + \cdots + x_n}{n} \quad (n = 0, 1, \cdots, n) \tag{3-12}$$

$$\mathrm{center}y = \sum_{i=0}^{n} \frac{y_0 + y_1 + \cdots + y_n}{n} \quad (n = 0, 1, \cdots, n) \tag{3-13}$$

$$\mathrm{center}z = \sum_{i=0}^{n} \frac{z_0 + z_1 + \cdots + z_n}{n} \quad (n = 0, 1, \cdots, n) \tag{3-14}$$

最后，保留距离体素内中心点最近的点，实现点云的体素化。

（3）快速凸包算法　凸包是计算几何中的概念，它是指在实数空间内，包含给定的点集 X 中一系列已知顶点的最小凸多边行或凸多面体。对于三维点云来说，凸包就是将点云包含在内的最小凸多面体。三维凸包算法的原理是在点云中随机选取 3 个或 3 个以上不在同一平面的点，构成一个初始四面体凸包。然后，选择一个新点，判断新点与已知凸包的相对位置，如果该点在凸包内则舍弃；如果该点在凸包外，则重新连接相关点构成新的凸包。依次循环判断所有点，便形成点云凸包。

为了简化计算，这里凸包计算是通过 Matlab 中的"convhulln"函数完成，其核心思想为 Quickhull 算法。黏连双孢菇点云凸包化后，结果如图 3-20 所示。点云凸包化过程如下：

1）从体素化后的点云中任选 3 个点组成有向三角形（指定 3 个顶点顺序的三角形），记作 $C(P_1)$；判断其余所有点是否均在该三角形同侧，若是则记录这 3 个点坐标，并将其各点标注为凸边点，该三角形标注为有效三角形。

2）重复 1）步骤内容直至查找完所有凸边点，得到三角形 $C(P_n)$。

3）通过步骤 1）、2）查找的所有有效三角形，最终形成包含所有体素云的最小凸多面体。

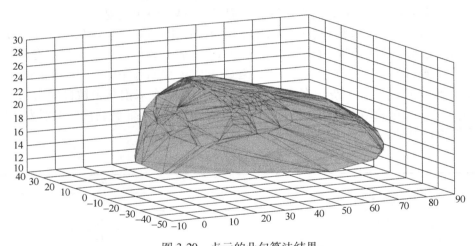

图 3-20　点云的凸包算法结果

（4）黏连边缘图像化　为了寻找黏连蘑菇边缘，计算各体素中心距凸面的 Z 轴距离。由于蘑菇为圆顶结构，蘑菇顶部距离凸面较近，蘑菇黏连处距离凸面较远。从蘑菇顶部开始遍历所有距离信息，根据黏连处的距离特征可知，在距离图的波谷处为黏连边缘，从而实现黏连目标分割，黏连边缘图像化结果如图 3-21 所示。

6. 双孢原位检测结果与讨论

（1）检测指标设置　为了验证双孢菇原位检测方法的检测效果，本研究以检测正确率、漏检率和错检率作为目标检测的评价指标，见表 3-3。

图 3-21　黏连边缘图像化结果

表 3-3　用于评估算法目标检测性能的参数

参数	计算方式	含义
检测正确率 DR	$\dfrac{TP}{(TP+FN)} \times 100\%$	所有蘑菇中，正确检测的个数占比
漏检率 MDR	$\dfrac{FN}{(TP+FN)} \times 100\%$	所有蘑菇中，未被检测的个数占比
错检率 FDR	$\dfrac{FP}{(TP+FP)} \times 100\%$	检测到的目标中，干扰目标被检测为蘑菇的个数占比

注：TP 为被检测为正的正样本；FN 为被检测为负的正样本；FP 为被检测为正的负样本。

此外，算法耗时长短直接决定了该算法能否实现双孢菇在线检测。为了测试算法的工作效率，在 PC 上使用 Matlab 2016a 对深度图像进行处理。PC 的处理器为 Intel ® Core™ i5-7500，3.40GHz，内存 8GB。分别统计单幅图像中双孢菇个数对算法运行耗时的影响，计算处理时间与蘑菇数之间的皮尔逊相关系数 r 的计算公式为

$$r = \frac{N\sum x_i y_i - \sum x_i \sum y_i}{\sqrt{N\sum x_i^2 - \left(\sum x_i\right)^2}\sqrt{N\sum y_i^2 - \left(\sum y_i\right)^2}} \tag{3-15}$$

式中，x_i 为图像中蘑菇数量；y_i 为单张图像检测耗时；N 为图片总数。

（2）结果与讨论　本试验从采集的双孢菇原位图像中选取 25 幅图像，共计 380 个双孢菇，进行双孢菇原位检测试验，试验结果见表 3-4。试验一共检测到 358 个双孢菇目标，其中真阳性双孢菇 TP 为 348 个，假阳性双孢菇 FP 为 10 个。因此，检测正确率 DR 为 91.58%，错检率 FDR 为 2.79%。在 380 个蘑菇中，有 32 个双孢菇未被检测出来，漏检率 MDR 为 8.42%。从试验结果可知：只有在极少数的情况下会将非蘑菇目标识别为蘑菇目标，从而出现错检；但是，8.42% 的漏检率是需要进一步探明原因。

表 3-4　双孢菇原位检测试验结果

参数	值
蘑菇总数量	380
检测到的蘑菇数量	358
检测为正的正样本数量 TP	348
检测为正的负样本 FP	10
检测为负的正样本 FN	32
检测正确率 DR(%)	91.58
漏检率 MDR(%)	8.42
错检率 FDR(%)	2.79

图 3-22 所示为双孢菇原位检测结果图。由图 3-22 可见，大多数双孢菇都能从菇床菌料中检测出来，检测效果较好。由于在背景分割和目标筛选中分别设置了分割阈值和筛选阈值，使得检测结果出现了漏检和错检。

图 3-22 中 Ⅰ、Ⅱ：由于双孢菇个体生长存在差异，菌料平整性也较差，个别蘑菇生长高度低且菇盖厚度薄，菌料表面和菇盖直径最大处的高度差低于 5mm；在背景分割时，这些双孢菇在经历短暂的水位上升后就被淹没，导致孤岛淹没过快，在进行目标筛选时难以找到其本体，造成漏检现象。

　　图 3-22 中Ⅲ：由于蘑菇幼体图像中的像素数小于预先设定的阈值，在目标筛选时对蘑菇幼体进行了滤波。然而，这些蘑菇显然不符合收获标准。它们在充分生长后会再次被发现。该现象是发生漏检的主要原因。

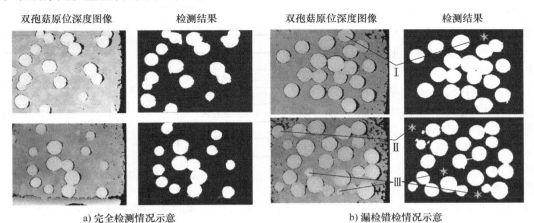

双孢菇原位深度图像　　　检测结果　　　　双孢菇原位深度图像　　　检测结果

a) 完全检测情况示意　　　　　　　　　b) 漏检错检情况示意

图 3-22　双孢菇原位检测结果图

　　图 3-23 显示了不同蘑菇数量下单幅深度图像的双孢菇检测耗时，每幅图像中的蘑菇数量主要集中在 10~20 之间。双孢菇原位检测时间主要分布在 5.13~6.98s 之间，平均为 6.25s，单个蘑菇检测耗时约为 0.41s。仅 1 张图像耗时超过 8s。数据分析可知，蘑菇数与检测时间之间没有明显相关性（$r=0.40$），单幅图像的蘑菇数量不是检测耗时的决定因素。结合第 18 组试验中蘑菇数量为 17 个，而检测用时却达到最高 9.36s。分析图像可知：检测耗时的异常增加是由于黏连目标增多，从而增加了检测耗时；单幅图像的检测耗时和蘑菇数量没有显

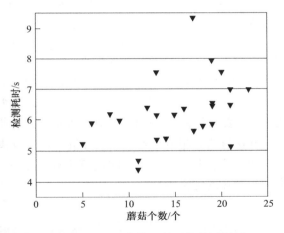

图 3-23　不同蘑菇数量的原位检测耗时

著相关，而与双孢菇生长高度（或菌料平整性）和黏连情况有关；双孢菇生长高度越高，分割层数越多，耗时越长；黏连情况越多，耗时也越长。

3.2.3　基于圆检测的双孢菇目标原位检测

　　直径和圆度是双孢菇重要的外观信息，是反映双孢菇品质的重要指标。本节在双孢菇目标检测的基础上，针对双孢菇二值图像，利用形态学处理、边缘检测、坐标转换和圆检测方法，实现了双孢菇真实直径测量。此外，提出了双孢菇圆度的定义和计算方法，利用最大内切圆和最小外接圆算法实现了双孢菇圆度测量。双孢菇直径和圆度测量流程如图 3-24 所示。

1. 双孢菇直径测量方法

双孢菇直径是指双孢菇菇盖直径最大处，直径是反映双孢菇成熟度和品质的重要因素，直径信息对双孢菇采摘作业具有重要指导意义。

（1）形态学处理　形态学是一个应用广泛的图像处理过程。形态学操作是在目标图像中利用一个结构化参数，并建立一个相同大小的输出函数。它是基于输入图像中相应像素点与邻域像素的对比，通过选择邻域的参数可以实现不同的输出。形态学操作可以消除图像边缘噪声和干扰，降低图像处理难度。它

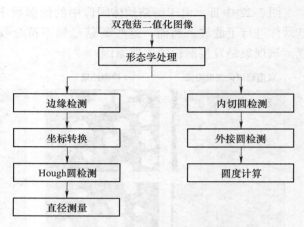

图 3-24　双孢菇直径和圆度测量流程图

的结构元素是由 0 和 1 组成的矩阵，利用结构元素遍历图像的所有像素点，并进行形态学运算。结构元素的形状可以为矩形、菱形、圆形和球形等形状。形态学基本操作有膨胀和腐蚀等操作，它们是构成形态学操作的基础。

1）膨胀。膨胀可以将图像边缘像素点合并到该图像中，相当于将图像边界向外部扩张的过程，它可以用来填充图像孔洞和边缘凹陷。

2）腐蚀。腐蚀可以删除图像指定像素点的目标，可以消除边界点，使边界向内部收缩，可用来消除小且无意义的物体。

3）开运算和闭运算。开运算是先腐蚀后膨胀的过程，定义为

$$A \circ B = (A \ominus B) \oplus B \qquad (3\text{-}16)$$

式中，$\circ$ 表示开运算，$\ominus$ 和 $\oplus$ 分别表示腐蚀和膨胀。

开运算可以很好地在平滑边缘同时减少噪声干扰，并且能够保持目标基本形状不变。

闭运算和开运算相反，闭运算主要是填充图像的孔洞和缝隙，它适合用于修补图像瑕疵。闭运算的定义为

$$A \circ B = (A \oplus B) \ominus B \qquad (3\text{-}17)$$

这里采用形态学开运算对双孢菇的二值图像进行处理，结果如图 3-25 所示。

（2）边缘检测　边缘是不同区域的分界线，是局部像素有明显变化的集合。在图像处理领域常用的边缘检测算子有：一阶微分算子，即 Sobel 算子、Roberts 算子、Prewitt 算子；二

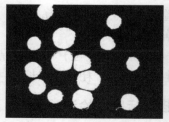
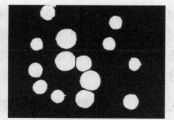

a) 原始二值图像　　　　　　b) 开运算结果

图 3-25　开运算结果图

阶微分算子，即 LOG 算子、Laplacian 算子；非微分算子，即 Canny 算子；方向算子，即 Kirsch 算子、Nevitia 算子。其中，一阶微分算子和二阶微分算子对噪声较为敏感。本研究采用最有效的边缘检测方法 Canny 算子，它的优点在于使用 2 种阈值分别检测强边缘和弱边缘，当 2 种边缘相连时，才将弱边缘包含在输出图像中，因此能够有效地避免噪声干扰。

Canny 算子的运算过程如图 3-26 所示，边缘检测结果如图 3-27 所示。

高斯滤波平滑图像 → 计算梯度的幅值方向 → 非极大值抑制 → 双阈值判定边缘像素

图 3-26　Canny 算子的运算过程

（3）圆检测方法（Hough 圆检测）　通常双孢菇菇盖为圆形或近圆形，实现圆形检测是双孢菇直径测量的关键。这里应用 Matlab 调用"im-findcircles"函数进行圆形检测，其核心是 Hough 圆检测。由于获取了双孢菇边缘二值图像，考虑到复杂的光照和菌料干扰已经去除，这里以默认边缘阈值和灵敏度调用"imfindcircles"函数进行 Hough 圆检测。检测原理如下：

双孢菇菇盖轮廓在 xy 平面上的投影为平面内

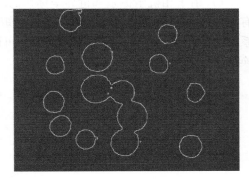

图 3-27　边缘检测结果图

以 (a, b) 为圆心、r 为半径的圆，菇盖上点 (x, y) 满足方程：$(x-a)^2 + (y-b)^2 = r^2$。显然，平面圆上的一点 (x_i, y_i) 在 (A, B, R) 构成的参数空间中对应着一个圆锥，如图 3-28a 所示。而所有圆上的点构成的圆锥相交于一个点。这个特定点在参数空间的坐标为 (a, b, r)。使用 Hough 变换进行圆检测即是寻找参数空间中圆锥的交点。

由于边缘检测得到的是离散像素点，因此可以用解析的方法找到圆锥的交点。首先将三维参数空间也进行离散化，即按照一定的精度，将 (A, B, R) 空间网格化。对于给定圆上一个点 (x_i, y_i)，可求得其参数空间内圆锥面上的所有点，这些点将落入到就近的网格中。圆上不同的点形成的圆锥面产生交点时，这些来自不同圆锥面的点落入同一网格内。三维网格中落入 (A, B, R) 处的点的数量计为 $O(A, B, R)$。如图 3-28b 所示，若只考虑同一个圆上的 4 个点，它们构成的 4 个圆锥在网格点 (a, b, r) 处相交，且此网格包括来自不同圆锥的 4 个点。因此理想情况

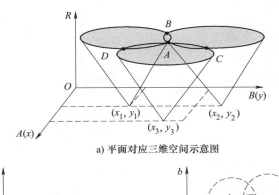

a) 平面对应三维空间示意图

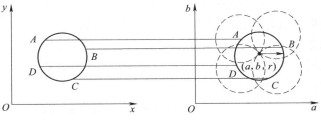

b) 平面中圆上点在三维空间的表示

图 3-28　Hough 圆检测原理示意图

下，$\text{Max}(O)$ 与平面圆上离散点的数量相等。但大多数真实场景中，被检测的图形可能包含多个不规则的圆形，所以网格内最大值不一定与图形中点的数量相等。因此一般通过寻找 $O(a_j, b_j, r_j)$ 的局部最大值以及对应的坐标，作为圆检测的结果。

（4）直径测量　Hough 圆检测只适用于图像格式的数据，而且测量的直径以像素点为单位。为了准确测量双孢菇直径，利用 3.2.2 中的图像坐标与世界坐标转换，可以将双孢菇边缘的图形坐标转换为世界坐标，实现利用 Hough 圆检测方法测量双孢菇真实直径，测量过程如下：

1）由于相机坐标系和世界坐标系的原点重合，同一目标在相机坐标系和世界坐标系具有相同的深度值，即 $Z_c = Z_w$，相机外参矩阵 $\begin{bmatrix} R & t \end{bmatrix} = \begin{bmatrix} 1 & 0 \end{bmatrix}$。在世界坐标系和图像坐标系中，通过坐标转换得到双孢菇点云，可以获取深度图像各像素点在世界坐标系的位置，转换结果如图 3-29 所示，转换公式为

$$
\begin{cases}
X_w = \dfrac{u - u_0}{f_x} \times Z_c \\[2mm]
Y_w = \dfrac{v - v_0}{f_y} \times Z_c \\[2mm]
Z_w = Z_c
\end{cases}
\tag{3-18}
$$

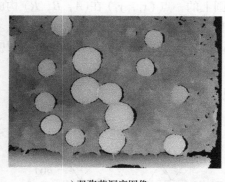

a) 双孢菇深度图像

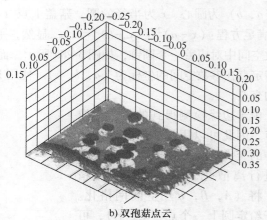

b) 双孢菇点云

图 3-29　深度图像转点云结果

2）利用 Matlab 中的"find（BW>0）"函数，获取菇盖边缘点索引，根据索引提取轮廓点 x、y 轴真实坐标。利用 figure，plot（pxt，pyt，'.'），绘制菇盖真实轮廓点，坐标原点为相机坐标原点，如图 3-30 所示。

3）由于 Hough 圆检测只适用于图像格式的数据，因此需要先将真实点的坐标平移到第 1 象限；然后，按照一定的精度离散化，形成一个包含离散点的二值图像，其中真值点的图像坐标与实际坐标是线性关系；之后，将菇盖边缘点的三

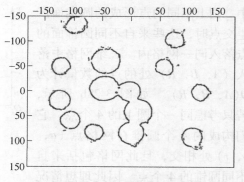

图 3-30　绘制菇盖真实轮廓点

维真实坐标向 xy 平面进行投影，并按照 mm 级精度进行网格化，即图像中 1 个像素代表的长度为 1mm；最后，采用 Hough 变换检测菇盖、计算双孢菇的真实直径，并设置直径范围 [15mm，65mm]，检测结果如图 3-31 所示。

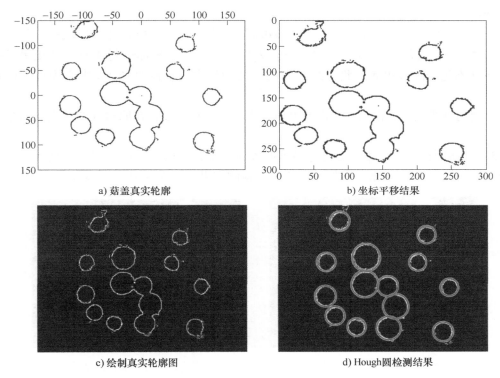

a) 菇盖真实轮廓　　　　　　　　　b) 坐标平移结果

c) 绘制真实轮廓图　　　　　　　　d) Hough圆检测结果

图 3-31　双孢菇直径测量结果

2. 双孢菇圆度测量方法

在双孢菇直径测量的基础之上，提出了双孢菇圆度的定义和双孢菇圆度计算方法；针对双孢菇二值化图像，利用最大内切圆和最小外接圆算法，实现了双孢菇圆度测量。

（1）圆度定义　圆度在工业上指工件横截面接近理论圆的程度，双孢菇圆度是双孢菇外观品质的直观表现，本研究将双孢菇菇盖轮廓的内切圆直径 r 与外接圆直径 R 的比值定义为双孢菇圆度，此时直径为像素直径，如图 3-32 所示，双孢菇圆度对畸形菇的判断具有重要意义。

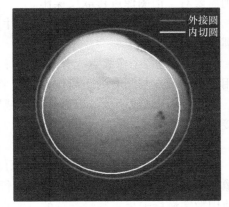

图 3-32　双孢菇圆度定义示意图

（2）内切圆检测　内切圆是多边形内部最大的圆，它的圆心距离多边形上任一点都最远。这里采用 Matlab 的 "max_inscribed_circle" 函数进行内切圆检测，检测结果如图 3-33 所示。具体实施步骤如下：

1）对输入图像类型进行判断。如果输入图像为三维彩色图像或灰度图像，需要进行二值化操作和形态学去噪。

2）对输入的二值图像中的目标进行追踪，采用区域跟踪算法 "bwboundaries"，基于曲线追踪设定追踪方向 "w"，起始点为图像坐标原点，默认 8 连通区域追踪，获取闭合区域及其边界。

3）寻找内切圆的圆心坐标。采用"bwdist"函数（距离变换）计算区域边界任意 2 个像素点连接成的线段 L_i。以 L_i 长度为直径、L_i 中心点为圆心坐标绘制圆 O_i，找出最长线段 L，且圆 O 不超出区域边界。此时线段 L 的长度为最大内切圆直径，L 中心为最大内切圆圆心。

4）利用画线函数，根据筛选出的内切圆圆心坐标和直径，在原输入图像上画出最小外接圆。

（3）外接圆检测　外接圆是指与多边形各顶点都相交的圆。本节在双孢菇目标检测的基础上，开发了双孢菇轮廓外接圆检测算法，检测结果如图 3-34 所示。具体实施步骤如下：

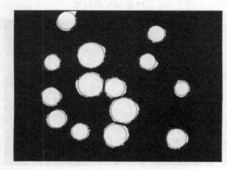

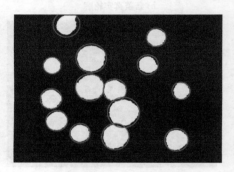

图 3-33　内切圆检测结果　　　　　图 3-34　外接圆检测结果

1）对输入图像类型进行判断。如果输入图像为三维彩色图像或灰度图像，需要进行二值化操作和形态学去噪。

2）利用"bwlabel"函数获取二值图像中的连通区域，即双孢菇目标。由于"bwlabel"函数标注的是二值图中值为"1"的点，需要确定二值图像背景与物体。如果背景为白色，则需要对二值图像进行取反操作。

3）获取每个连通区域的大小，计算每个连通区域的质心，以质心作为其最小外接圆的圆心。

4）遍历各个像素点，分别计算每个目标的像素点是否在其当前的半径内；如果不在则用当前像素点与圆心的距离作为新的半径，从而类似迭代更新得到最小外接圆半径。

5）利用画线函数，根据连通区域质心和最小外接圆半径，在原输入图像上画出最小外接圆。

3. 双孢菇直径和圆度测量试验

（1）测量指标设置　在双孢菇原位检测基础上，从深度图像数据集中选取 20 幅深度图像分别进行直径和圆度测量，然后进行人工直径测量，并与算法结果进行比较。在试验中，使用数字游标卡尺来测量蘑菇的真实直径。测量每个蘑菇帽的最大和最小直径，并以它们的平均值作为参考。测量结果的相对误差如下：

$$\text{ME} = \frac{|D_A - D_M|}{D_M} \times 100\% \qquad (3\text{-}19)$$

式中，ME 为直径检测误差；D_A 为算法测量直径；D_M 为人工测量直径。

此外，分别统计直径测量和圆度测量的算法耗时，以测试算法工作效率。算法运行环境：PC 处理器为 Intel ® Core™ i5-7500，3.40 GHz，内存 8GB，Windows10 操作系统；运行软件为 Matlab 2016a。

（2）结果与讨论　图 3-35 显示了 5 张深度图像的直径测量处理步骤。

从图 3-35 中可以看出，该算法较好地实现了双孢菇直径的测量，算法对于蘑菇生长的疏密程度具有良好的鲁棒性，检测结果中仅存在个别的漏检和错检。如图 3-35h 所示，由于黏连分割不彻底，出现多个蘑菇共用边界，导致出现直径漏检现象。如图 3-35l 所示，当蘑菇图像采集不完整，导致轮廓缺失造成直径漏检。如图 3-35t 所示，当黏连蘑菇中间位置形成近圆形状时，会造成直径错检。以上 3 种情况均出现圆形检测环节，对于图 3-35l 的漏检现象，实际采摘过程中可通过下次图像采集，获取蘑菇完整目标。对于图 3-35h 和图 3-35t 的情况，可通过改进圆检测算法解决。在试验过程中，经统计以上情况出现的概率低于 3%，它们对实际生产影响较小。

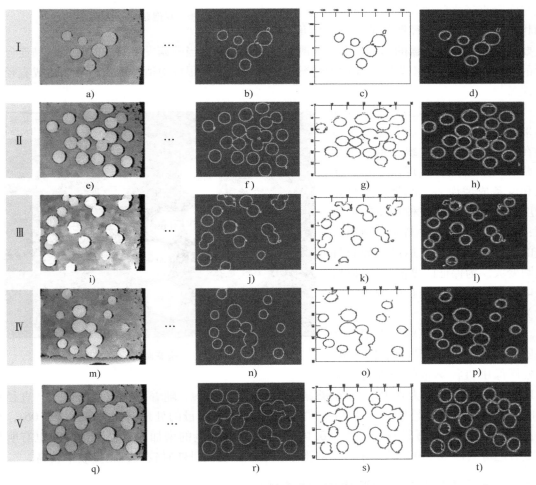

图 3-35　双孢菇直径检测结果

对于 20 幅深度图像的所有蘑菇，平均测量误差为 4.94%。不同直径的蘑菇帽的测量误差的统计数据如图 3-36 所示。随着蘑菇直径的增加，测量误差减小。统计分析表明，直径小于 20mm 的蘑菇的测量误差与其他尺寸的蘑菇有显著差异。当 $D \leqslant 20mm$ 时（最大误差为 17.57%，误差中位数为 7.26%），其测量误差高于其他蘑菇组。当 $D > 50mm$ 时（最大误差为 7.26%，误差中位数为 3.37%），其测量误差最低。

由于深度相机的测距精度为实际距离的 1%，因此深度值的随机误差小于 3.5mm（350mm×1%）。为此，本研究利用 3D 打印蘑菇模型进行直径测量试验，结果表明：对于不同直径的模型，算法测得的直径与实际直径之间的误差在 ±2mm 以内，说明相机自身误差是直径测量值偏离真实值的

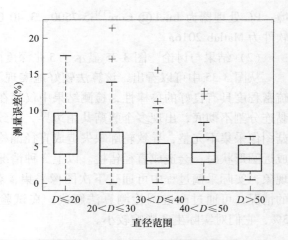

图 3-36 双孢菇直径检测结果统计

主要原因。此外，菌盖的形状也会影响测量精度。特别是当蘑菇发生黏连时，经过黏连分割后的菌盖形状会变得不规则，在这种情况下，圆检测不能很好地适合菌盖，从而造成直径测量误差。

图 3-37 所示为双孢菇圆度检测结果。结果显示，多数双孢菇圆度值在 80% 以上。通过统计低圆度值蘑菇和畸形蘑菇，发现由于噪声干扰和设备成像误差，测量的双孢菇圆度值偏低。造成这种现象的原因是：双孢菇外接圆检测时，噪声产生的锯齿边缘和小连通区域导致外接圆变大。为保证圆度测量准确性，深度图像的噪声去除是图像预处理的关键环节。

图 3-38 显示了每幅图像中直径和圆度测量耗时情况。结果显示：单幅图像中直径测量的处理时间为

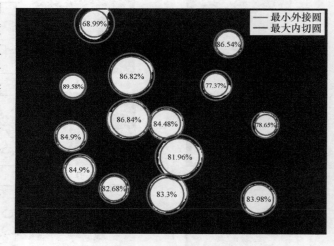

图 3-37 双孢菇圆度检测结果

0.18~0.68s，平均值为 0.45s，单个蘑菇平均耗时为 0.03s。随着蘑菇数量的增加，直径测量时间有明显的上升趋势（r = 0.98）。单幅图像中圆度测量的处理时间为 0.68~2.06s，平均值为 1.49s，单个蘑菇平均耗时为 0.10s。随着蘑菇数量的增加，直径测量时间也有明显的上升趋势（r = 0.97）。总体来看，双孢菇直径和圆度测量耗时较少，测量效率较高。

3.2.4 基于 RGB 图像的双孢菇白度检测

白度是表示物体表面显白色的程度，通常以白色含有量的百分率表示，国际照明委员会（CIE）指出白色物体的白度是表示它对于完全反射漫射体白度程度的相对值。双孢菇白度是其外观品质和新鲜程度的重要体现。本节基于 RGB 图像研究了双孢菇白度检测，介绍

了色度学基础知识，完成了双孢菇 RGB 彩色图像分割，建立了图像 RGB 数据与 CIE-XYZ 三刺激值的转换模型，实现了基于 RGB 图像的双孢菇白度检测，为双孢菇分级装备的自动化、智能化升级提供技术支持。

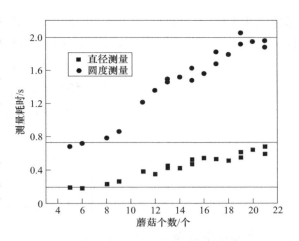

图 3-38　直径和圆度测量耗时统计

1. 色度学基础知识

白度这一概念属于色度学领域，其本质是度量颜色的物理量。通常我们用目视方法直接判断目标的白色程度，但这种方法存在较大误差。随着标准的逐渐完善，已经建立了白度的客观评价标准。本节中白度检测涉及了相关色度学理论，下面将对其作相关介绍。

（1）三刺激值　三刺激值是引起人视网膜对某种颜色产生感觉的三原色刺激程度，常用 R、G、B 表示。由于实际光谱中的红、绿、蓝三原色难以匹配出自然界中的所有颜色，国际照明委员会（CIE）于 1931 年提出了 X、Y、Z 三原色，来匹配一切色彩。

（2）颜色空间

1）CIE-RGB 颜色空间。RGB 颜色空间是以 R（红）、G（绿）、B（蓝）3 种基本色为基础，建立在笛卡儿坐标系中，它是最重要和最常见的一种颜色模型，又称三原色，常用于视频、图像、多媒体和网页设计。RGB 颜色空间可以看作笛卡儿坐标系中的一个单位正方体，其空间中的任一点代表一种颜色，如图 3-39 所示。

2）CIE-XYZ 颜色空间。由于在 CIE-RGB

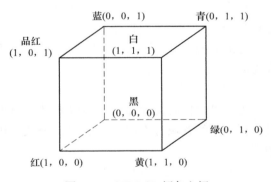

图 3-39　CIE-RGB 颜色空间

颜色空间中进行 RGB 三刺激值计算时，会出现负值结果，影响数据处理效率，便提出了 CIE-XYZ 颜色空间。CIE-RGB 颜色空间和 CIE-XYZ 颜色空间是完全等价的，它们之间是线性变换的。因此，CIE-XYZ 颜色空间同样能表示所有颜色。

3）CIE-Lab 颜色空间。CIE-Lab 颜色空间是三维空间中立体的球形，如图 3-40 所示。空间中有三个维度，形成三个互相垂直的轴，分别是：L^* 轴，从上到下；a^* 轴，从左到右；b^* 轴，从里到外。其中，L^* 表示明度，数值由 0~100，表示颜色由黑到白；a^* 表示红绿，数值由正到负，表示颜色从红到绿；b^* 表示黄蓝，数值由正到负，表

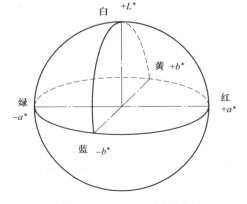

图 3-40　CIE-Lab 颜色空间

示颜色从黄到蓝。空间中的每一个位置代表着不同的颜色，每个颜色在空间都有一组坐标：(L^*, a^*, b^*)。CIE-Lab 颜色空间也来源于 CIE-XYZ 颜色空间，转换公式为

$$L^* = 116f(Y/Y_n) - 16$$
$$a^* = 500[f(X/X_n) - f(Y/Y_n)]$$
$$b^* = 200[f(Y/Y_n) - f(Z/Z_n)]$$

$$(3\text{-}20)$$

其中

$$f(t) = \begin{cases} t^{\frac{1}{3}} & t > \left(\dfrac{6}{29}\right)^3 \\ \dfrac{1}{3}\left(\dfrac{29}{6}\right)^2 t + \dfrac{4}{29} & \end{cases}$$

$$(3\text{-}21)$$

一般情况下认为 Y_n，X_n，Z_n 都为 1。

（3）标准光源　在色度学计算中，光源对物体颜色影响很大。为了统一对色彩的认识，国际照明委员会（CIE）规定了四种标准照明体及标准光源。

标准光源 A：配备标准照明体 A 的光源，色温为 2856K 的钨丝灯，颜色偏黄。

标准光源 B：在标准光源 A 基础上加装戴维斯-吉伯逊滤光片，色温为 4871K，光色相当于中午日光。

标准光源 C：在标准光源 A 基础上加装戴维斯-吉伯逊液体滤光片，色温为 6774K，光色相当于多云天气下的日光。

标准光源 D65：模拟典型日光，色温为 6500K，目前国际照明委员会还没有推荐相应标准光源。

2. 白度公式

为了进行白度值计算，长期以来已经出现了近百种白度公式。白度没有确定的自然标尺，在不同的领域有不同的白度评价公式。国际照明委员会（CIE）推荐的几种白度公式如下：

（1）甘茨白度（CIE 白度）　甘茨白度是以白度值为 100 的完全漫反射体为参照，以 D65 标准光源为标准照明体的情况下得到的。甘茨白度公式与目视评价是一致的，对不同等级产品白度值差距大，有利于产品分级。

$$W = Y + 800(x_n - x) + 1700(y_n - y)$$

$$(3\text{-}22)$$

式中，Y 为标准白板的三刺激值；x_n、y_n 为完全漫反射体的色品坐标；x、y 为样品的色品坐标。

通常，$x_n = 0.3310$，$y_n = 0.3138$。其中，色度坐标 (x, y) 定义为

$$\begin{cases} x = \dfrac{X}{X + Y + Z} \\ y = \dfrac{Y}{X + Y + Z} \end{cases}$$

$$(3\text{-}23)$$

式中，X，Y 和 Z 为 CIE-XYZ 三刺激值。

（2）亨特白度（Hunter）　亨特白度是指采用色差概念的白度定义，它采用亨特 Lab 颜色空间，记作 W_H。

$$W_{\mathrm{H}} = 100 - \left[(100 - L)^2 + a^2 + b^2 \right]^{\frac{1}{2}} \tag{3-24}$$

式中，W_{H} 为亨特白度；L 为亨特明度；a、b 为亨特色品指数。

（3）蓝光白度（R457 白度）　蓝光白度是单波段公式，它是用短波段蓝光的漫反射因数也表示白度，又被称为 ISO 白度或 ISO 亮度。蓝光白度主要用于造纸、纺织、化工和陶瓷行业。

$$W_{\mathrm{b}} = R_{457} = K_{\mathrm{b}} \sum R(\lambda) F(\lambda) \Delta \lambda \tag{3-25}$$

式中，W_{b}、R_{457} 为蓝光白度；K_{b} 为归化系数；$R(\lambda)$ 为试样光谱反射因数；$F(\lambda)$ 为白度计相对光谱响应分布；$\Delta\lambda$ 为波长间隔。

3. 双孢菇白度检测方法

（1）图像动态白平衡　白平衡是描述红、绿、蓝三基色混合生成白色精确度的指标，它直接决定了相机色彩还原程度。为提高样本图像的色彩还原度，保证白度测量精度，对样本图像的 RGB 三通道值进行动态白平衡。动态白平衡步骤如下：

1）选取标准色卡若干张，利用图像采集系统（光圈 $f = 3.6$，曝光时间 1/100s，自动白平衡模式）采集色卡图像，并获取色卡图像 RGB 三通道值。

2）利用统计学软件将色卡的标称 RGB 值（R_{R}，G_{R}，B_{R}）和图像 RGB 值（R_{I}，G_{I}，B_{I}）对应起来，将标称 RGB 值减去图像 RGB 值记作差值 ΔR、ΔG、ΔB，分别绘制差值曲线 $R_{\mathrm{I}} - \Delta R$、$G_{\mathrm{I}} - \Delta G$、$B_{\mathrm{I}} - \Delta B$。

3）将 Matlab 2016a 输出的样本 RGB 值（R_{S}，G_{S}，B_{S}）分别对应到 3 条差值曲线，并计算其差值，动态白平衡之后的样本 RGB 值（R，G，B）为

$$\begin{cases} R = R_{\mathrm{S}} + \Delta R \\ G = G_{\mathrm{S}} + \Delta G \\ B = B_{\mathrm{S}} + \Delta B \end{cases} \tag{3-26}$$

图 3-41 为动态白平衡中差值 ΔR、ΔG、ΔB 随 RGB 测量值 R_{I}、G_{I}、B_{I} 的变化趋势（差值曲线）。从图 3-41 中可以看出，自动白平衡之后，相机 RGB 三通道的感光准确性仍然较差，证实了进行动态白平衡的必要性。进一步分析数据可知，对于 R 通道和 B 通道，测量值小于 160 时，相机获取的测量值小于标称值，测量值大于 160 时，相机获取的测量值大于实际值；上述现象在 G 通道同样出现，但临界点为 100，说明工业相机对 G 通道的感光程度大于 R 通道和 B 通道。

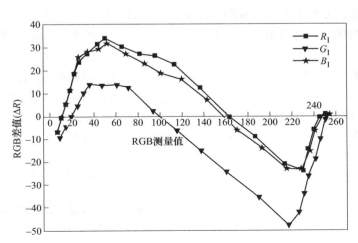

图 3-41　ΔR、ΔG、ΔB 随 RGB 测量值的变化趋势（差值曲线）

根据差值曲线进行动态白平衡，可实现双孢菇色彩还原，保证了白度测量结果的准确性，动态白平衡效果如图3-42所示。

（2）感兴趣区域获取　RGB图像分割质量和感兴趣区域选取决定了白度测量的效果。由于双孢菇菇盖为弧形结构，为减少图像边缘虚化造成的白度测量误差，这里首先对双孢菇RGB图像进行灰度处理、阈值分割去除背景，然后进行腐蚀处理，最后提取感兴趣区域，具体获取流程如图3-43所示。

a）原始RGB图像　　　　b）白平衡RGB图像

图3-42　动态白平衡结果图

1）灰度化处理。灰度化就是对彩色图像每个颜色通道的数值进行归一化处理，灰度图像为单通道图像，可以有效降低图像处理难度。常用的灰度处理方法有最大值法、平均值法和加权平均值法。为了更接近人眼感官，这里采用加权平均值法进行灰度处理，计算公式为

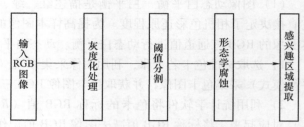

图3-43　感兴趣区域获取流程图

$$\mathrm{Gray}(x,y) = 0.299R(x,y) + 0.587G(x,y) + 0.114B(x,y) \tag{3-27}$$

式中，$\mathrm{Gray}(x,y)$为像素点灰度值，$R(x,y)$、$G(x,y)$、$B(x,y)$分别为像素点R、G、B通道分量值。

2）阈值分割。阈值分割是实现彩色图像分割的关键步骤，常用的图像阈值分割可分为最大类间误差法、迭代法和最小误差算法。最小误差阈值分割法是根据目标与背景像素点灰度值分布概率来实现的，需要计算出目标像素点分割为背景的概率和背景像素点分割为目标的概率，再得出总的误差概率。当总的误差概率最小时，便得到了最佳阈值。

最小误差阈值分割中，$f(x,y)$表示灰度图像，(x,y)为像素点坐标，图像大小为$M×N$，灰度等级为$L(L=256)$。若灰度值为i的像素点个数用n_i表示，那么图像中总像素点数$n = n_0 + n_1 + n_2 + \cdots + n_i + \cdots + n_{255}$，灰度值为$i$的像素点概率为$p_i$。假设灰度图像背景暗而目标亮，且目标和背景满足混合高斯分布，假设背景（C_0）和目标（C_1）的概率分别为p_0和p_1，且图像灰度分布为混合正态分布，均值为μ_i、方差为σ_j^2，则

$$p(i) = \sum_{j}^{1} p_j p(i|j) \tag{3-28}$$

$$p(i|j) = \frac{1}{\sqrt{2\pi}\sigma_j}\exp\left(-\frac{(i-\mu_j)^2}{2\sigma_j^2}\right) \tag{3-29}$$

设t为背景（C_0）和目标（C_1）的分割阈值，即$C_0 = \{0, 1, 2, \cdots, t\}$，$C_1 = \{t+1, t+2, \cdots, 255\}$，则背景和目标概率为$p_0(t)$和$p_1(t)$，即

$$\begin{cases} p_0(t) = \displaystyle\sum_{i=0}^{t} p_j \\[3mm] p_1(t) = \displaystyle\sum_{i=t+1}^{L-1} p_j \end{cases} \tag{3-30}$$

对于阈值 t，Kittler 基于最小误差得到 $J(t)$ 函数，最佳阈值在 $J(t)$ 取得最小值时获得。

$$J(t) = p_0(t)\ln\frac{\sigma_0^2(t)}{[p_0(t)]^2} + p_1(t)\ln\frac{\sigma_1^2(t)}{[p_1(t)]^2} \tag{3-31}$$

这里分别采用最小误差阈值分割和 Outs 自动阈值分割算法，对灰度图像进行处理，分割效果如图 3-44 所示。

a) RGB图像　　　　　b) 灰度图像　　　　c) 最小误差阈值分割　　　d) Outs自动阈值分割

图 3-44　两种阈值分割结果

3）形态学腐蚀。腐蚀操作可以删除图像指定像素点的目标，可以消除边界点，是边界向内部收缩的过程，可用来消除小且无意义的物体。腐蚀操作原理见前文双孢菇直径测量方法中的形态学处理。为避免光源漫反射不完全和双孢菇弧形菇盖结构造成的成像边缘虚化和昏暗现象，这里创建了一个半径为 30 像素值的平坦型圆盘结构元素，进行腐蚀操作，最大限度保留了图像有效区域并消除了对白度测量有干扰作用的边缘区域。

4）感兴趣区域提取。为了获得双孢菇 RGB 图像的颜色信息，需要准确提取感兴趣区域。在对 RGB 图形进行灰度、分割和腐蚀处理之后，初步得到了感兴趣区域的位置范围，但缺少白度测量所需的颜色信息。为了获得关键的颜色信息，遍历腐蚀的双孢菇二值图像并记录像素值为 0 的坐标索引，在 RGB 图像中将对应索引坐标像素点的 R、G、B 三通道分量均赋值为 0，便得到了包含颜色信息的感兴趣区域。图 3-45 所示为两种阈值分割情况下感兴趣区域提取过程和结果，可以看出最小误差阈值分割情况下感兴趣区域提取效果较好。

（3）白度计算　感兴趣区域的白度值即是双孢菇白度值，计算感兴趣区域内所有像素点白度值，取白度均值作为感兴趣区域的白度值，即为双孢菇白度值。研究选择国际照明委员会（CIE）推荐的甘茨白度公式是最接近人眼感受的白度评价方式，被广泛用于表面颜色行业，并被国际标准化组织（ISO）所采用。为了准确计算感兴趣区域的白度，图像 RGB数据与 CIE-XYZ 三刺激值的转换是进行白度测量的关键。本节在双孢菇 RGB 图像采集系统（见图 3-7）下，开展了图像 RGB 数据与 CIE-XYZ 三刺激值转换模型标定，利用转换模型获得感兴趣区域的 CIE-XYZ 三刺激值，最终实现白度计算。

4. 图像 RGB 数据与 CIE-XYZ 三刺激值转换模型

（1）模型建立　对于数字相机，物体反射光照射在 CCD（电荷耦合器件）传感器上，经模数转换和内置处理电路，并结合相机参数及白平衡情况，实现数字图像的 RGB 三通道

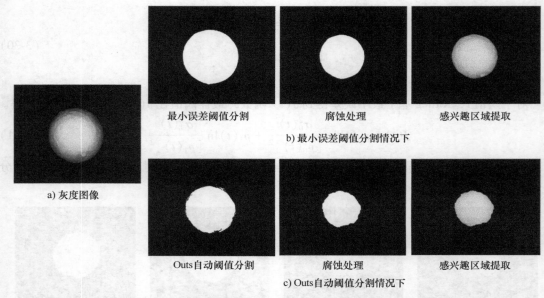

最小误差阈值分割　　　　　腐蚀处理　　　　　感兴趣区域提取

b) 最小误差阈值分割情况下

a) 灰度图像

Outs自动阈值分割　　　　　腐蚀处理　　　　　感兴趣区域提取

c) Outs自动阈值分割情况下

图 3-45　两种阈值分割情况下感兴趣区域提取过程和结果

值计算。由于 CCD 传感器所用彩色滤光片的光谱特性与 CIE 标准观察者的匹配函数不同，而且与设备相关。为了使用甘茨白度公式计算白度，任何图像的颜色量化都必须转换为 CIE-XYZ 三刺激值。双孢菇颜色范围很小，而且本研究已经搭建了近似于 CIE 标准 D65 光源的照明系统，所以由照明条件引起的测量误差相对较小。

为了得到计算甘茨白度所需的参数，采用的方法与将数字设备中的 RGB 三通道值转换为 CIE-XYZ 三刺激值方法相似。根据 IPTC-NAA（国际新闻电信委员会-美国报业协会）标准，与设备相关的 8-bit RGB 数值（R_{8bit}，G_{8bit}，B_{8bit}）与设备无关 RGB 数值（R_{SRGB}，G_{SRGB}，B_{SRGB}）可以通过式（3-32）进行拟合：

$$R_{SRGB} = \left(\frac{R_{8bit}/255 + 0.055}{1.055} \right)^{\beta} \tag{3-32}$$

G_{SRGB} 和 B_{SRGB} 的表达式与 R_{SRGB} 相似，β 值由成像系统决定。

根据相关文献，与设备无关的归一化 RGB 值可以通过式（3-33）转换为归一化的 CIE-XYZ 三刺激值（X_S，Y_S，Z_S）。

$$\begin{bmatrix} X_S \\ Y_S \\ Z_S \end{bmatrix} = \begin{bmatrix} 0.4124 & 0.3576 & 0.1805 \\ 0.2126 & 0.7152 & 0.0722 \\ 0.0193 & 0.1192 & 0.9505 \end{bmatrix} \begin{bmatrix} R_{SRGB} \\ G_{SRGB} \\ B_{SRGB} \end{bmatrix} \tag{3-33}$$

通过进一步采用 IPTC-NAA 标准，可以将归一化的 CIE-XYZ 三刺激值（X_S，Y_S，Z_S）线性转换为 CIE-XYZ 三刺激值（X_S，Y_S，Z_S）。

$$\begin{bmatrix} X \\ Y \\ Z \end{bmatrix} = \alpha \begin{bmatrix} X_S \\ Y_S \\ Z_S \end{bmatrix} \tag{3-34}$$

式中，α 为待标定常数。

为了确定式（3-32）和式（3-34）中的 α 和 β 值，利用标准白板（复享光学，STD-WS，中国）、色度仪（纸邦自动化，ZB-A，中国）进行标定试验。对标准白板上参考点坐标的三刺激值 X_n 和 Z_n 进行估计，以降低误差。由于数字图像的 RGB 数值与表色系统（CIE-RGB，CIE-XYZ）三刺激值的转换关系并不总是相同，它取决于成像系统的照明条件和相机参数。因此，将数字图像的 RGB 数值与 CIE-Lab 三刺激值相关联。

为了估计标准白板上参考点坐标的三刺激值 X_n、Z_n，由 CIE-Lab 颜色空间定义得

$$L^* = 116f(Y/Y_n) - 16$$
$$a^* = 500[f(X/X_n) - f(Y/Y_n)] \qquad (3-35)$$
$$b^* = 200[f(Y/Y_n) - f(Z/Z_n)]$$

式中，(L^*, a^*, b^*) 为 CIE-Lab 颜色空间的三通道值；(X, Y, Z) 为样本在 CIE-XYZ 颜色空间的三刺激值；(X_n, Y_n, Z_n) 为标准白板在 CIE-XYZ 颜色空间的三刺激值。

由等式（3-35）将 CIE-Lab 色度坐标中的 L^* 值链接到 CIE-XYZ 色度坐标中的 Y 值，可得

$$Y_{IA} = Y_n [(L^* + 16)/116]^3 \qquad (3-36)$$

式中，下标 IA 为图像分析测量结果。

注意，等式（3-36）的有效性要求不等式 $Y/Y_n > 0.008856$，这适用于双孢菇色度范围。

由式（3-32）～式（3-34）和式（3-36）可得

$$\alpha = [100(8.621 \times 10^{-3}L^* + 0.1379)^3]/[0.2126(3.717 \times 10^{-3}R_{8bit} + 0.052)^\beta +$$
$$0.7152(3.717 \times 10^{-3}G_{8bit} + 0.052)^\beta + 0.0722(3.717 \times 10^{-3}B_{8bit} + 0.052)^\beta]$$

$$(3-37)$$

最后，由式（3-34）和式（3-35）可以将标准白板上参考点三刺激值 X_n 和 Z_n 的参考值计算为

$$(X_n)_{IA} = \alpha X_S \left(\frac{a^*}{500} + \frac{L^* + 16}{116} \right)^{-3} \qquad (3-38)$$

$$(Z_n)_{IA} = \alpha Z_S \left(\frac{L^* + 16}{116} - \frac{b^*}{200} \right)^{-3} \qquad (3-39)$$

利用搭建的成像系统和色度仪分别测得参考点的 RGB 三通道值（R_{8bit}，G_{8bit}，B_{8bit}）和 CIE-Lab 颜色空间的三通道值（L^*，a^*，b^*）。其中，式（3-38）和式（3-39）中的 $(X_n)_{IA}$ 和 $(Z_n)_{IA}$ 的值取决于式（3-34）中的 α 值，由式（3-37）可知 α 值又取决于 β 值。

（2）模型标定　为了确定 α 和 β 的最优值，选取 5 个参考点进行标定，利用标准白板（上海复享光学股份有限公司，STD-WS，中国）、色度仪（杭州纸邦自动化技术有限公司，ZB-A，中国）进行标定试验，如图 3-46 所示，使标准白板上参考点坐标的三刺激值 $(X_n)_{IA}$ 和 $(Z_n)_{IA}$ 的标准偏差之和最小化，得到 α 和 β 的最优值，从而确定该成像系统下图像 RGB 数值与 CIE-XYZ 三刺激值的转换关系。

标定试验时，设定 β 的取值范围为 $[-10, 10]$，图 3-47 为标准白板上参考点的 $(X_n)_{IA}$ 与 $(Z_n)_{IA}$ 标准差之和随 β 值变化曲线。由图 3-47 可知，当 $(X_n)_{IA}$ 与 $(Z_n)_{IA}$ 标准差之和最小时，β 最优值为 2.55。动态白平衡之后，选取的 5 个参考点 R、G、B 平均值分别为 245、

图 3-46 模型标定试验现场图

246、246，色度仪测得 CIE-Lab 三刺激值 L^* 的均值为 98.14，由式（3-36）可知，α 最优值为 104.17；由式（3-31）~ 式（3-33）可知，该成像系统中标准白板的 CIE-XYZ 三刺激值 X、Y、Z 分别为 90.40、95.31、104.00，色度坐标 (x_n, y_n) 为（0.3120，0.3290）。

（3）模型验证 为了验证图像分析法确定 CIE-XYZ 三刺激值（X，Y，Z）的正确性，选取 8 种灰度等级不同的标准色卡（灰色逐渐至白色），利用图像分析法测量每个颜色的 CIE-$L^*a^*b^*$ 三刺激值和白度值 W，并将测量结果与色度仪测量结果进行比较。

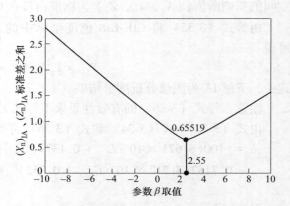

图 3-47 参考点的 $(X_n)_{IA}$ 与 $(Z_n)_{IA}$ 标准差之和随 β 值变化曲线

假设色度仪测量数据是真实的，选择 $L^*a^*b^*$ 色差（ΔE_{ab}^*）评估图像分析的准确性，并统计白度误差 ΔW，对两种方法测得的白度值进行相关性分析。ΔE_{ab}^*、ΔW 和 Pearson 相关系数 r 分别表示为

$$\Delta E_{ab}^* = \sqrt{\left(L_{CO}^* - L_{IA}^*\right)^2 + \left(a_{CO}^* - a_{IA}^*\right)^2 + \left(b_{CO}^* - b_{IA}^*\right)^2} \tag{3-40}$$

$$\Delta W = \left| \frac{W_{CO} - W_{IA}}{W_{CO}} \right| \times 100\% \tag{3-41}$$

$$r = \frac{N\sum x_i y_i - \sum x_i \sum y_i}{\sqrt{N\sum (x_i)^2 - \left(\sum x_i\right)^2}\sqrt{N\sum (y_i)^2 - \left(\sum y_i\right)^2}} \tag{3-42}$$

式中，下标 CO 为通过色度仪测得的真实值；下标 IA 为图像分析测量结果；x_i 为图像分析法测到的白度值；y_i 为色度仪测得的白度值。

表 3-5 所列为色度仪和图像分析法测得的 8 种标准色的 CIE-L*a*b* 三刺激值和白度值 W。

表 3-5　色度仪和图像分析法测得 8 种标准色的 CIE-L*a*b* 三刺激值和白度值 W 统计

颜色属性	色度仪（D65/10°）				图像分析				色差
	L_{CO}^*	a_{CO}^*	b_{CO}^*	W_{CO}	L_{IA}^*	a_{IA}^*	b_{IA}^*	W_{IA}	ΔE_{ab}^*
CBCC 1704	66.31	−0.79	−0.32	33.02	67.61	−1.36	0.08	36.28	1.47
CBCC 1702	74.75	−0.44	0.78	38.50	76.51	−0.33	0.48	47.48	1.79
CBCC 1701	81.58	−0.27	0.40	52.61	82.90	−0.09	−0.34	63.07	1.52
CBCC 0921	85.08	1.34	0.40	59.20	85.98	0.92	−0.28	68.72	1.20
CBCC 1631	93.21	−1.64	2.46	67.36	93.76	−1.42	1.64	76.42	1.01
CBCC 0391	89.32	0.81	−1.24	76.16	90.21	1.30	−1.32	82.42	1.02
CBCC 1321	93.84	0.36	0.68	76.87	94.63	0.53	0.76	82.65	0.81
CBCC 0431	90.98	0.40	−2.86	86.97	92.00	0.97	−2.61	92.26	1.19

图像分析法测量的平均色差 ΔE_{ab}^* 为 1.25，通常人眼可接受色差范围为 $\Delta E_{ab}^* < 2$，这表明：在该成像系统下，相机 RGB 数值与 CIE-XYZ 三刺激值的转换关系可靠且误差小。对于同一种颜色，色度仪测得的白度值 W_{CO} 均小于图像分析法测得的白度值 W_{IA}，这可能是由于光照差异所致。对于不同颜色，白度误差最大值为 23.32%、最小值为 6.08%；随着白度值增加，白度差 ΔW 逐渐减小，且两种方法测得的白度值显著相关，Pearson 相关系数 r 为 0.9913，说明图像分析法能够实现白度解析和区分，白度值越高测量准确性越高。

从表 3-5 中可以看出：色度仪测得的亮度因子 L_{CO}^* 均小于图像分析法测得的亮度因子 L_{IA}^*，这也加强了以上关于光照差异的结论。当白度值 $W_{CO} < 60$ 时（如 CBCC 1704、CBCC 1702、CBCC 1701、CBCC 0921），白度值 W_{CO}、W_{IA} 随亮度因子 L^* 的增大而增大；当白度值 $W_{CO} > 60$ 时（如 CBCC 1631、CBCC 0391、CBCC 1321、CBCC 0431），亮度因子 L^* 对白度值 W_{CO}、W_{IA} 的影响作用降低，颜色通道 a^*、b^* 对白度值 W_{CO}、W_{IA} 的影响作用提高，这表明白度值变化是所有三刺激值的综合影响，在白度评价时应避免使用单一三刺激值进行白度量化。

5. 双孢菇白度检测试验

（1）试验条件及方法　为了验证本方法的双孢菇白度测量结果，在河南科技大学农业装备工程学院双孢菇种植实验室采集 400 个双孢菇样本。按照双孢菇人工白度评级标准，并结合双孢菇工厂化采摘分级需求，将双孢菇样本放置在标准光源箱（D65 标准光源）内进行人工视觉"白度值"分级，分级依据见表 3-6，分级现场如图 3-48 所示。选取每个等级的双孢菇各 40 个，采用图像分析法对已知等级的双孢菇进行白度值测量，并统计测量结果。

表 3-6　白度人工视觉分级依据

白度等级	特征图像	白度等级	特征图像
A	纯白，无变色	C	乳白色，斑点状褐变
B	洁白，轻微变色	D	黄褐色，存在区域性褐变

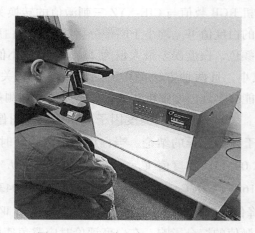

图 3-48　双孢菇白度人工分级现场

（2）试验结果与讨论　利用图像分析法分别对 A、B、C、D 等级的双孢菇进行白度值测量，统计数据如图 3-49 所示。每个等级的双孢菇白度值分布区间分别为 [76.60，94.15]、[67.92，82.35]、[54.36，68.32]、[39.78，55.29]，中位数分别为 85.50、75.36、61.40、46.67，各组数据之间具有显著差异（$P<0.01$）。数据分析可知，每个等级的双孢菇白度均值分别为 85.01、74.88、61.27、47.02，标准差分别为 4.08、3.64、3.69、3.47，白度均值与中位数接近，各等级白度值标准差也接近。从图 3-49 中可以看出，随双孢菇白度等级下降，图像分析法测得的白度值减小，除 A 级和 B 级双孢菇白度值分布区间存在轻微重叠，其余各等级的双孢菇白度值区分明显，说明图像分析法能够区分不同白度等

级的双孢菇并对其白度值进行测量。

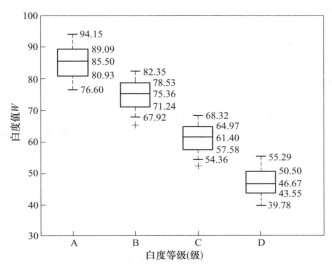

图 3-49　不同等级的双孢菇白度值统计

3.3　双孢菇内部信息感知

目前常用的作物内品质检测技术有高光谱图像处理技术、多光谱图像处理技术以及光谱分析技术。高光谱图像分析设备昂贵，采集信息量大，不利于快速识别检测模型的建立；多光谱处理技术虽然容易操作处理，但其波段信息针对性较强，对于双孢菇的适用性未知，因此本节着重研究基于光谱分析技术建立的双孢菇新鲜度检测模型。

3.3.1　试验材料与设备

根据双孢菇行业规定，选用菇盖直径在 2.5cm 以下、菇盖圆整洁白且圆度较好的一级双孢菇为研究对象，实验材料为 2020 年 10 月购于洛阳市奥吉特食用菌工厂的新鲜人工采摘双孢菇，采用分层、分块包装且恒温箱内低温保存快速运至实验室。双孢菇反射光谱的测量选用海洋光谱 4000+便携式光谱仪，如图 3-50 所示。该光谱仪采用 Roshiba 的 3648 像元的线阵 CCD，光谱分辨率较高，可达到 0.02nm，具有采样速度快、操作简单等优点，其有效光谱范围为 345.89~1040.49nm，共计 3648 个波段。图为海洋光谱 4000+便携式光谱仪。

图 3-50　海洋光谱 4000+便携式光谱仪

试验筛选出 200 个菇盖直径 4cm 且无表面应力损伤、菇体开裂的样本，在洁净的工作台处理后，将样本分为 1~5 组，每组 40 个样本。各组实验样本模拟超市保存条件，放置在 0℃恒温恒湿试验箱中贮藏，每天依次从 1~5 组恒温箱内取出 40 个双孢菇样本，使用近红外光谱仪进行光谱数据采集，每次实验前光谱仪预热 20min，实验历时 5d。采集数据时，将双孢菇菇盖正面对准入射光，并保证反射光谱稳定无波动下才记录数据，每次测量时首先测量标准反光板的反射光谱，作为该次试验的参比数据，每个样品测量 5 次以上，每次采集部分均匀分布在菇盖顶端，应避免同一位置的重复数据采集，最后取其中 5 次测量数据的平均值作为最终的样品光谱测量值，以减少测量误差。

3.3.2　光谱预处理

光谱采集过程中，由于电流不稳定、外界微弱光源、设备仪器振动等不稳定因素，所采集的数据常伴有干扰噪声，影响数据处理结果，因此要采用一些光谱预处理手段减低、去除光谱噪声影响。常见的光谱预处理方式有标准化、归一化、平滑处理、一阶二阶导数以及多元散射变换。

（1）标准化　光谱标准化过程是将所采集数据按照一定比例缩放、变换，使原数据定到一定的特定区间。标准化处理后将有效加快数据处理速度，提高建模效率。

（2）归一化　归一化过程是将所采集数据通过变换最终归结到（0，1）之间的小数。归一化处理后可以将有量纲的表达式变换为无量纲的表达式，进而消除指标间量纲单位的影响，提高数据的可比性。同时归一化处理也有利于数据处理，使建模过程更加便捷、快速。

（3）平滑处理　平滑处理过程是一种常用的预处理方式之一，用卷积平滑（savitzky golay）的方式进行平滑滤波能够提高光谱的平滑性，同时可以降低高频噪声的干扰，在使用平滑处理过程中可以调节平滑窗口的宽度进而得到相应的平滑效果。

（4）一阶、二阶导数　一阶、二阶导数处理能够有效放大微小差异光谱，提高光谱间的辨别率，但是当光谱有较高噪声的地方也会放大噪声光谱信号，降低信噪比，减弱光谱有效信息。

（5）多元散射变换　光谱采集过程中由于仪器误差、人为误差以及外界环境等因素，采集的光谱常伴有基线平移和偏移现象，因此通常无法获得真正的理想光谱，因此可以采用多元散射变换来消除外界微弱光源、采集角度等因素产生的散射水平差异所带来的光谱差异，进而增加光谱与数据间的相关性，增加建模的可靠性。

从图 3-51 可以看出，在光谱采集开始和结束区间，受电源稳定状态、采集角度等因素影响，致使获得的光谱数据存在不同程度的噪声干扰，光谱波动较大，噪声明显。为避免这一影响，选取 399.81~999.81nm 作为数据处理范围。使用 ELM 分类模型对经过各种预处理的光谱进行建模分析（ELM 分类模型在 3.3.4 节介绍），网络参数为：节点数 20 个、传递函数类型 sig，神经元个数为光谱采集点个数，随机选取 160 组数据作为建模集，其余 40 组为预测集。最终，不同预处理的双孢菇新鲜度分类模型结果见表 3-7。

从表 3-7 中可以看出，对于双孢菇新鲜度检测模型而言，除了 SG 平滑、一阶导数、二阶导数处理外，其余预处理方式对于预测集的正确率都有一定的提升，其中提升最大的是多元散射变换处理。分析其原因，SG 平滑处理虽然能够有效削弱杂散光等小幅值噪声，但是同时也可能丢失了部分有效信息，造成光谱失真，进而降低了分类精度；一阶导数、二阶导数虽然在放大光谱差异，提高分辨率上有一定优势，但是同时也进一步放大了光谱噪声，从而掩盖部分有效光谱信息，同样一定程度上造成预测精度低下的原因。

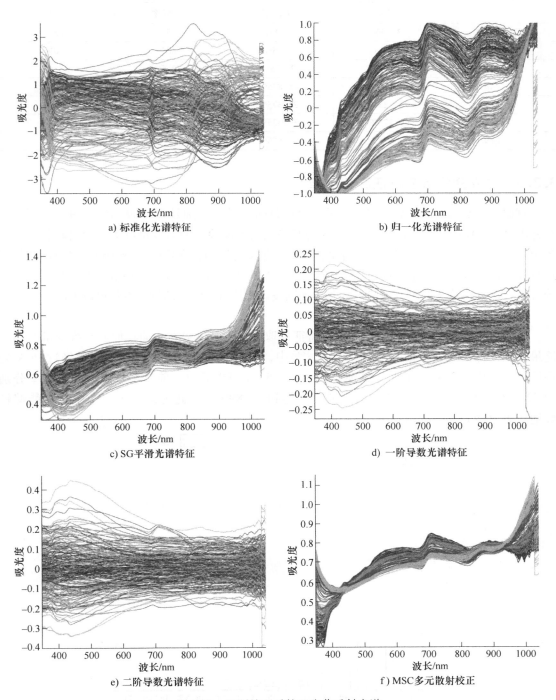

a) 标准化光谱特征

b) 归一化光谱特征

c) SG平滑光谱特征

d) 一阶导数光谱特征

e) 二阶导数光谱特征

f) MSC多元散射校正

图 3-51 经预处理后的双孢菇反射光谱

表 3-7　不同预处理的双孢菇新鲜度分类模型结果

预处理	建模集		预测集	
	正确率	错误率	正确率	错误率
原始光谱	73.75%	26.25%	75%	25%
归一化	73.5%	26.5%	80%	20%
标准化	71.25%	28.75%	77.5%	22.5%
SG 平滑	74.125%	25.875%	77.5%	22.5%
一阶导数	70.625%	29.375%	67.5%	32.5%
二阶导数	69.375%	30.625%	65%	35%
多元散射	78.125%	21.875%	82.5%	17.5%

3.3.3　主成分分析及特征波长选择

试验采集数据的光谱分析仪的分辨率为 0.21nm，波长范围是 345.89～1040.49nm，因此每个样本具有 3046 个自变量。基于全光谱的双孢菇新鲜度检测的运算量巨大，耗时较长，并且各个自变量之间相关性较强，容易降低预测分类精度等原因，在建模分析之前，对原始光数据进行降维，提取有效信息，进而加快建模速度，提升模型分类精度。本小节主要讨论基于主成分分析（PCA）算法的可分性验证和基于连续投影算法（SPA）的特征波长提取方法。

1. 主成分分析

主成分分析是常用的一种数据压缩特征提取方法，其优势在于简化原始高维变量的同时能最大限度保留原始数据的信息。本次试验中，测量的双孢菇近红外反射光谱经过 PCA 处理后各个主成分贡献率如图 3-52 所示。从图 3-52 中可以看出，前三个主成分的贡献率分别为 72.03%、15.33%、5.35%，累计贡献率达到 92.89%，因此可以认为三个主成分能够较好地代表原始光谱数据信息。

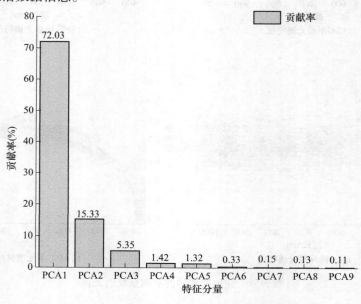

图 3-52　双孢菇测量光谱 PCA 变换特征贡献率结果

使用主成分分析法，以特征值大于 1
为检验标准，可以看出三个主成分能够
代表样本信息，同时构建其三个主成分
的散点图，验证其可分性，为下一步分
类模型的简历提供对比试验。三个主成
分下的散点图如图 3-53 所示。

由图 3-53 中散点的分布可以发现，
主成分分析法能够有效区别样本的新鲜
度信息。其中，第一天与第五天的区分
度最大，这是由于第一天与第五天的样
本本身差异最大；第二天到第四天的样
本出现了个别样本重合，聚合效果相对
较差的现象，但是主体部分仍有较强的
区分度。最终试验表明本次试验所选择

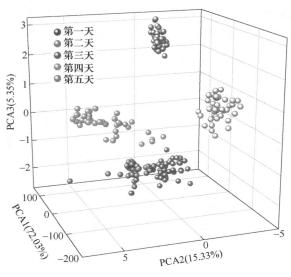

图 3-53　主成分分析散点图

的样品具有明确的区分度，且区分效果较好。

2. 特征波长选择

通过对所采集的原始光谱进行主成分分析发现三个主成分能够效代表原始数据特征，但
是所分析的主成分信息是原始所有波长下反射率的拟合结果，本质上仍然需要原始反射光谱
数据，不利于便携式多光谱仪器的开发，因此需要对原始光谱进行特征波长选择，减低建模
复杂度，提高建模效率。常用的特征波长选择的方法有连续投影算法、自适应加权法、随机
森林法等。

连续投影算法（SPA）是通过最小化变量间共线性来选择最优波长组合的，通过 SPA
特征提取后的优选波长间具有相互独立、互不影响的特点，很大限度上消除了连续波长间的
相关性，达到了去除冗余信息的效果，并且所优选出的特征波长能够效代表原始光谱数据特
征。SPA 算法具体计算步骤如下：

1）迭代开始前，设定循环次数 N，在全光谱 $X_{m \times p}$（m 个样本，每个样本有 p 个波长数
据）下，任选一光谱波长不同样本数据记为列向量 x_i，未选列向量记为集合，即

$$S\{i,\ 1 \leq i \leq p,\ i \notin \{k(0),\ k(1),\ \cdots,\ k(n-1)\}\}$$

2）逐个计算 x_i 在剩余列向量上的投影，计算公式为

$$Px_i = x_i - (x_i^T x_{k(n-1)}) x_{k(n-1)} (x_{k(n-1)}^T x_{k(n-1)})^{-1},\ i \in S$$

3）记录、提取最大投影向量的光谱波长，即

$$q(n) = \arg(\max(\|Px_i\|)),\ i \in S$$

4）令：s_i。

5）令 $i = i+1$，如果 $i < N$，则返回继续循环计算。

6）提取出的特征波长变量集合为 $M = \{x_{q(i)};\ i = 1,\ 2,\ \cdots,\ N-1\}$。

对试验采集的 200 个样本原始光谱曲线，随机选择 160 个样本为建模集，40 个样本为

测试集，以不同天数标签作为分类标准，根据测试集的预测准确率为筛选优选波长组合的选择标准，最终优选出的特征波长组合如图 3-54 所示。

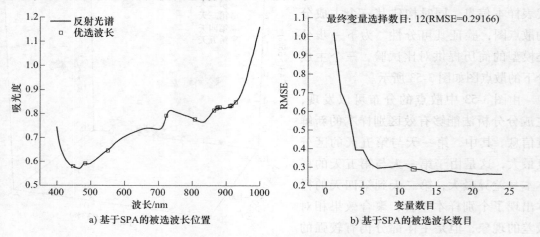

a) 基于 SPA 的被选波长位置　　　　b) 基于 SPA 的被选波长数目

图 3-54　基于 SPA 的优选波长结果

由图 3-54 可以看出，经 SPA 提取的最优波长组合为 ｛556.87、445.51、481.15、885.10、802.25、720.90、861.34、909.79、905.58、924.44、873.17、879.06｝nm，共计 12 个特征波长。近红外光谱仪采集的数据具有连续性的特点，相邻的波长具有较强的连续性，因此可以组合相邻较近的波长、选择重要性较强的波长作为最终优选特征波长组合。最终优选的特征波长组合为 ｛556.87、445.51、481.15、885.10、802.25、720.90、861.34、909.79、924.44、873.17｝nm，共计 10 个波长，特征数量占据原始光谱的 0.32%。

3.3.4　分类模型及优化算法

极限学习机（ELM）算法最早由南洋理工大学黄广斌教授等，针对传统神经网络容易陷入局部最优解、参数设置多、训练时间长等固有缺点，提出的一种单隐含层前馈神经网络的神经网络算法。ELM 算法是一种快速、有效且泛化能力较强的学习方法，被广泛应用到农业科技、基础科学等不同领域。

ELM 模型训练过程：在范围内随机建立一个符合某种分布的随机矩阵，作为输入层权重与隐含层偏置，输出层权重则通过广义逆矩阵理论计算得出，如图 3-55 所示。与传统的前馈神经网络不同，ELM 模型各层之间的连接权值是随机设定，不需要迭代求解，因此相对于 BP 算法，ELM 模型的训练速度将会很大程度的提高。

ELM 模型的训练过程为

$$\sum_{i=1}^{\tilde{N}} \beta_i g_i(x_j) = \sum_{i=1}^{\tilde{N}} \beta_i g_i(w_i \cdot x_j + b_i) = o_j, (j = 1, \cdots, N) \tag{3-43}$$

式中，w_i 为输入层与隐含层间的权重；b_i 为系统偏置；β_i 为输出权重；N 为训练集总数；o_j 为输出值。

为了使 ELM 模型训练结果更加精确，就需要满足 $\sum_{i=1}^{\tilde{N}} \| o_j - t_j \| = 0$，因此式（3-43）等

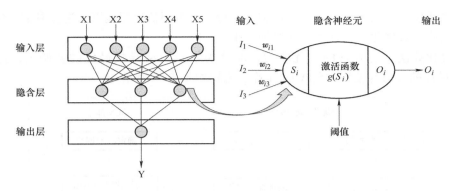

图 3-55 ELM 模型网络结构图

价于

$$\sum_{i=1}^{\tilde{N}} \beta_i g_i(w_i \cdot x_j + b_i) = t_j, (j = 1, \cdots, N) \tag{3-44}$$

用矩阵表示 $\boldsymbol{H\beta} = \boldsymbol{T}$，那么

$$\boldsymbol{H} = \begin{pmatrix} g(w_1 \cdot x_1 + b_1) & \cdots & g(w_{\tilde{N}} \cdot x_1 + b_{\tilde{N}}) \\ \vdots & \ddots & \vdots \\ g(w_1 \cdot x_N + b_1) & \cdots & g(w_{\tilde{N}} \cdot x_N + b_{\tilde{N}}) \end{pmatrix}_{N \times \tilde{N}} \tag{3-45}$$

$$\boldsymbol{\beta} = \begin{bmatrix} \beta_1^T \\ \vdots \\ \beta_{\tilde{N}}^T \end{bmatrix}_{\tilde{N} \times m} \tag{3-46}$$

$$\boldsymbol{T} = \begin{bmatrix} T_1^T \\ \vdots \\ T_N^T \end{bmatrix}_{N \times m} \tag{3-47}$$

式中，N 为训练集总数；$\tilde{N}$ 为隐含层节点数；$g(x)$ 为传递函数，常用的传递函数有 Sigmoid 函数、Gaussian 函数等。

然后求最小化平方误差作为 ELM 模型训练误差，也就是通过求最小化近似平方差对隐含层和输出层权重进行求解。当目标函数最小时，该解就是最优解，相应的权重值和偏置即为最优模型参数。

ELM 模型与传统机器模型相比，在一定程度上增加了建模速度，提高了模型的泛化能力，但是其输入权值和阈值是随机生成的，可能存在数值为 0 的情况，导致输出矩阵最终不为满秩或个别神经元失效的情况，进而导致系统产生病态数值。因此需要对这些模型参数进行优化，来提高 ELM 模型的准确率和稳定性。模拟动物群体行为的智能优化算法相较于传统优化算法，在处理不明确的、结构不清晰的问题上有一定的优势。近年来，这种智能优化算法发展迅猛，应用较多的元启发算法有海鸥、蚁群、粒子群、蛙跳、灰狼、鲸鱼等算法。

海鸥优化算法（SOA）是由 Dhiman G 等在 2019 年提出的一种新颖的生物启发式元启发

算法，该算法模仿自然界中海鸥的迁徙和攻击行为，采用仿生智能算法进行参数寻优，目前已广泛应用到函数优化、最优解求解等问题中。

海鸥优化算法拥有较好的寻优能力，能够为学习模型寻找最优的初始值，进而得到ELM 模型最优的权值与偏置。SOA-ELM 算法流程如图 3-56 所示。

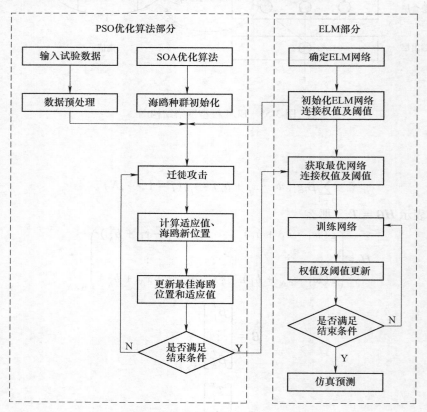

图 3-56　SOA-ELM 算法流程图

这里使用 SPA+SOA-ELM 算法建立双孢菇新鲜度检测模型，以分类准确率作为模型评价模型，同时建立了全光谱+ELM、PCA+ELM、SPA+ELM 和 SPA+PSO-ELM 分类模型，考虑测试集样本生成是的随机性，取 5 次运行结果的平均值作为最终预测精度，得到的测试集分类结果如图 3-57 所示。

为了比较不同预处理方式与分类算法的优劣，现将模型参数设置和测试结果进行统计，见表 3-8。从表 3-8 可以看出，PCA+ELM 模型测试集结果最佳，分类准确率为 95%；SPA+SOA-ELM、SPA+PSO-ELM 与 SPA+ELM 分类模型识别准确率分别为 94%、92.5%、88%；而全光谱+ELM 分类模型准确率最低为 75%。由此可知，通过使用 PCA 提取主成分或 SPA 算法提取特征波长作为训练集输入时，其测试集精度均远高于全光谱训练模型，这是由于通过对样品分类选取合适的特征，能有效降低样本特征的维度和冗余性，增强了变量与因变量的关系。

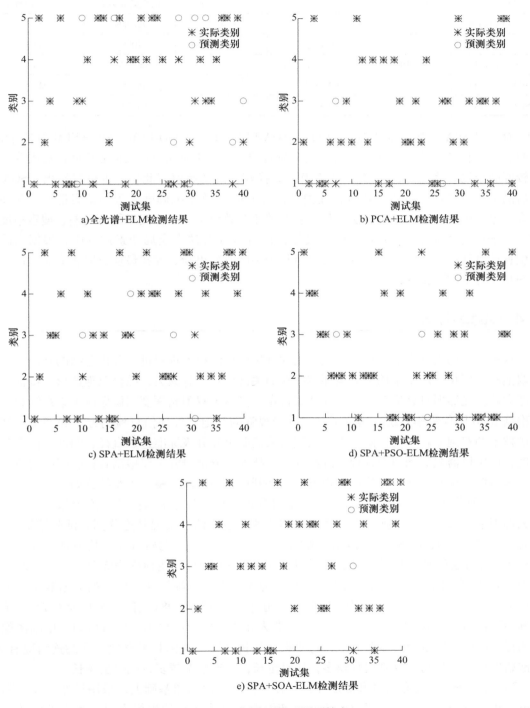

图 3-57　不同检测模型测试精度

表 3-8　模型测试结果对比表

分类方法	神经元个数	输入	传递函数	训练集准确率	测试集准确率
全光谱+ELM	10	全光谱	sig	73.75%	75%
PCA+ELM	10	PCA 主成分	sig	100%	95%
SPA+ELM	10	SPA 特征波长	sig	86.375%	88%
SPA+PSO-ELM	10	SPA 特征波长	sig	96.25%	92.5%
SPA+SOA-ELM	10	SPA 特征波长	sig	93.25%	94%

对于以 SPA 选择特征为输入的 SPA+SOA-ELM、SPA+PSO-ELM、SPA+ELM 算法来说，后两者模型相较于前者模型的识别精度分别提高了 5.1% 和 6.8%，体现了元启发式算法具有较好的全局寻优能力，能够为 ELM 模型寻找较优的初始值。此外，也可以看出，SOA 优化后的模型测试精度略高于 PSO 优化模型，且 PSO 训练集准确度高于测试集精度，存在过拟合现象。由此可知，PSO 算法寻优过程依赖于参数设定，局部搜索能力较差、搜索精度不高，粒子在俯冲过程中可能错失全局最优解；而 SOA 算法在全局搜索过程中，根据当前最佳位置计算新位置、方向，并且在搜索过程中不断改变更新、寻找最佳位置和适应度值，表明 SOA 算法的寻优结果较好。

3.4　本章小结

这里在对国内外农业中机器视觉应用和食用菌检测技术进展进行分析总结的基础上，针对双孢菇工厂化生产中采摘和分级环节存在的关键生长信息缺失，结合双孢菇形态特征，综合考虑菇房光照弱且菇床菌丝生长复杂等特点，搭建了双孢菇深度图像原位采集系统和采后双孢菇 RGB 图像采集系统，研究了基于机器视觉的双孢菇外部信息检测方法和基于近红外光谱技术的双孢菇新鲜度检测。根据双孢菇采摘要求和分级标准选取直径、圆度、白度和新鲜度，运用机器视觉和图像处理、近红外光谱技术，分别研究了双孢菇直径、圆度的原位测量、采后白度检测、新鲜度快速无损方法，并开展相关测试试验，主要结论如下：

1）双孢菇深度图像分割算法实现了菌料背景分割，获得了双孢菇二值图像。针对双孢菇黏连现象，通过坐标转换、点云体素化和快速凸包算法，实现黏连分割。试验结果显示，25 幅深度图像，共计 380 个双孢菇，算法共检测到 358 个双孢菇目标，其中真阳性双孢菇 348 个，假阳性双孢菇 10 个。因此，检测正确率为 91.58%，错检率为 2.79%。在 380 个蘑菇中，有 32 个双孢菇未被检测出来，漏检率为 8.42%。每幅深度图像中的蘑菇数量主要分布在 10~20 之间，双孢菇原位检测时间主要分布在 5.13~6.98s 之间，平均为 6.25s，单个蘑菇检测耗时约为 0.41s，能够满足采摘机器人在线采集速度要求。分析可知，单幅图像的检测耗时和蘑菇数量没有显著关系，与双孢菇生长高度（或菌料平整性）和黏连情况有关；双孢菇生长高度越高，分割层数越多，耗时越长；黏连情况越多，耗时也越长。

2）为了进行双孢菇直径和圆度测量，在双孢菇二值图像基础上，采用形态学操作降低噪声干扰；进一步，采用边缘检测方法，获取双孢菇边缘点的坐标索引。利用坐标转换技术，获取双孢菇真实轮廓，并进行网格化。采用圆检测方法，实现双孢菇真实直径测量。采用内切圆和外接圆检测算法，检测并计算双孢菇圆度。试验结果表明，随蘑菇直径的增加，测量误差减小，直径测量的平均误差为 4.94%，误差值在深度相机误差范围 3.5mm（350mm×1%）之内。单幅图像中直径测量的处理时间为 0.18~0.68s，平均值为 0.45s，单个蘑菇平均耗时为 0.03s。单幅图像中圆度测量的处理时间为 0.68~2.06s，平均值为 1.49s，单个蘑菇平均耗时为 0.10s。随着蘑菇数量的增加，直径和圆度的测量时间均有明显的上升趋势。总体来看，双孢菇直径和圆度测量耗时较少，测量效率较高。

3）基于 RGB 图像的双孢菇白度检测方法，开发了双孢菇 RGB 图像分割和感兴趣区域提取方法；构建了图像 RGB 数据与 CIE-XYZ 三刺激值转换模型，并对模型进行标定和验证，结果显示模型平均色差 ΔE_{ab}^{*} 为 1.25，在人眼可接受的色差范围；提出了机器视觉系统下利用 RGB 图像进行双孢菇白度检测的方法。选取 200 个不同白度等级的双孢菇进行白度检测试验，结果表明，每个等级的双孢菇白度值分布区间分别为 ［76.60，94.15］、［67.92，82.35］、［54.36，68.32］、［39.78，55.29］，中位数分别为 85.50、75.36、61.40、46.68，各组数据之间具有显著差异（$P<0.01$）。说明基于 RGB 图像的白度检测算法能够区分不同白度等级的双孢菇并对其白度值进行测量。

4）基于双孢菇近红外光谱技术，建立了不同新鲜度的双孢菇新鲜度检测模型，最终试验结果表明，以 ELM 为分类模型输入的全光谱+ELM、PCA+ELM 以及 SPA+ELM 分类模型的预测集准确率分别为 75%、95%、88%；以 SPA 优选特征波长为输入的 SPA+PSO-ELM、SPA+SOA-ELM 分类模型的训练集准确率分别为 96.25%、93.25%，预测准确度分别为 92.5%、94%。通过试验结果可以看出，SPA 波长选择算法可以有效降低光谱信息中存在的冗余信息，加快建模效率，同时 SOA 算法能较好地优化 ELM 分类模型的初始参数，分类精度较 ELM 模型提高了 6.8%，同时不产生过拟合现象。因此，利用光谱特征可以快速、准确无损的识别双孢菇的新鲜度，研究结果为便携式双孢菇新鲜度快速无损检测设备的开发提供了理论依据。

第4章

双孢菇智能采收技术与装备

4.1 概述

工厂化食用菌采收作为其生产过程中不可或缺的环节，不仅对食用菌产品的品质产生重要影响，还直接影响到食用菌的产量。因此，适时、合理的采摘方法是食用菌栽培生产的基础。然而，处于采摘期的食用菌采摘时间短而集中，传统的人工采摘方式需要投入大量的人力和物力，存在劳动强度大、工作耗时、成本高等弊端。因此，自动化采摘已成为解放生产力、提高生产率、降低成本、保证作物品质的重要途径。为了节省人力，欧美发达国家采用机械化无差别采摘，即在同一时间对菇床上的双孢菇进行统一收割。然而，受水分、温度和养分等诸多因素的影响，生长在同一菇床上的双孢菇个体成熟时间不一致，有些个体处于过生长或欠生长状态，这会导致双孢菇品质下降和分选困难等问题。

现阶段，人们对双孢菇自动化采摘的研究较少，且研究成果具有一定的局限性。例如，双孢菇采摘力学特性研究欠缺，采摘机械损伤率较大、平均采摘周期较长等。双孢菇自动化采摘尚不能商业化，双孢菇智能采摘装备仍处于初级发展阶段。

4.1.1 双孢菇采收标准

为了确保双孢菇的商品价值，延长双孢菇货架时长，应适时采收。若采收过早，影响产量；若采收过迟，子实体发育成熟，使得双孢菇菌褶变黑或开伞而影响品质，且使养分消耗过多而影响后期出菇。因此，当子实体长到标准规定的大小且未成薄菇时应及时采摘。采菇前 3~4h 内不要喷水，以免菌盖或菌柄发红。

柄粗盖厚的菇，菇盖直径在 3.5~4.5cm 未成薄菇时采摘；柄细盖薄的菇，菇盖直径在 2~3cm 未成薄菇时采摘。潮头菇稳采，中间菇少留，潮尾菇速采。菇房温度在 18℃ 以上要及时采摘，在 14℃ 以下可适当推迟采摘。出菇密度大，应及早采摘；出菇密度小，适当推迟采摘。

在出菇较密或采收前期（1~3 潮菇），采摘时先向下稍压，再轻轻旋转采下，避免带动周围小菇。采摘丛菇时，若菇体大小相差较大，可轻轻按住保留菇体，将要采收的菇体用采收刀切下，尽量不要影响保留的菇体；若大部分菇体已达到采收标准则可整丛采下。后期采菇时，因出菇量逐渐减少，老菌根多，再生能力差，可采取直拔方式，以减轻菌床整理工作量。

　　双孢菇采收后，要及时切去带泥菇根，切时要迅速，使得切口平整，避免斜根和裂根。切根菇的菇柄长度取决于它与菌盖直径的比例，切根菇的菇柄长度一般≤1.0cm，杂质占比≤0.5%。切根后的菇应立即放在内壁洁净的蔬菜塑料周转箱中。为保证质量，鲜菇不得泡水。

4.1.2　采收装备研究现状

1. 采摘机器人研究现状

　　采摘机器人是一种农业机器人，能够替代人工采摘，提高采摘效率，对于农业生产至关重要。自动化采摘技术最早于1968年由美国研究员 Brown 提出，之后其他国家也开始投入农业采摘机器人的研制。目前，苹果、黄瓜、西红柿、柑橘等果蔬采摘机器人已经被研制出来。虽然相对于一些发达国家，我国对于果蔬采摘机器人的研究较晚，但在20世纪90年代中期，也出现了许多杰出的成果。

　　1）国外研究现状。Hayashi 等人研发了一种番茄采摘机器人，采用履带式底盘、5自由度垂直多关节机械臂、夹扭一体采摘机械手，采摘前需要人工摘除枝叶，自动化程度较低、尺寸偏大、灵活性差。Kondo 等人研发的高垄内培草莓采摘机器人，机械臂安装在龙门式移动平台上，采摘时，采摘机械手通过超声传感器测量到垄面的距离，再由相机定位果实，机械臂携采摘机械手移动到采摘点，将果实吸入采摘机械手，光电开关检测到果实后，切断果梗。该采摘机器人采摘成功率约为66%，成功率低。该团队之后开发的二代采摘机器人改进了采摘机械手结构，增加了果梗勾取切断功能，提高了采摘成功率。东京大学 Yaguchi 等人研制的番茄采摘机器人包括电动轮式底盘、6关节机械臂、双目视觉相机、可抓取旋转的采摘机械手。该机器人适用于自然光照下的浅通道温室，采摘速度为23s/个，采摘过程易对花萼造成损伤。美国初创公司 Harvest CROO 开发的采摘机器人针对地面及高垄栽培草莓，设计了开卷式茎叶围拢装置，将草莓与茎叶分离出来，解决了茎叶遮挡问题。通过能够围绕植物旋转的相机识别果实，配置了6个鸭嘴式食品级硅爪组成的采收轮对草莓进行采摘，采摘后草莓通过输送带被送到采集箱。新西兰新创公司 Robotics Plus 研发的猕猴桃采摘机器人适用于棚架式果园，它利用平行四杆机构式的机械臂保证了采摘机械手的垂直状态，采摘机械手采用柔性手指夹持后旋转的方式分离果实与果梗，视觉定位系统通过深度神经网络处理深度图像信息实现多果实的识别定位，采摘成功率达到86.0%。

　　2）国内研究现状。山东科技大学的张伟博等人设计了一种智能化的葡萄采摘机器人，该机器人由四自由度关节型机械臂、夹持式末端执行器和履带式移动平台等部件组成。机械臂连杆长度和转角范围根据篱架式的葡萄种植方式选取，并采用 D-H 法建立机械臂运动学模型，实现了机械臂的工作空间仿真和轨迹规划。末端执行器采用双指夹持式，采用滑觉传感器对末端执行器的抓取力进行调节，通过上方的切割装置对葡萄串进行采摘。燕山大学的宋加涛等人研发了一种专门适用于分层采摘模式的苹果采摘机器人。该机器人通过视觉系统可以精准地定位果实的位置，并将空间位置信息传递给控制系统进行路径规划。控制系统通过下位机分别控制各关节电动机进行角度的调节，从而实现末端执行器的位姿调整。虽然该机器人已经搭建了苹果树模型，但由于试验时没有考虑到实际环境中移动平台运动对机械臂振动造成的影响，因此还不能够投入实际应用。上海交通大学赵源深等人利用温室内加热管作为底盘行走轨道，在此基础上设计开发了番茄采摘机器人，采用双臂式机械臂，利用双目视觉系统识别定位果实，通过吸盘筒固定果实，带传动滚刀切割果梗完成采摘。于丰华等人研究设计了一种应用于日光温室的番茄采摘机器人。该机器人结合微控制器、深度相机、风力补偿风机、柔性手爪等多种装置，将微控制器作为主控制器，可以实现机器人的自主巡检和自动识别成熟的番茄，将深度相机作为识别装置，可以提高成熟番茄的准确识别率，风力补偿风机和可水平滑动的自由度机械臂可以保证机器人在移动过程中的稳定性，同时柔性手爪可以实现无损采摘，实现了智能化的采摘和收集任务。北京工业大学王丽丽等人研发了的温室番茄采摘机器人，具有高容错性及环境适应性，单果采摘时间约15s，采摘成功率约86%。

目前对于蘑菇采摘机器人的研制比较少，这可能是因为其成本较高，采摘率有待提高，并且采摘方式还需要进一步改善。

2. 采摘执行器研究现状

与工业机器上的末端执行装置不同，作为采摘机器人的执行装置，采摘机械手以提高采摘成功率和减少对果实的损伤为主要目的，受其作业对象和环境的复杂多变性等因素影响，采摘机械手需要具备更高的智能化与特殊性。果蔬采摘机械手应根据不同果蔬的特点进行设计，其工作原理形式各异。目前，国内外采摘机械手依据夹持方式和驱动原理，主要有软体气动式、结构控制式和力传感器反馈式三种。

（1）软体气动式　软体气动式采摘机械手由柔软材料制成，具有较大的变形能力和自由度，可根据目标物体的形状改变自身的形状和尺寸，其结构主要有软体手爪、吸盘两种形式。软体气动式采摘机械手可通过变形实现与被抓取物体的形态匹配，最终实现稳定的抓取动作。

1）国外研究现状。日本Kondo等人设计研发的番茄采摘机械手同时利用吸盘、柔性手指实现了对果实的柔性抓取。抓取过程是：先将果实吸住，然后柔性手指将果实抓住。意大利的Muscato G.等人研发的采摘机械手采用气动作为夹持动力，执行器能够实现柔性弯曲，果实被抓取后通过切断机构将果柄切断，但由于生产成本高，商业化难度大。瓦赫林根大学设计的采摘甜椒的采摘机械手通过软体三角形手指实现对甜椒的柔性夹持，两块软体手指相互对称夹持住果实后进行旋转运动，实现果实与果柄的分离。Cambridge Consultants公司研发的6指软体采摘机械手配备有视觉系统，软体执行器能够适应果蔬的形状进行柔顺抓取。美国Whiteside研发的以气动为系统动力的执行器，材料采用软体弹性硅胶，适用范围广、动作灵活。Tortga AgTech公司设计的草莓柔性采摘机械手，采用硅胶材料制作成网格状的内部结构，可实现草莓的柔顺采摘。

2）国内研究现状。鲍官军等人研发的柔性采摘机械手采用气动柔性材料，设计有气动柔性扭转腕关节及气动柔性弯曲指关节，并得出了相应的数学模型，样机试验分析了抓取圆柱形目标与抓取球形目标的模式性能。钱少明研发的采摘机械手采用气动柔性驱动器FPA，FPA内充入气体后，弹性橡胶管轴向变形，执行器向内挤压，实现对果实的柔性夹紧。赵云伟等人设计的气动柔性果蔬采摘机械手由气压控制的气动弯曲柔性驱动器组成，该执行器适用于球形和圆柱形果蔬的采摘，动作灵活，易于控制。卢伟等人设计的褐菇无损采摘柔性执行器，通入气体后可实现柔性材料在某方向的定向大变形，并通过ANSYS有限元仿真得到了柔性手指节数、菇盖直径与抓持力之间的函数关系。刘晓敏等人研发的气动球果采摘柔性执行器采用中心对称结构，3 个柔性手指与驱动器采取一体设计，通入气体后能够产生贴合球果表面的弧状变形，采摘物形适应性好、损伤小。

（2）结构控制式　结构控制式采摘机械手包括果柄剪切机构以及靠自身动力约束条件来完成工作的采摘机械手。该类采摘机械手多为开环控制，多数靠位移量改变来实现对目标物体的采摘操作，对采摘辅助机构的需求较高。

1）国外研究现状。Peter P. L. 等人开发的番茄采摘机械手由数字线性步进电动机驱动4 个手指，限制果实侧向移动，通过扭转的方式实现果实与果梗的分离，实现了对番茄的采摘。Van Henten 等人设计的温室黄瓜采摘机械手通过采摘机械手顶部的摄像头确定好果梗分离部位后，吸盘吸附黄瓜果体，夹爪夹持黄瓜果体与果柄的连接处，采用热切割装置切割果梗，使果梗与果体分离，完成采摘。Bulanon 等人研制的苹果采摘机械手由果梗夹持机构及旋转机构组成，直流电动机驱动夹爪夹持果梗，夹紧后步进电动机驱动夹爪旋转折断果梗，完成苹果的采摘。

2）国内研究现状。杨文亮等人研发的球状果实采摘机械手，将弧形刀片焊接于 4 指开合机构内侧，为减小采摘损伤，开合机构内侧贴有海绵层，采摘时采摘机械手进入开合机构内腔，4 个手指合拢，刀片切断果梗。李秦川等人开发的 ZSTU 欠驱动多指采摘机械手，3 个手指结合四连杆机构实现包络抓取，该执行器适用性强，可以抓取不同表面特征的果蔬。张发年设计的猕猴桃采摘机械手有 2 个手指，手指在与猕猴桃接触部位的外形类似于猕猴桃果实，通过丝杠滑台驱动手指的夹持动作。唐伟研发的苹果采摘机械手，手指采用无关节弧面设计，夹持住果实后，电动机驱动刀具做回转运动，切断果梗。李建伟等人研制的苹果采摘机械手夹持机构，夹爪通过连杆连接气缸实现夹持动作，夹爪中间指节部位设计为机械关节，内部有微型齿轮，可以控制夹爪弯曲程度，实现对果实的可靠抓取。

（3）力传感器反馈式　力传感器反馈式采摘机械手通过在夹持机构安装力传感器，实现对目标物抓取力的控制，该抓取方式具有较强的环境适应性。

1）国外研究现状。斯坦福大学的 Daniel Aukes 等人设计的欠驱动采摘机械手，在手指上安装电压式力传感器以检测绳索张力，反馈调整驱动力大小，实现果实的自适应抓取。Wang 研制的番茄采摘机械手，由果实夹持机构、果梗切断机构组成。果实夹持机构为套筒及套筒内均匀分布的气囊，气囊表面安装有压力传感器。采摘时，果实被夹持，压力传感器检测夹持力大小，反馈控制充气量，保证番茄的稳定、低损夹持，果梗切断机构切断果梗，完成采摘。

2）国内研究现状。江苏大学刘继展等人研发了一种番茄采摘机械手，通过吸盘向前伸出吸住番茄，将番茄与植株分离，然后夹持机构合拢，安装于夹持机构内侧的压力传感器反馈压力信息，控制夹持机构可靠、低损夹持。江苏大学马履中等人对苹果采摘机械手进行了设计与试验，采用气动系统控制夹爪开合动作，利用压力传感器、视觉传感器和触觉传感器组成传感控制系统控制抓取力，实现采摘作业。西北农林科技大学陈军等人设计开发的猕猴桃采摘机械手，夹爪中间布置有一对压力传感器，可实现果实的可靠夹持。金波等人设计的果蔬采摘欠驱动采摘机械手，采用扭簧作为限位机构，通过步进电动机驱动多个欠驱动夹爪，夹爪内装有接触力传感器，对接触力进行检测反馈，控制抓取力度。

综上，软体气动式采摘机械手的特点是自身刚度小、柔性大、抓取形态匹配性好，可实现对硬质果蔬的可靠、无损抓取。但其无法实现变抓取力控制，抓取力度单一，对硬度差异大的目标适用性较差，不论是软体机构还是吸盘机构，与果实接触瞬间应力冲击大，易对软质果蔬产生机械损伤，软质果蔬不太适用。结构控制式采摘机械手采摘可靠、形式多样，但是变形范围小、自由度受限、刚性强、缺乏必要的感知能力以及柔顺控制，仅对硬质果蔬采摘适用性较好。力传感器反馈式采摘机械手能够对夹持物进行力传感控制，且适用于软质果蔬采摘，但当前该类采摘机械手力传感器多置于夹持机构上，导致夹持机构复杂，对不同外形果实形态匹配性差，为保证夹持力控制准确，其对目标夹持位置点要求较高，实现难度大。

3. 菇类采摘执行器研究现状

针对菇类作物采摘，英国 Reed 等人研制出了一款蘑菇采摘机械手，该机械手采用吸盘抓持果实，顶部配备视觉传感器，可自动测量蘑菇的位置和大小，并进行有针对性的采摘和修剪。南京农业大学刘苏瑶等人设计了一种褐菇采摘机器人，该机器人在工作时通过控制单片机 STM 模块，对吸盘进行控制，实现对褐菇的采摘。卢伟等人设计了一种 3 指、4 指节的柔性手爪，并进行了褐菇采摘试验，结果表明，相对于刚性手爪，柔性手爪的抓持力减小，为 (2.4 ± 0.3) N。

针对双孢菇，相关人员进行了初步的尝试。美国一家专门种植双孢菇的厂房在 2013 年研发了一种蘑菇收割机，它可以对整个菇床上的蘑菇进行统一收割，虽然收获效率得到显著提高，但是这种收获方式导致蘑菇表面受损严重，对销售产生负面影响，并且这种收割装置不能进行分级，只能通过后续的人工操作弥补，增加了人工成本。胡晓梅等人开发的采摘机器人采用视觉区、采摘区和辅助区相互配合的方式，视觉、采摘并行工作，采用"三步走"的工作原理完成双孢菇采摘任务。Huang Mingsen 等人测试了 4 种双孢菇采摘方法，其中弯曲方法需要最少的采摘力和最少的采摘时间，所需的操作时间、分离角和峰值力分别为 (0.9 ± 0.5) s、$13.6°\pm6.7°$、(3.3 ± 2.4) N。

双孢菇由于质地较软且密集、易破损，末端执行器的材质和力度控制要求很高，现有的吸持式和夹持式末端执行器均存在一定问题。吸持式末端执行器使用吸盘，但由于双孢菇形状不规则，密封性差，容易出现漏气现象，造成双孢菇脱落。夹持式末端执行器使用柔性手爪，但结构复杂、灵活性差，抓取过程中容易破坏双孢菇表面，难以实现无损采摘。因此，开发一种适用于双孢菇采摘的新型执行器仍然是当前面临的挑战。

4.2　双孢菇柔性仿形采摘末端执行器

本节结合双孢菇的外形参数和采摘需求，通过研究柔性材料和仿形技术，从柔性仿形的角度出发，设计一种新型的双孢菇柔性仿形采摘执行器，以解决现有末端执行器对双孢菇破坏程度高、吸持不稳定等问题；结合机器视觉技术，设计开发采摘机械手，提出基于深度图像处理的双孢菇在线检测算法，设计由工控机控制的精准采摘系统，并开发桁架式的自动化采摘平台，实现双孢菇的低损高效采摘及收集；对南京农业大学张俊结合机器视觉的褐菇智能采摘机器人的设计过程及蘑菇在线辨识与测量的相关算法进行了论述，为提升双孢菇自动化采摘效率以及促进双孢菇产业快速发展提供理论支撑，并进一步推动双孢菇采摘自动化、智能化升级。

4.2.1　双孢菇物理特性研究

双孢菇采摘过程中，末端执行器是直接接触双孢菇的工具。为了设计适用于采摘双孢菇的末端执行器，需要对双孢菇的一些物理特性进行研究，包括双孢菇的生长特性、力学特性和机械损伤特性。在生长特性方面，需要考虑双孢菇的大小、形状、分布密度以及生长环境的限制；在力学特性方面，需要考虑双孢菇的最小采摘力；在机械损伤特性方面，需要考虑在采摘过程中可能对双孢菇造成的损伤以及双孢菇果实能够承受的最大破坏力。根据研究结果制订末端执行器的设计原则，包括结构设计和控制原理。

1. 生长特性

双孢菇呈白色或棕色，菇盖呈半球形，下方逐渐平展，表面光滑，双孢菇的质地柔软，形态不规则，且成熟时间不一致。另外，双孢菇的表面光滑、易脱落，受损后容易变淡红色。在双孢菇的工厂化栽培中，密集的生长方式以及双孢菇自身特点给采摘带来了困难。因此，采摘末端执行器的研发需要同时考虑农艺要求和果实特性。

当前双孢菇工厂化栽培的生长情况如图 4-1 所示。双孢菇生长具有多种特征：双孢菇生长较为密集，导致成熟的双孢菇常常簇拥在一起；双孢菇的菇柄朝向不同，导致双孢菇的倾斜度不同，这给采摘末端执行器的设计带来了额外的难度；与培养基质的连接力较小，使双孢菇容易脱落；双孢菇的质地柔软，一旦被损伤后，表面颜色略微变淡为淡红色；同一潮次的双孢菇出菇时间不一致，导致同一区域的双孢菇成熟时间不一致，加剧了采摘的困难程度。

双孢菇由菇盖和菇柄组成，形态近似于椭球体，其直径分为横径和纵径，横径和纵径大致相等，如图 4-2 所示。市场上售卖的成熟双孢菇直径为 25～50mm，其分级标准：一级双孢菇直径为 25～35mm，二级双孢菇直径为 35～50mm。双孢菇采摘最佳菇盖直径为 25～35mm。

由于双孢菇长势密集，长在同一区域的双孢菇成熟时间不一致、质地柔软，使双孢菇难以实现批量采摘，单体采摘仍是双孢菇采摘的主流方法。在避免双孢菇表面出现机械损伤的前提下，实现对不同尺寸和椭圆度的双孢菇采摘，是双孢菇采摘末端执行器研究的关键。

图 4-1　双孢菇工厂化栽培生长情况

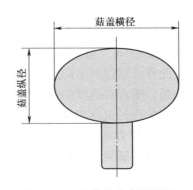

图 4-2　双孢菇基本参数测量

2. 力学特性

双孢菇的采摘方法具有较大的差异，其采摘时间和方法取决于双孢菇的生长阶段和生长情况。在双孢菇初期生长阶段（1~3潮菇），使用"旋菇法"进行采摘。这种方法通过轻轻捏住菇盖，向下稍微施加压力，然后轻轻旋转和摇动，以便将菇盖与菌丝分离，减少菌丝带出。在双孢菇后期生长阶段，使用"拔菇法"进行采摘，轻轻拨起老菌丝，然后补上细土进行继续培育。因此，针对双孢菇的力学特性分析，这里测定了双孢菇的采摘扭力和采摘拉力。

（1）采摘扭力测定　为了得到最小采摘扭力，需要对双孢菇进行扭力测定。扭力测定采用的工具为数字扭力测试仪（仪器型号：BF-10），测量范围为0.015~1.00N·m，精度在±1%范围内，质量为1.8kg。可安装于扭力测试仪上的3D打印夹具可以夹持菇盖直径25~50mm的双孢菇。电子数显游标卡尺的分辨力为0.01mm。该试验在河南洛阳奥吉特食用菌有限公司进行，选用的材料为该公司菇房正常生长的200个A级双孢菇，在不同菇房取直径大小不同的双孢菇进行采摘试验，保证采摘试验的普适性。

在不同菇房取直径大小不同的双孢菇进行采摘试验，先使用电子数显游标卡尺测量双孢菇菇盖直径，按照直径25~30mm、30~35mm、35~40mm和40~45mm分类采摘，每一类双孢菇采摘50个。采摘时，将3D打印夹具安装在扭力测试仪上，夹住双孢菇的菇盖，旋转使双孢菇与菇柄分离，从而完成采摘。在采摘过程中，记录每个双孢菇采摘时所需的最大扭力值，如图4-3所示。

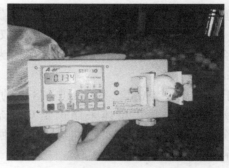

图4-3　双孢菇采摘扭力测定试验

双孢菇采摘扭力测定试验结果如图4-4所示。采下双孢菇所需的扭力分布范围为0.066~0.530N·m，扭力分布较分散，其原因在于不同双孢菇的菇柄与基质的连接情况各不相同。此外，通过对不同直径的双孢菇采摘扭力的对比，发现扭力的平均值差异较小，但整体趋势是，随着双孢菇的菇盖增大，扭力也有所增加。其主要原因是，随着双孢菇菇盖的增大，菇柄的直径也会相应地增大，菇柄与基质接触面积增加，连接更加牢固。

（2）采摘拉力测定　为了得到最小采摘拉力，需要对双孢菇进行拉力测定。拉力测定所用的工具为数显测力计和无弹性绳。测定的方法是：将一根无弹性绳的一端套在数显测力计的钩型测头上，另一端套在待摘双孢菇的菇盖上，然后以5mm/s的速度向上匀速拉动测力计，直到双孢菇与基质分离，如图4-5所示；共进行10组测试，每组测试10个双孢菇。

经过测定，得到了双孢菇与基质分离的拉力测定结果，见表4-1。通过对数据的分析可知，双孢菇的平均拉力为 5.135N。因此在采摘过程中，末端执行器所提供的采摘力不应低于这个数值。

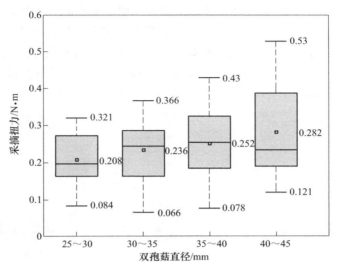

图 4-4　双孢菇采摘扭力测定试验结果

图 4-5　双孢菇拉力测定

表 4-1　双孢菇拉力测定结果

组别	拉力平均值/N	组别	拉力平均值/N
1	5.13	6	5.16
2	4.97	7	5.22
3	4.89	8	4.96
4	5.26	9	5.26
5	5.33	10	5.17

3. 机械损伤特性

双孢菇在采摘、加工或运输过程中易产生机械损伤，主要包括表皮损伤、内部损伤和氧化损伤，如图 4-6 所示。表皮损伤指双孢菇表面因摩擦或撞击而产生的划痕或裂纹。内部损伤是指双孢菇因受力而产生的撕裂或破碎。而氧化损伤则是因暴露在空气中，受到氧化反应而发生的颜色变化。机械损伤会影响双孢菇的外观、味道和营养成分，从而降低其品质。尤其是表皮损伤，不仅会影响双孢菇的外观，而且容易导致微生物的生长，从而影响食品安全。因此，为保证双孢菇的品质，在采摘、加工和运输过程中应注意避免机械损伤。

a) 表皮损伤　　　　　　　　b) 内部损伤　　　　　　　　c) 氧化损伤

图 4-6　双孢菇损伤情况

4.2.2　末端执行器系统设计

1. 末端执行器设计原则

根据双孢菇的生长特性和相关指标，末端执行器的设计应满足绝大部分成熟双孢菇的采摘需求。双孢菇的直径通常在 25~50mm 之间，但由于过度生长或欠发育等因素，可能存在尺寸偏差。因此，末端执行器的结构和尺寸应尽可能具有广泛适用性。考虑到作业环境复杂且双孢菇排列密集，末端执行器应该尽量小巧轻便，在满足基本采摘需求的同时，实现提高采摘成功率和节约能源等目标。

根据双孢菇的力学特性和机械损伤特性，使用传统机械手采摘可能会对果实造成损伤。为了减少末端执行器对新鲜双孢菇的损伤，应选择柔性材料，并使用真空吸持法进行采摘。为了提高吸持稳定性，末端执行器应具备仿形功能，以降低双孢菇的采摘损伤率。此外，还可以考虑在末端执行器的设计中加入智能控制系统，根据双孢菇的生长状态和环境变化，自适应地调整采摘力度，从而最大限度地降低采摘损伤率。

针对双孢菇末端执行器的设计，还需要遵循以下原则：第一，设计应简单易懂，方便操作人员使用；第二，末端执行器需要具有高稳定性和低故障率，以确保其正常运行；第三，设计需要具备可扩展性，能够支持未来功能的扩展；第四，为了保证末端执行器能够在给定时间内完成任务，执行效率也需要尽可能高；第五，设计应易于维护和更新，以保证末端执行器的长期运行。这些设计原则对于双孢菇末端执行器的设计和开发都至关重要，因此在设计过程中需要全面考虑这些因素。

2. 双孢菇采摘方式选择

针对双孢菇采摘，目前存在夹持式和吸持式两种采摘方式。如图 4-7 所示，夹持式末端执行器的采摘区域为双孢菇的侧面菇盖，要求相邻双孢菇之间菇盖边缘距离大于末端执行器手指的厚度。但由于双孢菇长势较密集，成熟双孢菇通常聚集在一起，因此夹持式末端执行器容易触碰到周围的双孢菇，造成机械损伤。此外，夹持式末端执行器与双孢菇的接触面积相对较小，导致单位面积受力较大，从而对双孢菇的机械损伤较高。

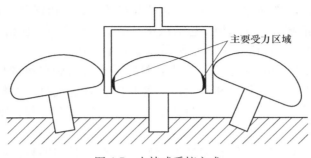

图 4-7　夹持式采摘方式

相比之下，吸持式末端执行器采摘区域为双孢菇菇盖上表面，即使双孢菇长势较密集也不会受到影响，如图 4-8 所示。吸持式末端执行器具有接触面积较大，单位面积受力较小，对双孢菇的机械损伤较低的优点。因此，这里选择采用吸持式末端执行器对双孢菇进行采摘。

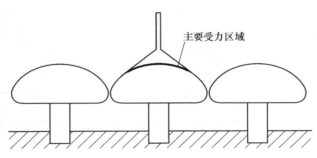

图 4-8　吸持式采摘方式

3. 柔性仿形机构设计

由于双孢菇菇面形状各异，传统的标准吸盘难以与其良好贴合，导致接触面之间的密封性较差，进而降低吸持效果。因此，要提高吸持效果的关键在于增强接触面之间的密封性。为实现这一目标，需要采用仿形技术，即要求末端执行器具有自适应变刚度能力。目前，柔性机器人变刚度原理分为如下四类：

（1）与绳牵引机器人类似的拮抗原理　与绳牵引机器人类似的拮抗原理是指利用多个力的相互平衡来实现物体的平衡或控制运动。在绳牵引机器人中，机器人通过多个绳索相互连接，并通过电机控制绳索的张力，使得机器人能够在运动中保持平衡或控制运动方向。

（2）电/磁流变原理　电/磁流变原理是指在电场或磁场的作用下，物质的流变性质发生变化的现象。当物质处于电场或磁场中时，其中的电荷或磁矩会受到场的作用而发生排列或重新组合，从而改变了物质的结构和性质。在电流变中，当电场作用于一些特殊材料时，这些材料会产生一种内部电场，导致材料的形状、大小和硬度等物理性质发生变化。在磁流变中，当磁场作用于一些特殊材料时，这些材料中的磁矩会受到场的作用而发生重新排列，从而导致材料的形状、大小和硬度等物理性质发生变化。

（3）材料相变原理 材料相变原理是指在物理或化学条件变化的作用下，物质的晶体结构、化学组成或物理性质发生突变的现象。相变既包括固态、液态、气态之间的转化，也包括同一状态下的不同相的转化。固态相变包括晶格畸变、位错移动、界面移动等，液态相变包括沸腾、凝固、溶解等，气态相变包括汽化、凝华、升华等。在相变过程中，物质的热力学状态也会发生变化，如温度、压力、熵等都会发生变化。

（4）颗粒阻塞原理 颗粒阻塞原理是指颗粒物质在被薄膜包裹的情况下，同时具有类流体和类固体的力学特性。如图 4-9 所示，当薄膜内含有空气时，颗粒呈现出类流体的性质，可以自由地变换形状。而当空气被排出后，颗粒被压缩在一起，整体表现出一定的刚度，呈现类固体的状态。

与其他刚度调节原理相比，颗粒阻塞原理则只需要薄膜和颗粒，而当薄膜内含有空气时，颗粒的类流体特性能够使其根据所接触的表面进行仿形，无须施加其他外部势场，且调节刚度的速度快、结构简单、成本低廉，因此更加适合双孢菇采摘。根据图 4-10 所示的采摘方式，本节所设计的末端执行器利用颗粒阻塞原理的类流体特性，对不同形状的双孢菇进行仿形，提高了接触面之间的密封性，从而改善了吸持效果。

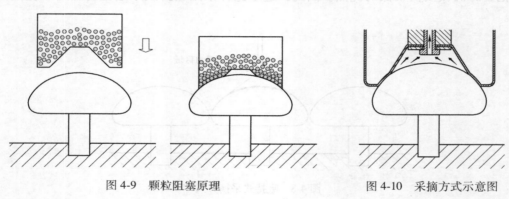

图 4-9　颗粒阻塞原理　　　　　　　　图 4-10　采摘方式示意图

4. 末端执行器驱动机构

驱动机构是机器人系统中的关键组成部分之一，它通过提供动力和运动控制来实现机器人的各种操作。对于末端执行器来说，驱动机构的选择和设计对其实际运行效果和性能有着重要的影响。例如，驱动机构的类型和性能直接影响到末端执行器的运动速度和精度，驱动机构还能影响到末端执行器的载荷能力和工作范围，驱动机构的可靠性和稳定性也是影响末端执行器性能的重要因素。这里基于颗粒阻塞原理，提出了两种不同的驱动机构：抽拉式和气吸式。

（1）抽拉式 如图 4-11 所示，抽拉式末端执行器的驱动机构包括齿轮、丝杠、活塞和缸体等。这些零部件之间的传动改变了缸体内的气压，从而为末端执行器提供动力。抽拉式末端执行器的工作过程：首先，末端执行器按压双孢菇菇盖并对其形状进行仿形，柔性膜的内周面与双孢菇菇盖紧密贴合并形成密闭空间；接着，电动机开始工作，驱动活塞向上移动，随着活塞下方容积的增加，缸体内的气压逐渐降低，从而在腔室内产生负压，末端执行器通过吸持作用紧紧吸住双孢菇；当双孢菇被吸持到采集筐上方时，为防止黏附现象的发生，电动机反转，驱动活塞向下移动，使得正压和重力共同作用，让双孢菇脱离柔性膜并落入采集筐内，完成采摘作业。

（2）气吸式　如图 4-12 所示，气吸式末端执行器采用微型气泵作为驱动机构，其工作原理是通过抽气和排气来实现对双孢菇的吸持和脱附。气吸式末端执行器的工作过程：首先，在吸持过程中，末端执行器与双孢菇菇盖充分接触并进行仿形，从而形成一个密闭的腔室；接下来，微型气泵开启抽气回路，通过端盖中的管道将负压传输到腔室中，从而形成一个吸持力，将双孢菇吸持在末端执行器上；当双孢菇移动到采集筐上方后，为了防止双孢菇与采摘机构黏连，微型气泵开启排气回路，将正压传输到腔室中，从而使双孢菇受到重力和正压作用，脱离柔性膜并落到采集筐中，完成采摘作业。

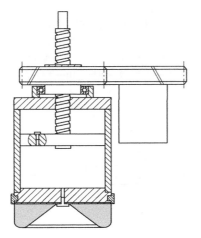

图 4-11　抽拉式末端执行器

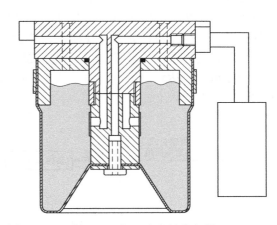

图 4-12　气吸式末端执行器

抽拉式和气吸式两种方式各有利弊。抽拉式采用机械结构的互动来实现吸持，不需要使用气动装置，因此结构相对简单。但是，它存在气压难以控制且气流稳定性较差的问题。相比之下，气吸式采用气泵、调压阀、压力表等气动元件来实现对双孢菇的吸持。尽管需要借助多种气动元件，但它具有气压易于控制和气流稳定性较好的优点。对于双孢菇采摘而言，气压控制是最关键的问题之一，因此气吸式末端执行器是更好的选择。

5. 末端执行器整机设计

在完成柔性仿形机构的设计和驱动机构的选择后，对末端执行器进行了整机设计，其机械结构剖视图如图 4-13 所示，末端执行器的机械结构由柔性仿形吸盘和金属附件组成。柔性仿形吸盘是由颗粒和柔性膜构成的。附件包括端盖、支撑件、连接套、通气芯、卡箍、通气螺钉和垫片，这些附件的主要作用是将吸盘部分固定并向柔性仿形吸盘传输气压。端盖内部设计了两条通气管道，一条用于柔性膜内部的通气，另一条用于吸盘的吸持。为了防止颗粒泄漏，端盖和支撑件之间设置了密封圈，并在通气芯的外侧设置了过滤网。卡箍将柔性仿形吸盘固定在支撑件上，通气螺钉将柔性仿形吸盘的下表面固定在通气芯上，这些附件的设计和组合保证了整个末端执行器的可靠性和性能稳定性。

柔性仿形吸盘的工作原理是基于颗粒在柔性膜内表现出类流体特性的现象。当施加标准气压时，颗粒会在柔性膜内部发生流动，当柔性膜与双孢菇表面接触时，吸盘会根据双孢菇的表面轮廓进行仿形，以便与其形成紧密接触，并在内部形成一定的负压，从而使吸持作业变得更加稳定。此过程中，柔性膜和颗粒之间相互协同作用，确保吸盘能够适应双孢菇的表面形状，并保持良好的密封性。

6. 末端执行器控制原理

末端执行器采用气压反馈控制，能够实现力与负压之间的精确转换。末端执行器的控制原理如图4-14 所示，输入吸持力后，系统会根据公式将吸持力转换为相应的负压值，这个负压值即为控制系统的给定负压值。系统会将给定负压值与气压传感器所测得的负压值进行比对，如果存在偏差，就会调节负压调压阀，使得柔性仿形吸盘与双孢菇之间的密闭空腔内的负压值达到给定负压值，从而完成对吸持力的调节。

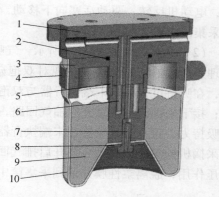

图 4-13 末端执行器的机械结构剖视图
1—端盖 2—密封圈 3—支撑件 4—卡箍
5—连接套 6—通气芯 7—通气螺钉
8—垫片 9—颗粒 10—柔性膜

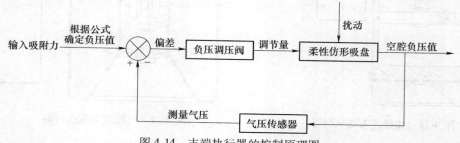

图 4-14 末端执行器的控制原理图

7. 采摘过程受力分析

（1）**吸持过程受力分析** 末端执行器在采摘作业中发挥着重要的作用，在吸持拉动双孢菇的过程中，主要依靠吸盘的吸持力。吸持力的形成原理是通过对双孢菇表面进行仿形，形成一个密闭空腔，然后通过气泵使空腔内的气压值低于大气压，从而产生压力差，实现对双孢菇的吸持。在吸持拉动的过程中，需要克服双孢菇与基质之间的相互作用力，才能使其产生相对位移。通过对吸持和拉动过程的受力分析，可以为吸盘的控制提供理论依据，同时为末端执行器系统设计和控制系统研究提供参考基础。

双孢菇与基质的连接属于固定端约束连接。通过理论力学分析，该约束条件可以被转化为两个相互垂直的分力 F_{Ax} 和 F_{Ay}。在吸持拉动作业中，双孢菇在吸力 F_C、重力 G 和固定端约束力的共同作用下，沿着吸力的方向从基质中脱离。为简化分析过程，选择了竖直方向的作业状态进行研究，其受力情况如图4-15 所示。

此时双孢菇的竖直受力情况为

$$\begin{cases} F_C - G + F_{Ax} = ma \\ F_{Ax} = 0 \end{cases} \tag{4-1}$$

当双孢菇处于相对静止状态时，向上的加速度 $a = 0$，则

$$F_C = G + F_{Ax} \tag{4-2}$$

因此，采摘双孢菇时，吸盘对双孢菇的吸力大于双孢菇的重力和基质对双孢菇的约束力时，双孢菇才能从基质中脱离。

（2）吸盘吸持力分析　在采摘过程中，柔性仿形吸盘吸持力的组成相对复杂，主要涉及负压和直接接触面。其中，负压影响着密闭空腔内外的相对压力，而直接接触面对于吸持力的影响需要通过受力分析才能得出规律。因此，需要对吸持后的双孢菇进行受力分析。为了简化受力分析模型，可以将双孢菇视为呈中心轴对称的规则形状。由于双孢菇在沿中心轴切开的任意平面内的受力情况都相同，因此可以在任意平面上进行受力分析。当双孢菇被吸盘吸紧并呈向下的趋势时，在任意平面上的受力包括向上的吸力 F_C、向下的重力 G、左右两侧的支反力 F_{N1} 和 F_{N2}，以及摩擦力 F_{S1} 和 F_{S2}，受力情况如图 4-16 所示。

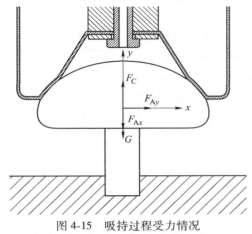

图 4-15　吸持过程受力情况

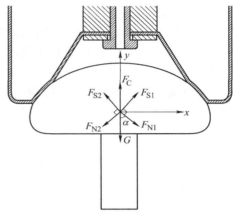

图 4-16　吸持后双孢菇受力情况

此时吸盘的吸持力为

$$F = F_C + (F_{S1} + F_{S2})\sin\alpha \tag{4-3}$$

其中

$$\begin{cases} F_{S1} = f_S F_{N1} \\ F_{S2} = f_S F_{N2} \end{cases} \tag{4-4}$$

式中，α 为重力和支反力的夹角；f_S 为接触面之间的摩擦系数。

则吸持力为

$$F = F_C + f_S(F_{N1} + F_{N2})\sin\alpha \tag{4-5}$$

通过分析式（4-3）~式（4-5）可以得知，吸盘的吸持力是由吸盘吸力和摩擦力所组成的。其中，摩擦力和吸盘吸力都与接触面积有关，接触面积的大小以及接触面之间的摩擦系数都会直接影响摩擦力的大小，而接触面之间的密封性则对吸持力产生直接影响。因此，选择合适的柔性膜材料对于提升吸盘的吸持力至关重要。

4.2.3　末端执行器关键部件设计

1. 柔性仿形吸盘设计

（1）结构设计　吸盘与物体接触的密封程度直接影响吸盘密闭空腔内外真空负压的强

度，从而影响吸盘的吸持力。由于不同双孢菇的椭圆度和表面曲率存在差异，传统的标准吸盘在采摘时可能存在密封度偏低的问题，导致吸持力不足或者掉落等。针对这一问题，设计了一种柔性仿形采摘末端执行器，该执行器利用柔性仿形吸盘的仿形能力和单体作业模式，能够有效降低机械损伤，并不会对周围的双孢菇造成不必要的干扰。通过采用柔性仿形技术，该执行器可以更好地适应不同双孢菇的表面形状，从而提高了吸持力的效率和稳定性。

为了缩短采摘作业时间，提高采摘效率，将吸盘开口形状设计成图 4-17 所示的"凹"形。为了进一步优化设计，试制了三种不同开口角度（60°、90°、120°）的吸盘，并进行了预试验。使用这三种吸盘分别采摘了 100 个双孢菇，其采摘成功率分别为 92.00%、88.00%、73.00%。结果表明，吸盘开口角度为 60°时，采摘成功率最高。因此，选择吸盘开口角度为 60°。

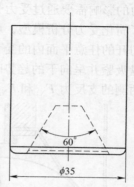

图 4-17　吸盘开口形状示意图

（2）关键尺寸确定　柔性仿形吸盘的尺寸需要考虑实际作业空间和双孢菇的尺寸。在实现仿形功能的前提下，吸盘外径的取值应尽可能小，以减小对周围双孢菇造成干扰的可能性。考虑到成熟双孢菇的直径通常在 25~50mm 之间，为了确保吸盘的仿形能力并留出足够的开口直径，选择吸盘外径为 35mm。

吸盘吸力计算公式为

$$F_1 = |p|A = \frac{\pi D^2 |p|}{4}\tag{4-6}$$

式中，F_1 为吸盘吸力，N；A 为吸持有效面积，m^2；D 为吸盘有效直径，m；p 为相对压力，Pa。

根据式（4-6）可知，吸盘吸力是由相对压力和吸盘有效直径共同决定的，相对压力可以通过调压阀进行控制，而吸盘的有效直径主要取决于其开口直径。因此，选择最佳的吸盘开口直径能够最大化其有效直径，从而在同等吸持力下降低所需负压。这里将通过仿真的方式分析吸盘开口直径和吸盘有效直径之间的关系，以确定最佳的吸盘开口直径。

2. 柔性膜试制与材料选取

用于柔性采摘的常见材料为乳胶和硅胶。为了获得这两种材料的实际性能，试验人员进行了乳胶膜和硅胶膜的试制。乳胶膜采用浸泡法制备，将乳胶均匀涂敷在平整的模具上，经过自然干燥后进行烘干，得到乳胶膜。硅胶膜则采用浇注法制备，将硅胶溶液注入模具中，在常温下等待凝固并经过烘干，得到硅胶膜。详细制作过程如下：

（1）制作乳胶膜的过程

1）制作模具：根据吸盘的结构和尺寸绘制模具工程图，并加工出模具。考虑到试验所需乳胶膜数量较少，选用成本较低的铝合金材料作为模具材料。

2）清洗模具：清洗干净的模具是制作优质乳胶膜的重要保证。使用肥皂水和漂白剂清洗模具，去除模具上的残留物和污垢，接着用毛刷彻底清洁模具，最后用热水冲洗干净后悬挂晾干。

3）包覆乳胶：为了方便液态乳胶的附着，先在模具上涂上化学涂层，之后将模具插入温热的乳胶液体中。化学涂层和乳胶发生反应后，变成凝胶状，不同厚度的乳胶膜反应时间不同。

4）硫化烘干：将乳胶膜放入烤箱烘干，确保乳胶在烘干时不开裂。烘干过程中，不停旋转模具，以确保乳胶均匀分布。

5）剥离乳胶膜：固定模具，轻轻旋转乳胶膜，待其与模具分离后将其剥离。

6）检测：对剥离的乳胶膜进行厚度检测、气密性检测、耐磨检测和扯断力检测等多个方面的检测，以确保乳胶膜的质量达到标准。合格的乳胶膜将被用于试验，如图 4-18 所示。

（2）制作硅胶膜的过程

1）制作模具：使用 SolidWorks 软件设计浇注模型，采用 3D 打印技术制作模具。

2）清洗模具：清洗各个模具内壁，确保其平整，避免影响硅胶成型。在底座模具和上端盖模具外侧均匀地涂上脱模剂，以便于后续脱模。

图 4-18　乳胶膜成品

3）混合搅拌：按照 1∶1 的比例混合 Ecoflex 00-30 A、B 两组硅胶，并搅拌均匀。

4）浇注：将搅拌好的硅胶放入真空除气装置中进行第一次脱气处理，然后缓慢且均匀地倒入底座模具中。慢慢地将上端盖模具盖上，并轻轻按压确保完全贴合。待浇注完成后，将模具放入真空除气装置中进行第二次脱气处理。将模具静置成型 3~4h，待硅胶成型后进行脱模处理。

5）脱模：通过通气孔向模具内部打气，使模具之间出现缝隙，固定底座模具，轻轻旋转上端盖模具进行脱模。

6）检测：对脱离的硅胶膜进行厚度、气密性、耐磨性和扯断力等方面的检测。符合要求的硅胶膜可以投入试验应用，如图 4-19 所示。

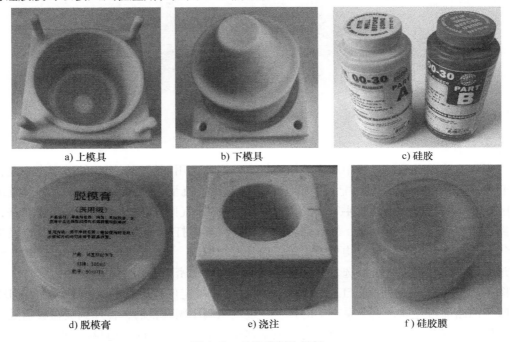

a) 上模具　　　　　　　b) 下模具　　　　　　　c) 硅胶

d) 脱模膏　　　　　　　e) 浇注　　　　　　　f) 硅胶膜

图 4-19　硅胶膜制造材料

（3）乳胶膜与硅胶膜的对比　考虑到接触面对于吸持力的重要性，对吸盘柔性膜材料进行了选择，对比了乳胶膜和硅胶膜的吸持性能，其结果见表 4-2。乳胶膜与硅胶膜相比，具有更高的弹力、更高的塑形能力、更高的表面硬度和更低的表面黏附性。乳胶膜更高的弹力和塑形能力使其拥有更强的仿形能力，能与双孢菇进行更充分的接触，使接触面变大，从而提高摩擦力；更高的表面硬度使其对双孢菇完成仿形后，在接触面之间产生更强的稳定性和密封性，从而提高吸持力；更低的表面黏附性使其在吸持结束后更容易与双孢菇分离。综上所述，乳胶膜更适合于双孢菇采摘，因此选择乳胶作为吸盘柔性膜材料。

表 4-2　乳胶膜与硅胶膜性能对比结果

材料	弹力	塑形能力	表面硬度	表面黏附性
乳胶膜	较高	较高	较高	低
硅胶膜	较低	一般	较低	较高

考虑到柔性仿形吸盘中颗粒的流动性、可压缩性、堆积密度以及成本等因素，选择了表面光滑、无飞边、尺寸均一的 POM 塑料球和两种不同直径的石英砂作为填充物。POM 塑料球具有优异的耐磨性、力学性能和加工性能，可以提高仿形吸盘的使用寿命和性能稳定性；石英砂具有较高的填充密度和较好的可压缩性，可使吸盘在不同曲率表面下保持一定的柔韧性和稳定性，从而提高吸持能力。同时，这些材料的成本相对较低，有利于提高生产效益和降低生产成本。

图 4-20　颗粒材料

3. 气动回路设计

考虑到双孢菇在采摘过程中所需采摘力较小，因此选用抽气打气两用的微型真空泵，其最大真空度可达 -70 kPa，同时配备了负压调压阀，最大流量为 140L/min，压力调节范围为 $-100 \sim 1.3$ kPa。气动回路如图 4-21 所示，左侧回路为吸气回路，右侧回路为卸载回路，吸气回路连接在真空泵的抽气端，卸载回路连接在真空泵的打气端。相比于一般的真空发生器连接气路，该气动回路不仅结构更为简单，而且更加实用。同时，对气路中的电磁阀、气压表、过滤器等元件也进行了精选，保证了气路元件本身的密封要求。

图 4-22 展示了气动回路的工作流程：当吸盘到达指定位置后，电磁阀 D1 闭合，D2 打开，吸气回路即可连通，真空泵产生的真空经过负压调压阀调整后，传递到吸盘吸嘴处，吸盘就可以将双孢菇吸持。当吸盘吸持的双孢菇移动到采集筐上方时，电磁阀 D2 闭合，D1 打开，卸载回路即可连通。此时，真空泵的打气端产生的正压传递到吸盘吸嘴处，通过正压作

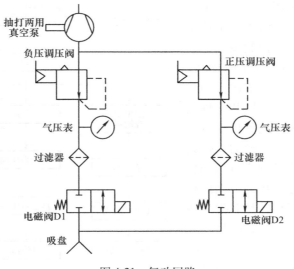

图 4-21　气动回路

用，双孢菇会脱离吸盘。值得注意的是，由于真空泵的优化设计，气动回路在吸持和卸载双孢菇的过程中，能够实现快速响应和准确控制，提高了整个采摘过程的稳定性和效率。

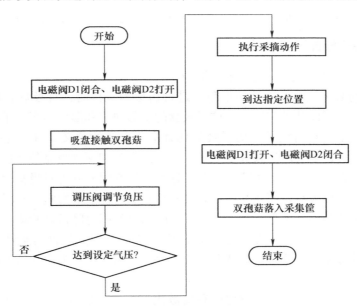

图 4-22　气动回路工作流程图

4. 控制系统设计

末端执行器是采摘机器人的核心装置，用于完成采摘作业。为了配合采摘机器人的控制逻辑，该末端执行器开发了一个控制系统。如图 4-23 所示，该控制系统包括硬件控制部分和气动控制部分，安装在采摘机器人上。控制系统具有手动和自动两种控制模式，在采摘作业中主要使用自动模式。其工作原理：图像采集装置将采摘区域的图像上传到工控机上，利用可视化控制软件处理图像，计算出双孢菇的位置，然后通过可编程逻辑控制器（PLC）发送电信号，控制步进电动机和气动回路执行采摘和分拣操作。PLC 通过发送 5 次电信号，依次控制步进电动机和气动回路完成采摘和分拣过程：第 1 次电信号让步进电动机执行定位程序，将吸盘移动到待采摘的双孢菇上方；当吸盘移动至双孢菇上方时，PLC 发送第 2 次电信号，步进电动机执行采摘程序，将吸盘下移，与双孢菇接触；当吸盘与双孢菇贴合后，PLC 发送第 3 次电信号，真空泵启动，吸气回路连通，吸盘对双孢菇进行吸持；当吸盘将双孢菇吸持后，PLC 发送第 4 次电信号，步进电动机执行分拣程序，将双孢菇移至采集筐上方；当吸盘移至采集筐

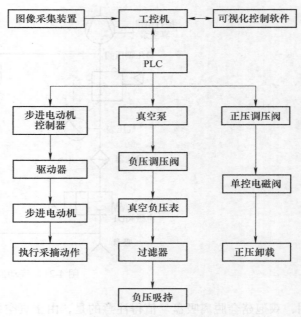

图 4-23　控制系统流程图

上方后，PLC 发送第 5 次电信号，单控电磁阀闭合，吸嘴处产生正压，将双孢菇吹落。

4.2.4　末端执行器有限元仿真

1. 有限元仿真方法、软件介绍及模型建立

（1）有限元仿真方法　在柔性仿形吸盘进行仿形和吸持时，对吸盘表面和颗粒内部的受力情况进行分析，可以帮助掌握柔性仿形吸盘的变形规律和形变顺序。了解吸盘密封及吸持性能的强弱等因素，对研究柔性仿形吸盘具有十分重要的意义。由于乳胶作为超弹性材料，在挤压和拉伸过程中会产生较大变形，因此直接观察和探测吸盘各部位应力及其密封性能的变化是比较困难的。为了解决这一问题，这里选择有限元软件对吸盘表面的应力情况进行模拟。分析柔性仿形吸盘表面非光滑形态对密封及吸持性能的影响，有限元分析软件可以弥补现有设备和试验条件的不足，在较快得到试验结果的同时降低试验成本，显著提升试验效率。基于吸盘超弹性的材料特性，这里将采用 ANSYS 有限元软件对柔性仿形吸盘得仿形过程和吸持过程进行模拟。分析吸盘选取点处应力及形态变化，为柔性仿形吸盘密封及吸持性能的研究提供理论依据。

有限元仿真方法是一种基于数学建模和离散化思想的分析方法，用于解决结构、力学、流体力学等领域的复杂问题。该方法将整体结构划分成多个相互联系的小单元体，并将每个小单元体视为节点进行载荷分析，以满足力学平衡原理。这种方法的求解过程包括问题类型和模型定义、建立数值模型、网格划分、有限元分析技术、结果处理和分析五个步骤。有限元方法的优点在于它可以适用于各种不同的物理问题，同时可以通过修改元素形状和网格密度来进行精度控制。此外，有限元方法可以通过计算机仿真实现，可以节省大量试验时间和成本。有限元法在计算机辅助分析和模拟领域得到广泛应用，其中最常见的应用软件为 ANSYS 有限元分析软件。使用 ANSYS 软件的目的在于能够准确描述复杂结构的行为，同时

能够更好地理解其力学本质。

（2）ANSYS 软件简介　ANSYS 有限元软件是一款集结构、热、流体、声场、电场和磁场等领域分析于一体的综合性多功能软件，由全球领先的有限元商业软件供应商 ANSYS Inc. 开发。该软件具有多种特点，如数据输入输出一致且易于操作的建模功能、强大的求解计算能力，以及出色的非线性分析能力等。此外，ANSYS 软件还提供多种分析工具和插件，如优化分析、疲劳分析、多物理场分析、流体-结构耦合分析等，能够满足不同领域的工程应用需求。

ANSYS Workbench 和 ANSYS 经典都是由 ANSYS 公司开发的有限元软件。ANSYS Workbench 是最新的工作平台，通过对仿真环境进行开发和实施，并集成了多学科异构 CAE 技术进行设计研发。该工作平台采用协同化工作环境，在人、技术和数据之间实现交互工作，能快速实现数据之间的交流、通信和共享。针对超弹性材料及多物理场耦合分析，ANSYS Workbench 具有广泛的适应性和快速简便的处理能力。ANSYS Workbench 工作平台在协同仿真环境下具有集成性、参数化和客户化的特点。

ANSYS Workbench 软件的有限元分析过程如下：

1）模型建立。在 ANSYS Workbench 环境中，用户可以自主建立有限元模型，也可以从外部模型设计软件中导入有限元分析模型，如 SolidWorks、Creo、CATIA 等。

2）边界条件和载荷设置。根据待分析的模型，用户需根据实际情况在边界条件和载荷模块中选择需要的边界和载荷类型，如 Hex Dominant Method、Body Sizing、Refinement、Force、Fixed Support 等，并对模型进行边界条件的设置和载荷的添加。此外，用户还可以通过参数化建模来进行不同场景下的模型设计和优化。

3）运算处理与结果分析：在 Solution 栏目中，用户选择需要进行分析的类型，如 Equivalent Elastic Strain、Equivalent Stress、Deformation 等，进行有限元计算处理，并对结果进行分析。用户可以通过结果可视化、云图、剖面分析等多种方式来深入理解和评估分析结果，为优化设计和决策提供依据。

ANSYS Workbench 软件在有限元仿真方法中的优势不仅在于其集成了结构、流体、热传导、声场等多种分析能力，还在于其强大的后处理功能和可视化效果，能帮助用户全面掌握分析结果，提升了仿真分析的效率和准确性。

（3）有限元模型建立　这里采用 ANSYS Workbench 软件中的 Static Structural 模块，对柔性仿形吸盘的仿形和吸持过程进行了有限元仿真。在仿形过程中，利用有限元仿真确定吸盘的最佳开口直径，通过吸持过程的有限元仿真分析了吸盘的应力分布情况，为吸盘尺寸的优化设计及吸持性能的研究提供理论依据。

在 ANSYS Workbench 工作平台有限元模型设计前，先在 SolidWorks 三维建模软件中对吸盘进行了三维建模。在建模过程中，删除了与仿真无关的零部件，并简化了模型，以加快仿真速度，同时确保仿真数据的准确性。

在实际的吸持过程中，除了吸盘本身的性能之外，加载位置、加载速度和接触面的摩擦系数等因素也会对吸盘的吸持性能和应力产生影响。如果要完全考虑这些影响因素并对仿真参数进行详细设置，将会使吸盘的有限元仿真分析变得十分复杂，甚至可能导致运算过程终止，无法完成仿真。因此，在对分析结果影响不大的前提下，这里对吸盘的有限元模型进行了简化，并对仿真分析过程做出如下假设：第一，假设吸盘在初始位置与物体表面处于接触状态；第二，假设下压力均匀作用在吸盘的顶部表面；第三，假设吸盘和物体表面均光滑平整，材料均匀连续且具有各向同性；第四，假设颗粒直径极小，在填充之后形成连续的实体。

这里研究的柔性吸盘材料参数如下：密度为 $1000kg/m^3$，材料常数 C10 为 0.01MPa，材料常数 C20 为 0.001MPa，不可压缩性为 $1.21 \times 10^{-9} Pa^{-1}$。由于双孢菇材料参数难以获取，为了分析其受力情况，采用聚乙烯材料代替。本研究中，吸盘通过利用颗粒在柔性膜中的流动特性进行仿形，主要目的是获得吸盘应力分布情况，而非颗粒的流动轨迹。为了降低仿真难度，颗粒被视为连续体，其材料选用石英。

在进行吸盘的仿形和吸持过程的有限元仿真时，柔性膜和双孢菇的接触面是主要研究对象之一，为了确保计算的准确性，在网格划分时对柔性膜下表面和双孢菇上表面进行了网格细化处理。柔性膜和双孢菇的网格类型设置为四面体网格类型，网格大小为 2mm。对于柔性膜下表面和双孢菇上表面进行的网格细化处理，网格大小设置为 1mm。柔性膜下表面和双孢菇上表面之间的接触类型设置为不分离接触类型。将柔性膜下表面设置为接触面，将双孢菇上表面设置为目标面。在设置 Formulation 算法选项时，选用增广拉格朗日算法类型。

2. 吸盘仿形过程有限元仿真

（1）有限元分析载荷设定 为了确定吸盘开口直径和吸盘有效直径之间的关系，选择开口直径为 20mm、22.5mm、25mm、27.5mm 的吸盘对直径为 25mm 的双孢菇进行有限元仿真。

对仿形过程进行载荷设定，如图 4-24 所示，在菇盖下表面均匀加载 10N 作用力，在吸盘上表面添加固定支撑，模拟吸盘对双孢菇的仿形过程，载荷设置完成后，打开大变形选项，对有限元模型进行求解。

A 固定支撑
B 力：10N

（2）有限元结果分析 针对直径为 25mm 的双孢菇进行的吸盘仿形过程有限元仿真，对比了 4 种不同开口直径的吸盘对双孢菇的应力云图，其中双孢菇的菇盖形状为半椭圆状。当吸盘开口直径较小时，吸盘与双孢菇接触位置处于菇盖顶部，此时吸盘的有效直径主要受到吸盘开口直径的限制。随着吸盘开口直径的增大，吸盘和双孢菇接触的位置逐渐向下移动，直到完全将菇盖包裹，此时吸盘的

图 4-24 有限元分析载荷设定

有效直径即为菇盖直径，吸盘的有效直径主要受到菇盖直径的限制。不同开口直径的吸盘仿真应力云图如图 4-25 所示。

根据在 ANSYS Workbench 中进行的试验，图 4-26 所示为不同开口直径的吸盘有效直径变化曲线。结果表明，当菇盖直径不变时，随着吸盘开口直径的增大，吸盘的有效直径先逐渐增大，最终达到一个最大值，并不再变化，且该最大值等于菇盖直径。因此，吸盘的最佳开口直径为 25mm，这时吸盘的有效直径能达到最大值。

3. 吸盘吸持过程有限元仿真

（1）有限元分析载荷设定 在吸盘吸持过程有限元仿真中，为了更好地分析吸盘和双孢菇应力变化，将吸持过程分为两个阶段：吸盘下压过程和吸盘吸持过程。吸盘下压过程是指吸盘顶部开始受到压力作用且运动到最低点与双孢菇表面进行接触的加载过程。在软件中

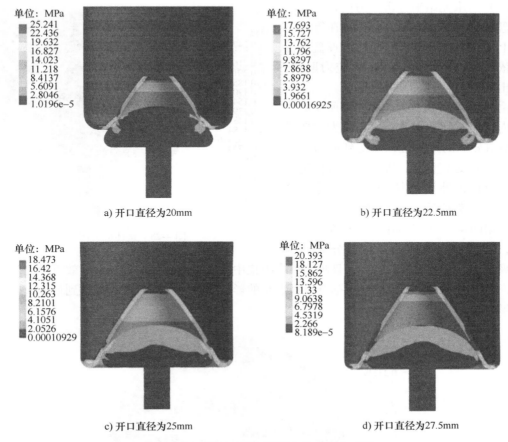

图 4-25　不同开口直径的吸盘仿真应力云图

的设置为：将菇盖下表面添加固定支撑，在吸盘顶面均匀加载 10N 作用力。下压过程结束后，在吸盘容腔表面添加真空负压载荷 0.07MPa，模拟吸盘贴附过程，吸盘有限元载荷加载设置如图 4-27 所示。载荷设置完成后，打开大变形选项，对有限元模型进行求解。

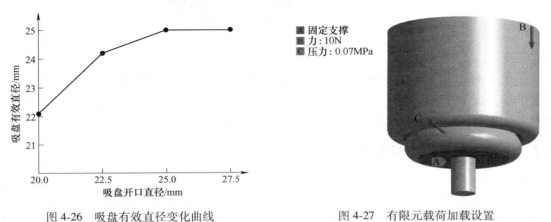

图 4-26　吸盘有效直径变化曲线　　　　　图 4-27　有限元载荷加载设置

（2）有限元结果分析　为更直观地研究吸盘底面各点处的应力变化，在等效应力图上，应用有限元软件探针沿吸盘直径方向依次取 11 个点进行 Mises 应力取值，并绘出吸盘 Mises 应力曲线图。

由图 4-28 可知，柔性膜表面所受应力小于内部颗粒所受应力，这是因为柔性膜材料具有较高的柔软性，在受到应力后会随应力方向发生变形，从而将应力传递给颗粒。所以，外层颗粒是主要的受力对象，而柔性膜表面所受应力较小。

根据图 4-29 可以看出，吸盘在吸持过程中，吸盘和双孢菇的接触部分应力较

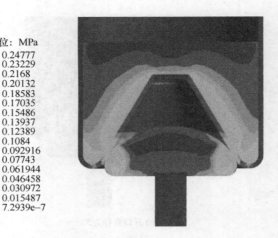

单位：MPa
0.24777
0.23229
0.2168
0.20132
0.18583
0.17035
0.15486
0.13937
0.12389
0.1084
0.092916
0.07743
0.061944
0.046458
0.030972
0.015487
7.2939e-7

图 4-28　整体应力图

大，吸盘中心应力值相对较小，且吸盘的应力集中区域呈圆环状。吸盘的有效直径为圆环的外径，吸盘有效直径的大小受双孢菇直径大小的影响。当吸盘的有效直径达到最大值时，吸持效果最佳。

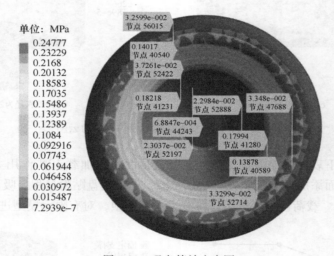

单位：MPa
0.24777
0.23229
0.2168
0.20132
0.18583
0.17035
0.15486
0.13937
0.12389
0.1084
0.092916
0.07743
0.061944
0.046458
0.030972
0.015487
7.2939e-7

3.2599e-002
节点 56015

0.14017
节点 40540

3.7261e-002
节点 52422

0.18218
节点 41231

2.2984e-002
节点 52888

3.348e-002
节点 47688

6.8847e-004
节点 44243

0.17994
节点 41280

2.3037e-002
节点 52197

0.13878
节点 40589

3.3299e-002
节点 52714

图 4-29　吸盘等效应力图

由图 4-30 可知，应力由边缘位置到中心位置再到边缘位置呈类抛物线分布特点，中心位置的应力较小且较为均衡，边缘位置应力较大且相对于中心位置近似对称分布，表明吸盘对椭圆度较高的双孢菇的应力分布是对称的，且吸盘表面所受应力较为集中。

4.2.5　末端执行器样机制作与试验

1. 末端执行器样机制作

末端执行器的样机制作是一个复杂的过程，需要涉及机械设计、材料加工、控制系统等多个方面的知识。制作出的样机需要进行严格的测试和性能评估，以确定其实际的工作性能和适用范围。双孢菇柔性仿形末端执行器样机如图 4-31 所示，气动回路的气源采用微型直

流真空泵，工作电压为 220V，最大真空度可达-70kPa，同时配备了负压调压阀，最大流量为 140L/min，压力调节范围为-1.3~-100kPa。末端执行器的柔性膜采用乳胶材质，颗粒物分为石英和 POM 塑料球两种，其他连接部件均使用铝合金材质。

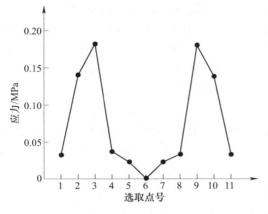

图 4-30　吸盘 Mises 应力曲线

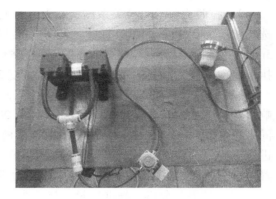

图 4-31　末端执行器样机

2. 末端执行器性能指标试验

（1）试验材料与方法　吸持式采摘末端执行器的主要性能指标是其对物体的吸持力，然而吸持力的直接测量并不容易，因此常常采用测量拉脱力的方式来验证末端执行器的性能。影响末端执行器性能的因素有很多，包括吸持负压、双孢菇直径、柔性膜厚度、颗粒直径等。为了确定这些因素对末端执行器性能的影响，对试制的末端执行器进行了拉脱力试验。该试验可以更准确地评估末端执行器的性能，为其进一步的优化提供参考。

选用东日仪器有限公司的单立柱电子拉力试验机对双孢菇模型进行拉脱力试验，试验中使用了树脂材料打印直径分别为 25mm、35mm、45mm 的双孢菇模型，厚度分别为 0.7mm、0.9mm、1.1mm 的柔性膜，以及直径分别为 200 目（约 0.063mm）、20 目（约 0.85mm）的石英和直径为 3mm 的塑料球作为颗粒填充物。在试验过程中，末端执行器通过连接件固定在拉力试验机的活动端，而双孢菇模型则通过夹持器固定在试验机的固定端，如图 4-32 所示。

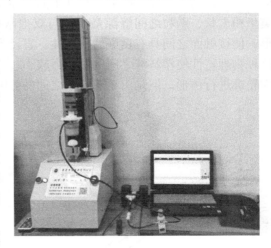

图 4-32　试验平台

1）拉脱力柔性膜厚度关系试验。打开真空泵，关闭所有电磁阀，利用负压调节阀调节负压值，直至达到所需压力值。然后，将拉力试验机的活动端下移，使末端执行器与双孢菇模型接触，并完成仿形。接着，打开电磁阀 D1，使末端执行器吸持住双孢菇模型。在吸持完成后，使用计算机上的拉脱力测试程序对双孢菇进行拉脱力测试。拉力试验机活动端以 10mm/min 的速度上移，逐渐脱离双孢菇模型，直至移动到最高点，单击回零，拉力试验机活动端回到初始位置。在此过程中，计算机记录的最大力即为末端执行器的拉脱力。为了研究柔性膜厚度对末端执行器性能的影响，使用直径为 200 目的石英颗粒作为填充物，更换不同厚度（0.7mm、0.9mm、1.1mm）的柔性膜，对直径为 25mm 的双孢菇模型进行拉脱力试验。通过重复 20 次试验来减少误差，并使用计算机上的拉脱力测试程序来测试拉脱力。

2）拉脱力颗粒直径关系试验。为了研究不同颗粒直径对末端执行器吸持性能的影响，选择厚度为 0.9mm 的柔性膜，并更换安装颗粒直径分别为 200 目的石英、20 目的石英和 3mm 的塑料球。对直径为 25mm 的双孢菇模型进行了拉脱力试验，并通过操作拉力试验机执行双孢菇拉脱力测试程序，每个试验重复 20 次，以获取可靠的试验结果。

3）拉脱力双孢菇直径关系试验。为了研究不同双孢菇直径对末端执行器吸持性能的影响，选择厚度为 0.9mm 的柔性膜和直径为 200 目的石英颗粒作为仿形吸盘的材料。更换不同直径（25mm、35mm、45mm）的双孢菇模型，并分别在负压值为 −10～−70kPa 的范围内进行拉脱力试验，每隔 10kPa 取一个压力值进行试验，每个试验重复 20 次。这样的试验设置可以全面评估柔性仿形吸盘在不同负压值下对不同直径的双孢菇模型的吸持性能。

（2）结果与分析　根据拉脱力与柔性膜厚度试验结果（见图 4-33）可以得出，柔性膜厚度与拉脱力之间的关系呈现出非线性的特点。在相同的负压条件下，厚度为 0.9mm 的柔性膜产生的拉脱力最大，其次是 1.1mm 厚度，最差的是 0.7mm 厚度。这表明，过薄或过厚的柔性膜都会影响吸持效果。这是因为，过薄的柔性膜缺乏稳定性，容易出现皱褶，影响密封性能；而过厚的柔性膜则仿形能力不佳，容易在接触面之间产生缝隙，影响密封性能。

根据拉脱力与颗粒直径试验结果（见图 4-34）可以得出，不同颗粒直径与拉脱力之间的负相关关系。在相同的负压值下，直径为 200 目的石英颗粒的拉脱力最大，直径为 3mm 的塑料球次之，直径为 20 目的石英最差。这是因为不同直径或形状的颗粒具有不同的仿形能力，从而与接触面之间的密封性不同，导致相同负压下的拉脱力不同。直径为 200 目的石英呈粉末状，颗粒之间缝隙最小，与双孢菇接触后，颗粒能够根据双孢菇表面轮廓进行仿形，使接触面之间具有良好的密封性。直径为 3mm 的塑料球表面光滑，形状为规则的球体，这种物理特性使塑料球之间的摩擦力较小，与双孢菇接触之后，能够快速移动，对双孢菇表面轮廓进行仿形。但是由于塑料球之间的缝隙较大，其仿形能力弱于 200 目的石英，接触面

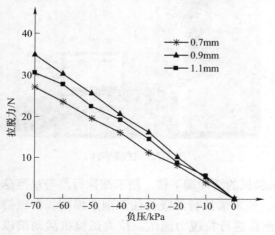

图 4-33　拉脱力与柔性膜厚度关系曲线

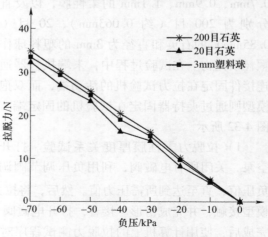

图 4-34　拉脱力与颗粒直径关系曲线

之间的密封性也低于细石英。直径为 20 目的石英直径较大且形状不规则，与双孢菇接触之后，颗粒移动速度较慢，而且颗粒之间存在较大的缝隙，导致其仿形能力最弱，接触面之间的密封性也最低。从试验结果中可以发现，颗粒直径的选择对吸盘的性能有着显著影响。200 目石英颗粒具有最好的仿形能力，能够在接触面之间形成良好的密封，从而获得最大的拉脱力。而塑料球的光滑表面和规则形状使其具有一定的仿形能力，但在接触面之间的密封效果相对较差。大直径、不规则形状的颗粒仿形能力最弱，无法在接触面之间形成足够的密封，从而获得最小的拉脱力。

根据拉脱力与双孢菇直径关系试验结果（见图 4-35）可以得知，吸盘的拉脱力与双孢菇直径呈正相关关系。在相同的负压下，随着菇盖直径的增大，拉脱力也逐渐增大。拉脱力与负压呈近似线性关系，拉脱力与双孢菇直径关系曲线的斜率反映了吸持的有效面积，而斜率在每个负压间隔处都有波动，表明吸持的有效面积也发生了变化。当负压大于−40kPa 时，3 条折线均出现斜率变小的现象。这是因为在较高的负压和较大的作用力下，吸盘表面发生变形导致边缘漏气，从而对拉脱力造成了影响。吸盘的开口直径为 25mm，因此按照下式可计算出各个负压下吸盘吸力的理论值，即

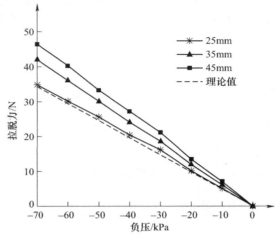

图 4-35　拉脱力与双孢菇直径关系曲线

$$F_1 = |p|A = \frac{\pi D^2 |p|}{4}$$

式中，F_1 为吸盘吸力，N；A 为吸附有效面积，m^2；D 为吸盘有效直径，m；p 为相对压力，Pa。

但在实际试验中，拉脱力均大于理论值。这是因为吸盘的拉脱力与吸持力大小相等，方向相反，吸持力由吸力和摩擦力组成，所以拉脱力大于吸力理论值。在相同的负压下，随着菇盖直径的增大，折线的斜率也逐渐增大，表明吸持的有效面积也随着菇盖直径的增大而增大。这是因为吸盘对菇盖直径较大的双孢菇进行仿形后，接触面发生了变形，导致吸盘有效面积变大。

综合三次拉脱力试验的结果可以得出，吸盘性能受吸持负压、双孢菇直径、柔性膜厚度和颗粒直径等多种因素的影响。改变柔性膜厚度或颗粒直径会影响吸盘的仿形效果，其中采用柔性膜厚度为 9mm、颗粒直径为 20 目的石英时，吸盘的仿形效果最佳。此外，改变吸持负压和菇盖直径也会直接影响吸盘的吸持力大小。改变吸持负压会改变相对压力，而改变菇盖直径会影响吸持的有效面积。

3. 标准真空吸盘对比试验

当前普遍使用的吸盘材质是硅胶。这里选用直径为 25mm 的标准真空吸盘和柔性仿形吸盘（柔性膜厚度为 9mm、颗粒直径为 20 目）进行对比试验。试验过程中，将两个吸盘（见图 4-36）分别安装在拉力试验机上，对直径为 25mm 的双孢菇模型进行拉脱力试验。在负压

为-10~-70kPa的范围内（每隔10kPa取一组数据），对拉脱力进行测量，每个试验重复进行20次。

根据对比试验结果（见图4-37）可得，当真空负压相同时，柔性仿形吸盘的拉脱力高于标准真空吸盘，并且随着真空负压的增大，标准真空吸盘拉脱力的上升趋势也逐渐减小。通过观察两种吸盘与双孢菇模型的接触情况，可以发现标准真空吸盘和双孢菇之间是平面与圆弧面之间的接触，接触面较小且接触面之间的密封程度较差；而柔性仿形吸盘和双孢菇之间是圆弧面与圆弧面之间的接触，接触面较大且接触面之间的密封程度较好。随着真空负压的增大，接触面间的密封程度对吸持力的影响逐渐增加，进一步加大了两者的吸持力差距。

图4-36　两种吸盘实物

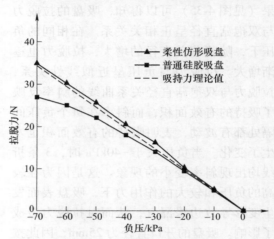

图4-37　两种吸盘拉脱力试验曲线

4. 末端执行器采摘试验

（1）试验材料与方法　为了验证这里所设计的双孢菇采摘末端执行器的实际应用效果，在河南洛阳奥吉特食用菌有限公司进行了采摘试验。试验采用柔性仿形吸盘和直径分别为25mm、35mm和45mm的标准真空吸盘，对200个直径范围在25~50mm之间的双孢菇进行采摘，如图4-38和图4-39所示。

图4-38　标准真空吸盘采摘试验

图4-39　柔性仿形吸盘采摘试验

（2）结果与分析　采摘试验结果见表 4-3。

表 4-3　采摘试验结果

吸盘类型	采摘个数	采摘成功个数	平均气压/kPa
柔性仿形吸盘	200	197	-9.2
标准真空吸盘（25mm）	200	181	-10.3
标准真空吸盘（35mm）	200	185	-9.8
标准真空吸盘（45mm）	200	172	-11.7

结果表明，使用柔性仿形吸盘采摘双孢菇的成功率为 98.5%，而使用直径分别为 25mm、35mm、45mm 的标准真空吸盘的成功率分别为 90.5%、92.5% 和 86%。此外，柔性仿形吸盘所需的平均气压为-9.2kPa，而标准真空吸盘所需的平均气压分别为-10.3kPa、-9.8kPa 和-11.7kPa。值得注意的是，观察到在采摘失败的双孢菇中，有些形状畸形或表面存在缺陷，这导致标准真空吸盘与这些双孢菇的接触面之间存在较大的缝隙，无法对其进行吸持。此外，柔性仿形吸盘在面对形状严重畸形或存在缺陷的双孢菇时，也无法对其完成仿形，从而导致采摘的失败。综合试验结果表明，柔性仿形吸盘可以显著提高双孢菇采摘的成功率，并且所需负压更低。

5. 采后损伤检测

采摘结束后，对人工采摘、柔性仿形吸盘采摘和标准真空吸盘采摘的双孢菇进行了损伤检测。根据损伤检测结果（见表 4-4），人工采摘和柔性仿形吸盘采摘的双孢菇表面基本没有明显损伤，只有极少数的双孢菇表面出现了轻微损伤。相比之下，标准真空吸盘采摘的双孢菇表面出现了不同程度的吸痕，其中有些双孢菇表面的吸痕非常明显。通过综合评定可以得出：人工采摘的采摘损伤率为 1%，柔性仿形吸盘的采摘损伤率为 2.5%，标准真空吸盘的采摘损伤率高达 21%。

表 4-4　损伤检测结果

采摘方式	样本个数	有明显损伤数	有轻微损伤数
人工采摘	200	0	2
柔性仿形吸盘采摘	200	0	5
标准真空吸盘采摘	200	13	28

为了比较在不同采摘方式下，双孢菇的保存状况，随机选取每种采摘方式的 1 个样本，结果如图 4-40 所示。放置 2h 后，人工采摘和柔性仿形吸盘采摘的双孢菇表面保持基本完整，没有明显受损痕迹；标准真空吸盘采摘的双孢菇表面则出现了一道呈圆弧状的吸痕。24h 后，发现在三种采摘方式下，双孢菇表面的菌丝在空气中氧化变为淡黄色。此外，人工采摘和柔性仿形吸盘采摘的双孢菇表面基本上没有变化，而标准真空吸盘采摘的双孢菇表面吸痕颜色加深。

根据采摘试验结果可以得知，柔性仿形吸盘的采摘成功率为 98.5%，比标准真空吸盘高；柔性仿形吸盘采摘的平均气压为-9.2kPa，低于标准真空吸盘的平均气压；柔性仿形吸盘的采摘损伤率为 2.5%，也低于标准真空吸盘。综合对比试验结果可知，柔性仿形吸盘在采摘双孢菇方面的效果和控制性能均优于标准真空吸盘。具体而言，柔性仿形吸盘通过其柔

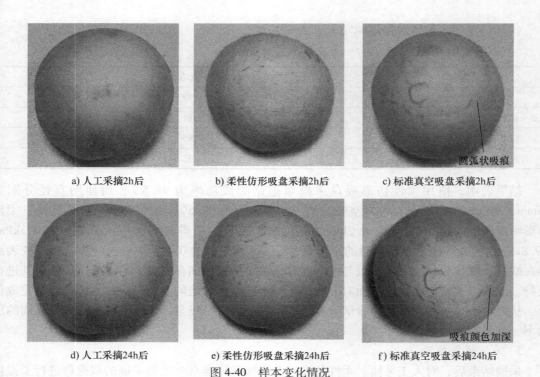

a) 人工采摘2h后   b) 柔性仿形吸盘采摘2h后   c) 标准真空吸盘采摘2h后

d) 人工采摘24h后   e) 柔性仿形吸盘采摘24h后   f) 标准真空吸盘采摘24h后

图 4-40　样本变化情况

软的结构和可调节的吸持力，能够更加准确地适应双孢菇的外形，并且不会对双孢菇的表面造成损伤；标准真空吸盘在吸持力和表面适应性方面表现较差，容易引起双孢菇的破损和变形；柔性仿形吸盘的控制性能也十分出色，其采用气压反馈控制原理，通过对气压的精确控制，能够实现对吸持和释放过程的精确控制。这种精确控制能够确保吸盘在采摘过程中的准确定位和稳定性，从而提高了采摘效率和成功率。总之，柔性仿形吸盘足以满足双孢菇采摘的需求，并且在吸持效果和控制性能方面均表现出色。这一技术的应用将为农业生产提供更加高效、精确、可靠的解决方案，具有广阔的应用前景。

4.3　双孢菇低损采摘机械手设计

4.3.1　双孢菇力学特性研究

1. 双孢菇采摘扭力测定试验

该试验的试验材料、设备、方法及结果同 4.2.1 小节中关于双孢菇采摘扭力的测定。

2. 双孢菇静摩擦系数测定

双孢菇表皮差异小，通过确定双孢菇菇盖静摩擦系数，可以为后续确定双孢菇的最小夹持力提供理论依据，指导采摘机械手的设计。

（1）方法一　自制长 500mm、宽 100mm、厚 10mm 的材料板，材料板上贴有钢板材质，且在一端装有滑轮，将材料板水平放置。从奥吉特食用菌有限公司采摘回来的双孢菇（采摘时间不超过 4h）中随机选取 50 个，将单个双孢菇放置在材料板未安装滑轮一侧。使用细绳与双孢菇通过胶带粘连，通过滑轮，连接在万能试验机上。准备完成后，使用万能试验机以 1mm/s 的速度上升，将双孢菇匀速拉动。通过万能试验机控制界面读取拉力数值，双孢菇与钢片之间摩擦系数 μ 的计算公式为

$$\mu = \frac{F}{F_N} \tag{4-7}$$

式中，μ 为静摩擦系数；F 为最大静摩擦力，值为双孢菇开始移动时的水平拉力值，N；F_N 为正压力，值为与所测双孢菇重量相等，N。

试验前对滑轮摩擦进行预试验测定，由于滑轮自带滚动轴承，滑轮与细绳之间的摩擦力很小（小于 0.05N），远小于双孢菇与钢板材料之间的摩擦力，因此忽略不计。摩擦系数统计结果见表 4-5。番茄、猕猴桃、柑橘等果蔬表皮是一层光滑的果皮，与果肉区别较大，双孢菇区别于其他果蔬，双孢菇表皮与内部生物质相近，新鲜双孢菇表皮会有一层黏膜，双孢菇只在自身重力作用下会与所接触材料之间距离变小到分子引力发生作用的范围，产生黏着力，施加切向拉力，需要克服分子间引力，静摩擦系数较大。

表 4-5　摩擦系数统计结果Ⅰ

项目	最大值	最小值	均值
静摩擦系数	2.44	1.89	2.15

（2）方法二　实际采摘过程中，需要夹持挤压双孢菇，所施加切向力远大于分子间引力，此时黏膜分布于双孢菇与接触材料两侧，黏膜起到润滑作用，静摩擦系数较小。模拟双孢菇采摘情况下，将自制的长 500mm、宽 100mm、厚 10mm 的贴有钢板材质的材料板倾斜一定角度，并将试验双孢菇菇柄一侧切出与材料板相同的角度，放置于材料板中间位置，双孢菇被切面平行于水平面，将 1kg 质量的圆柱铅锤竖直向下施加在双孢菇上，由于铅锤直接置于双孢菇上容易跌落，故采用数显拉力计通过细绳竖直拉放于双孢菇上。观测双孢菇是否滑动，若无滑动，则改变材料板倾斜角度，直到双孢菇刚好滑动，记录材料板角度 θ，重复试验 10 次取平均值。试验原理如图 4-41 所示。

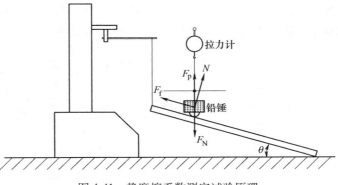

图 4-41　静摩擦系数测定试验原理

由式（4-8）计算双孢菇与钢板之间摩擦系数 μ。

$$\begin{cases} F_f = \mu(N + F_p \cos\theta) \\ F_N \cos\theta = N + F_p \cos\theta \\ F_N \sin\theta = F_f + F_p \sin\theta \\ F_N = mg + Mg - F_p \end{cases} \tag{4-8}$$

式中，N 为正压力，N；F_p 为拉力计示数，N；mg 为蘑菇重量，N；Mg 为铅锤重量，N。

摩擦系数统计结果见表 4-6。所测量摩擦系数较稳定，这里研究内容为双孢菇采摘过程，所施加切向力远大于分子间引力，故取摩擦系数平均值 0.47。

表 4-6 摩擦系数统计结果 Ⅱ

项目	最大值	最小值	均值
静摩擦系数	0.40	0.51	0.47

3. 采摘最小夹持力确定

双孢菇采摘目的是为了双孢菇菇柄与基质分离，采摘过程为夹持菇盖后旋扭双孢菇。采摘最小夹持力为能够有效完成采摘工作且在采摘过程中菇盖与夹持物不发生滑动的夹持力。双孢菇夹持采摘过程中，夹爪夹持方向与自身重力垂直，故夹持旋转过程受重力影响小，可忽略不计，两夹爪施加的压力为 F。由 4.2.1 节力学特性研究中得到了完成采摘工作所需扭力 M，取非异常情况下的最大值 $M = 0.53 \text{N} \cdot \text{m}$，由本节得到了双孢菇菇盖与钢板之间的静摩擦系数 $\mu = 0.47$，取双孢菇采摘最小直径 $D = 25 \text{mm}$，代入式（4-9），可求得双孢菇最小夹持力 $F_{\min} = 4.51 \text{N}$。

$$\begin{cases} F_f = \mu F \\ M = 2F_f \dfrac{D}{2} \end{cases} \tag{4-9}$$

4. 采摘破裂极限夹持力测定试验

（1）试验材料 试验于 2020 年 6 月 25 日在河南科技大学农业装备工程学院实验室进行，选用材料采自河南洛阳奥吉特食用菌有限公司，选取无病虫害、无开伞、无畸形、无损伤的 A 级双孢菇 200 个。试验所用双孢菇为同一批次采摘，菇盖直径范围为 30~50mm。经过测定，含水率平均值为 93%，标准差为 0.51%，含水率测定过程如图 4-42 所示。试验在双孢菇采摘后 6h 内完成，以保证试验材料的新鲜度。

图 4-42 含水率测定

（2）仪器与设备 使用 TA. XTC. 16 质构仪（保圣实业发展有限公司，上海，中国）对双孢菇夹持采摘过程进行模拟，并对挤压力、双孢菇形变量等参数进行测量，该质构仪力量感应元量程为 20kg，升降臂移动速度范围为 0.001~20mm/s，力量感应元精度为 0.001g；使用 CJW888 型电子数显游标卡尺（青岛艾瑞泽电子商务有限公司，山东，中国）测量双孢菇的菇盖直径，精度为 0.01mm；使用 LQ-A20002 精密电子秤（昆山安特计量设备有限公司，江苏，中国）测量双孢菇的质量，量程为 300g，精度为 0.01g；为保证试验材料的新鲜度，将待测双孢菇放置于 HWS-350B 恒温恒湿试验箱内（恒诺利兴科技有限公司，北京，中国），设置储藏温度（3±1）℃、相对湿度（90±2）%；使用高速摄影及配套设备对双孢菇抗挤压过程进行监测记录，高速摄影及配套设备包括 phantom MiroM310 Miro LC320s 高速摄像机（Vision Research，State of New Jersey，美国）、AF-ZOOM-Nikkor 24-85mm f/2.8-4D IF 尼康镜头（尼康公司，东京，日本）等；运行处理软件为 PCC（phantom camera control）图像处理软件。

（3）试验方法　试验采用准静态的平板压缩方式，TA. XTC. 16 质构仪的探头选用 P100 类型，即直径为 100mm 的平板探头，加载速度设定为 1mm/s，测前与测后速度设定为 2mm/s，试验前用一个质量为 1000g 的砝码对质构仪进行校准。双孢菇采摘时所受抓取力作用于菇盖部位，试验时菇盖垂直置于质构仪测试平台上，质构仪及其加载情况如图 4-43 所示。取 100 个双孢菇做重复试验，对双孢菇试样进行数字编号标定并测量其菇盖直径，同时对实验室湿度和温度进行记录。

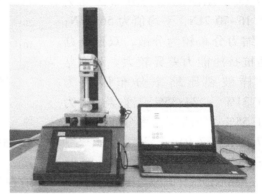

图 4-43　质构仪及其加载情况

抗挤压试验分两组进行：第一组取 50 个双孢菇，使用平板探头对双孢菇试样进行加载，直至双孢菇菇盖被压溃后卸载，由质构仪对压缩力、压缩形变量等参数自动采集、记录，采用高速摄影对加载过程进行实时观测；第二组另取 50 个双孢菇，使用平板探头对双孢菇试样进行加载，直至双孢菇菇盖出现裂纹及破损后立即卸载，将试验后双孢菇与 20 个同批次未压缩双孢菇统一置于 HWS-350B 恒温恒湿箱中储藏，观察并记录双孢菇菇盖的外观品质变化情况。

（4）结果与分析

1）双孢菇菇盖的压缩力-形变量规律。第一组双孢菇菇盖抗挤压试验，得到的压缩力-形变量曲线形态相似，如图 4-44 所示。从开始挤压至菇盖出现裂纹，压缩力与形变量近似直线关系，继续挤压，压缩力上升至峰值后双孢菇被压溃，同时压缩力骤然下降。由高速摄影观测得到，挤压出现裂纹及裂纹扩大过程中，双孢菇无明显生物屈服点出现，压缩力与形变量仍近似直线关系。双孢菇菇盖受挤压所产生的裂纹，首先出现在菇褶与菇盖连接处。双孢菇压溃具体表现为菇盖沿

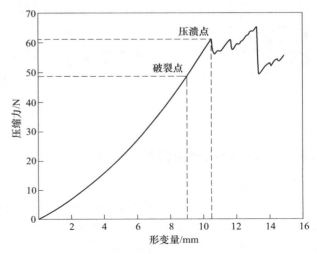

图 4-44　双孢菇菇盖压缩力-形变量曲线

裂纹发生脆性断裂。

双孢菇压缩力出现突变前已经出现裂纹，即双孢菇破裂，压缩力突变即双孢菇压溃。双孢菇机械损伤范围统计如图4-45所示。双孢菇试样破裂压缩力分布区间为 14.45～41.69N，平均值为 29.85N；压溃压缩力分布区间为 39.16~70.71N，平均值为 56.47N；压缩力分布较为分散，双孢菇菇盖抗挤压能力差异较大。双孢菇试样破裂压缩率分布区间为 11.31%～34.35%，平均值为 21.55%；压溃压缩率分布区间为

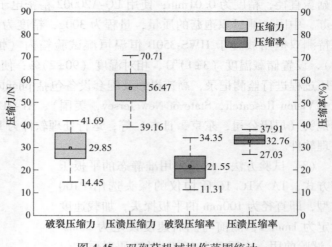

图4-45　双孢菇机械损伤范围统计

27.03%~37.91%，平均值为32.76%；压缩率分布区间集中，表明双孢菇菇盖在外力作用下，结构变化较为一致。

双孢菇试样破裂与压溃分布区间虽然存在部分重叠现象，但多数情况下区分明显，可以根据双孢菇压溃区间指导确定破裂区间，进而指导双孢菇采摘机械手的夹持力及压缩量设定。

2）双孢菇菇盖受挤压后外观品质变化分析。双孢菇菇盖受挤压后内部会造成机械损伤，除了产生塑性形变外，双孢菇表面更容易发生氧化和褐变。如图4-46所示，挤压破裂双孢菇明显比未挤压双孢菇褐变更严重、品质下降更快，且受挤压部位更容易褐变。挤压后双孢菇出现明显塑性形变，商业价值降低。

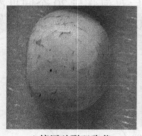 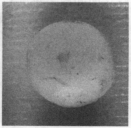  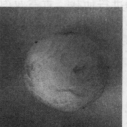

a) 挤压破裂双孢菇　　　b) 未受挤压双孢菇　　　c) 储藏一天后　　　d) 储藏一天后未受
　　　　　　　　　　　　　　　　　　　　　　挤压破裂双孢菇　　　　　挤压双孢菇

图4-46　机械损伤对双孢菇褐变速率的影响

4.3.2　双孢菇机械损伤特性分析

1. 双孢菇机械损伤评估方法

双孢菇工厂化生产中，采摘主要通过夹持菇盖进行，采摘机械损伤主要因夹持挤压所致且损伤部位通常出现在菇盖，双孢菇菇盖所受挤压载荷不同形成以黏弹性变形为主的延迟机械损伤和以脆性破坏形式为主的现时机械损伤。

双孢菇现时机械损伤表现为菇盖受挤压出现裂纹及破损，即严重损伤；双孢菇延迟机械

损伤表现为菇盖受挤压表皮未出现裂纹及破损但卸载后形变未完全恢复，即中轻度损伤。严重损伤的双孢菇由于伤口破裂，会发生局部细胞死亡现象，导致双孢菇的生理及外形发生变化，从而大大降低了双孢菇的品质及感官质量。中轻度损伤的双孢菇由于细胞结构被破坏，从而破坏了底物与酶之间的分隔，产生一系列的酶促反应，加速双孢菇开伞及褐变，影响双孢菇的商品价值。

严重损伤的双孢菇可以直观观测，而中轻度损伤的双孢菇肉眼无法直接观测到。为研究方便，定义中轻度损伤为双孢菇受挤压卸载后静置 1min 形变恢复量，机械损伤度 η 计算式为

$$\eta = \frac{d - d_1}{d} \times 100\%$$

式中，d 为双孢菇菇盖受挤压前预压缩位置直径，mm；d_1 为双孢菇菇盖在预压缩位置受挤压卸载后静置 1min 压缩位置直径，mm。

2. 双孢菇菇盖多因素加卸载试验

试验采用正交试验，以双孢菇菇盖直径、压缩率、加载速度和保持时间为试验因素，以双孢菇塑性应变能、黏性应变能、加载斜率和卸载斜率为压缩力学特性指标，分析恒压缩力保持方式与恒压缩量保持方式在各试验因素下对双孢菇菇盖力学特性及机械损伤的影响。

为了确定双孢菇菇盖的力学特性和机械损伤特性，设计试验因素（见表 4-7）：

1）4 个菇盖直径尺寸：30~35mm、35~40mm、40~45mm 和 45~50mm，选取在市场流通的双孢菇直径范围。

2）4 个加载速度：0.5mm/s、1mm/s、2mm/s 和 5mm/s，属于准静态范围。

3）4 种夹持保持时间：5s、10s、15s 和 20s，保持时间范围模拟双孢菇机械采摘过程所需时间。

4）4 种压缩力：3N、5N、7N 和 9N，选取在双孢菇菇盖未出现严重损伤范围。

国内外采摘机器人采摘机械手依据夹持保持方式分类，可分为两种：恒压缩量保持和恒压缩力保持。恒压缩量保持为采摘执行机构加载达到预设夹持力后，保持夹持形变量不变；恒压缩力保持为采摘执行机构加载达到预定夹持力后，保持夹持加载力不变。由于两种夹持保持方式分属不同控制策略，控制效果对比性较强，故进行两次正交试验。

选用正交表 L_{16}（4^5）安排试验。试验同样采用准静态的平板压缩方式，菇盖垂直置于质构仪测试平台上。试验前对所有双孢菇试样进行数字编号标定，测量双孢菇菇盖受挤压前预压缩位置直径，同时对测试试验的实验室湿度和温度进行记录。为增加试验可靠性，每组试验重复 10 次，共计 160 次加卸载试验，由质构仪对加卸载力、形变量等参数自动采集、记录，在卸载 1min 后对双孢菇菇盖受挤压位置进行直径测量。

表 4-7　试验因素与水平

水平	因素			
	菇盖直径/mm	加载速度/（mm/s）	保持时间/s	压缩力/N
1	30~35	0.5	5	3
2	35~40	1	10	5
3	40~45	2	15	7
4	45~50	5	20	9

采用 SPSS 软件统计分析相关力学特性，并对双孢菇菇盖力学特性与机械损伤度进行相关性分析。采用 MATLAB 软件对数据进行回归分析，设显著性水平 $P = 0.05$，分别建立各试验因素与双孢菇菇盖力学特性、机械损伤度之间的预测模型。

3. 双孢菇物理参数和力学参数测定

试验前使用 CJW888 电子数显游标卡尺测量得到双孢菇菇盖的最大直径 d_{max}、最小直径 d_{min}、受挤压前预压缩位置直径 d，然后计算出双孢菇菇盖的几何平均直径 d_g，作为试验前对双孢菇菇盖尺寸分类的直径标准，计算式为

$$d_g = \sqrt[3]{d \times d_{max} \times d_{min}} \tag{4-10}$$

双孢菇抗挤压试验结束后，对每组试验获得的压缩力、压缩形变求其平均值，分析其力学性能。双孢菇多因素加卸载试验后，从得出的加卸载力-形变曲线中提取力学参数：塑性应变能 E_p、黏性应变能 E_s、加载斜率 r_{s1} 和卸载斜率 r_{s2}。

4. 双孢菇多因素加卸载力学特性分析

试验发现，在恒压缩量保持、恒压缩力保持两种夹持保持方式下，结合其他试验因素进行加卸载试验，分别得到两种压缩力-形变曲线，曲线形态如图 4-47 所示。压缩力-形变曲线可分为 4 段：AB 为加载段，BC 为保持段，CD 为卸载段，DE 为黏着段。$A—B—C—D—A$ 循环围成的面积（压缩力为正值）为滞后损失，即塑性应变能 E_p，表示在加载、保持及卸载循环中双孢菇所吸收的能量。$E—D—E$ 循环围成的面积（压缩力为负值）为黏性应变能 E_s，新鲜双孢菇菇盖受挤压后表皮会与平板探头产生一定黏着力，卸载过程黏着分离所释放的能量即为黏性应变能。加载段 AB 的斜率为加载斜率 r_{s1}，反应双孢菇菇盖的硬度。卸载段 CD 的斜率为卸载斜率 r_{s2}，反应不同加载条件下菇盖的弹力。恒压缩力保持方式加卸载试验过程如图 4-47a 所示，由于双孢菇流变特性，加载力达到预设力且恒压缩力保持后，双孢菇菇盖挤压形变增大。恒压缩量保持方式加卸载试验过程如图 4-47b 所示，加载力达到预设力且恒压缩量保持后，双孢菇菇盖所受压缩力减小。

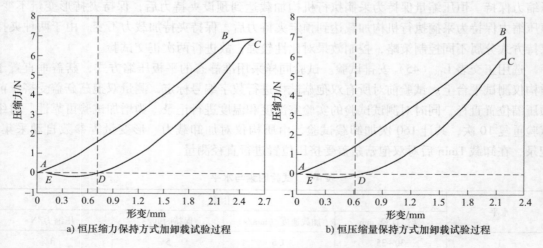

a) 恒压缩力保持方式加卸载试验过程　　　　　b) 恒压缩量保持方式加卸载试验过程

图 4-47　双孢菇菇盖加卸载力-形变曲线形态

5. 不同夹持保持方式加卸载试验结果分析

加卸载试验后，得到不同夹持保持方式试验的双孢菇菇盖力学参数与机械损伤度，见表 4-8。

表 4-8　不同夹持保持方式加卸载试验的双孢菇力学参数与机械损伤度

试验号	恒压缩力保持方式						恒压缩量保持方式					
	F_c/N	E_p/mJ	E_s/mJ	r_{s1} /N·mm^{-1}	r_{s2} /N·mm^{-1}	η(%)	F_c/N	E_p/mJ	E_s/mJ	r_{s1} /N·mm^{-1}	r_{s2} /N·mm^{-1}	η(%)
1	2.988	0.518	0.011	3.037	3.597	0.450	2.641	0.457	0.008	2.974	3.151	0.335
2	4.999	1.863	0.025	3.329	4.004	1.251	4.115	1.801	0.023	3.100	3.705	1.505
3	7.000	3.808	0.078	3.792	4.443	1.899	5.279	3.852	0.097	3.155	3.709	2.410
4	9.000	7.971	0.147	3.690	4.930	3.587	6.131	6.964	0.156	3.476	3.801	2.909
5	3.000	0.797	0.033	2.722	3.286	0.826	2.387	0.610	0.025	2.606	2.985	0.644
6	5.001	2.569	0.069	2.822	3.839	1.887	3.956	2.027	0.062	2.740	3.168	1.431
7	6.993	3.009	0.068	3.383	4.096	1.329	5.567	3.474	0.096	3.289	3.544	1.641
8	8.998	6.155	0.081	3.685	4.427	2.035	6.322	5.894	0.083	3.639	3.855	2.168
9	2.991	0.653	0.013	3.105	3.586	0.603	2.322	0.639	0.027	2.449	2.697	0.691
10	4.986	1.900	0.059	3.046	3.955	1.208	4.034	1.749	0.064	2.561	2.736	1.043
11	7.001	3.646	0.094	3.129	4.191	1.610	5.535	3.509	0.056	3.359	3.660	1.405
12	8.985	5.614	0.111	3.411	4.387	2.039	7.240	5.679	0.108	3.388	3.843	1.900
13	2.997	0.539	0.023	2.538	3.211	0.467	2.277	0.601	0.028	2.471	2.594	0.491
14	4.997	1.721	0.069	3.161	4.116	1.192	4.068	1.698	0.091	2.898	3.303	1.062
15	6.992	5.037	0.093	3.224	4.220	2.210	4.931	4.181	0.088	3.130	3.121	1.482
16	9.021	6.473	0.087	3.577	4.835	2.475	6.985	6.180	0.095	3.181	3.504	2.016

注：F_c 为卸载时刻压缩力。

不同试验条件下，塑性应变能 E_p 区间范围为 $0.457\sim7.971$mJ，最大值是最小值的 17.4 倍；黏性应变能 E_s 区间范围为 $0.008\sim0.156$mJ，最大值是最小值的 19.5 倍；加载斜率 r_{s1} 区间范围为 $2.449\sim3.792$N·mm^{-1}，最大值是最小值的 1.5 倍；卸载斜率 r_{s2} 区间范围为 $2.594\sim4.930$N·mm^{-1}，最大值是最小值的 1.9 倍；机械损伤度 η 区间范围分别为 $0.335\%\sim3.587\%$，最大值是最小值的 10.7 倍。塑性应变能 E_p、黏性应变能 E_s、机械损伤度 η 最值倍数大，表明双孢菇菇盖吸收能量及黏性所释放能量差异较大，机械损伤度的区分度较高，这三个指标可有效区分不同试验条件下双孢菇菇盖差异状况。加载斜率 r_{s1} 最值倍数小，表明双孢菇试样菇盖硬度差异较小，试验过程中有效控制了不相关的试验因素。卸载斜率 r_{s2} 的最值倍数略大于加载斜率 r_{s1} 的最值倍数，表明试验后双孢菇弹性有所变化。

6. 力学特性与机械损伤相关性分析

采用 Pearson 相关系数对不同夹持保持方式下双孢菇菇盖力学特性与机械损伤度的相关性进行分析。相关系数 r 通过式（4-11）计算得到，相关性分析结果见表 4-9。

$$r = \frac{\sum_{i=1}^{n}(X_i - \overline{X})(Y_i - \overline{Y})}{\sqrt{\sum_{i=1}^{n}(X_i - \overline{X})^2}\sqrt{\sum_{i=1}^{n}(Y_i - \overline{Y})^2}} \tag{4-11}$$

式中，n 为试验数；X_i，Y_i 分别为样本 X、Y 对应的 i 试验点所得结果；$\overline{X}$，$\overline{Y}$ 分别为 X 样本

平均数、Y 样本平均数。

由表 4-9 得到，恒压缩力保持方式试验得到的力学特性与机械损伤的相关性由大到小依次为塑性应变能 E_p、黏性应变能 E_s、卸载斜率 r_{s2}、加载斜率 r_{s1}，相关系数分别为 0.947、0.919、0.692、0.893，均达到了显著水平（$P<0.01$）。双孢菇恒压缩量保持方式试验得到的力学特性与机械损伤的相关性由大到小同样依次为塑性应变能 E_p、黏性应变能 E_s、卸载斜率 r_{s2}、加载斜率 r_{s1}，相关系数分别为 0.904、0.894、0.774、0.801，均达到了极显著水平（$P<0.0001$）。不同夹持保持方式下，塑性应变能 E_p 与机械损伤度 η 的相关系数最大，说明塑性应变能与机械损伤的变化势态最为接近。

表 4-9　双孢菇菇盖力学特性与机械损伤度的相关性

力学特性	η			
	恒压缩力保持方式		恒压缩量保持方式	
	相关系数 r	显著性 P	相关系数 r	显著性 P
E_p	0.947	<0.0001	0.904	<0.0001
E_s	0.919	<0.0001	0.894	<0.0001
r_{s1}	0.692	<0.01	0.774	<0.0001
r_{s2}	0.893	<0.0001	0.801	<0.0001

塑性应变能可以有效表示果蔬的机械损伤程度，但实际生产中，塑性应变能不易直接测量，这里定义的机械损伤度测量方法较为简便，且机械损伤度与塑性应变能之间相关性最大，故可有效表示双孢菇机械损伤程度，实用性好。

7. 塑性应变能和机械损伤的预测模型

采用 SPSS 软件进行多元线性回归。由上文分析得到，塑性应变能与机械损伤度的相关性最大，故建立各试验因素与塑性应变能 E_p、机械损伤度 η 之间的数学模型。

双孢菇采摘机械的可靠夹持，取决于夹持保持过程中最小夹持力，若最小夹持力太小，则双孢菇脱落，无法完成采摘作业。恒压缩量保持方式在压缩保持过程中压缩力减小，保持过程中卸载压缩力最小，而恒压缩力保持方式在压缩保持过程中压缩力基本无变化。为对比不同夹持保持方式在相同最小夹持力下的力学特性及机械损伤度，以卸载时压缩力替代试验预设压缩力，建立各试验因素与塑性应变能及机械损伤度的回归方程，见表 4-10。塑性应变能和机械损伤度的预测模型 R^2 均达 0.9 以上，方程均达到了极显著水平（$P<0.0001$），说明所建立的回归方程可以进行指标预测，同时也可作为试验因素对指标影响评价的依据。

表 4-10　试验因素与塑性应变能及机械损伤度的回归方程

夹持保持方式	回归方程	R^2	显著性
恒压缩力保持方式	$E_p = -3.273 - 0.010D + 0.981F - 0.004v + 0.084t$	0.956	<0.0001
	$\eta = -0.341 - 0.016D + 0.311F - 0.001v + 0.054t$	0.904	<0.0001
恒压缩量保持方式	$E_p = -3.847 - 0.009D + 1.320F + 0.090v + 0.080t$	0.943	<0.0001
	$\eta = 0.447 - 0.038D + 0.394F + 0.085v + 0.038t$	0.942	<0.0001

注：D 为菇盖直径，mm；F 为压缩力，N；v 为加载速度，mm·s^{-1}；t 为保持时间，s。

四种试验因素中压缩力 F 对双孢菇塑性应变能 E_p 及机械损伤度 η 影响最为显著。恒压缩力保持方式下，压缩力每增加 1N，塑性应变能平均增加 0.981mJ，机械损伤度平均增加 0.311%。恒压缩量保持方式下，压缩力每增加 1N，塑性应变能平均增加 1.320mJ，机械损伤度平均增加 0.394%。保持时间、加载速度、菇盖直径对双孢菇塑性应变能及机械损伤度的影响较小。

将采摘参数代入表 4-10 中的公式，即可得到塑性应变能 E_p 和机械损伤度 η 的预测值。图 4-48 显示了两种夹持保持方式在正交试验中 16 种采摘参数下的塑性应变能 E_p 和机械损伤度 η 的对比结果。结果表明，恒压缩量保持方式的塑性应变能 E_p 和机械损伤度 η 均高于恒压缩力保持方式。因此在同样的采摘参数下，恒压缩力保持方式下双孢菇吸收能量更少，对双孢菇造成的机械损伤更小，恒压缩力保持方式优于恒压缩量保持方式。

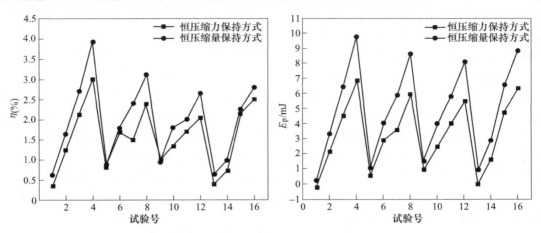

图 4-48　不同夹持保持方式的机械损伤度与塑性应变能

4.3.3　双孢菇采摘机械手设计

1. 设计方案

采摘机械手需要直接作用于目标，其性能直接影响作业质量。双孢菇采摘过程为：采摘机械手与双孢菇可靠固定在一起，双孢菇与基质分离。根据 4.3.2 节的分析，选取恒压缩力保持的控制方式。为实现双孢菇采摘目的，这里提出以下两种设计方案。

（1）气吸式方案　气吸式采摘机械手如图 4-49a 所示。该方案机械手与双孢菇作用位置为菇盖顶端，气缸启动后，吸盘内产生负压，与菇盖接触后，吸盘内抽真空，吸合力使吸盘与菇盖紧密贴合，然后向上拉拔吸盘，带动双孢菇向上运动，使双孢菇与基质分离，完成采摘。吸盘为双层橡胶材质，质地柔软，吸合性优良，双层结构可以有效适应双孢菇不平整菇盖面。吸盘座与机械臂连接处使用弹簧固定，吸盘与双孢菇菇盖之间压力达到一定值时，吸盘座会向上运动，避免了压力太大对双孢菇造成大的损伤。气缸采用可变量输出型，能够实现恒压缩力保持控制。

（2）夹持式方案　夹持式采摘机械手如图 4-49b 所示。该方案机械手与双孢菇作用位置为菇盖侧面，参考人工采摘双孢菇形式。夹爪处于成熟双孢菇菇盖正上方后，夹爪张开，下降到菇盖位置后，夹爪合拢，夹紧双孢菇后，旋转机械手，双孢菇与基质分离，完成采摘。夹爪采用仿形结构，接触面积更大，接触时应力小，接触面为柔性材料，再次减小接触应力，降低机械损伤度。旋转机构的设计有效提高了双孢菇采摘效率，且减低了基质带起程度。控制系统采用闭环控制，也可实现恒压缩力保持控制。

从 6 个方面对两种方案进行对比研究，见表 4-11，确定优选方案。气吸式机构结构简单，受力位置在菇盖顶部，对黏连严重双孢菇适用性较好，但机械手采摘首先需要与目标贴合在一起带动目标运动，气吸式机械手虽然可以与菇盖贴合，然而吸拔力有限，实际采摘试验证明，直接拉拔需要很大拉力，吸拔力过大极易对蘑菇顶部造成损伤，适宜的吸拔力对部分双孢菇进行采摘时，会出现吸持不稳定现象。双孢菇生长过程中，基质需为双孢菇

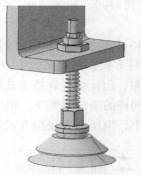 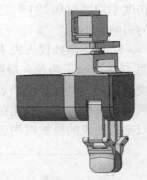

a) 气吸式采摘机械手　　b) 夹持式采摘机械手

图 4-49　设计方案

提供营养，因此菇柄与基质连接处菌丝密集，直接吸拔会带起大量基质，不利于后续分级、输送操作，同时影响该区域下潮菇的继续生长。夹持式机构结构较复杂，由于受力位置在菇盖侧面，对黏连严重双孢菇实用性较差，但在实际栽植过程中，双孢菇黏连会严重影响产出品质，采摘前疏菌能够有效提高双孢菇品质，提高商业价值。它的弧面仿形柔性夹爪可以有效夹持双孢菇，夹持稳定性优良，采摘损伤小，且双孢菇旋转采摘所需扭转力较小，旋转采摘可以适当减小夹爪夹持力，进一步减小了机械损伤度。此外，旋扭双孢菇可以有效减少基质带起量，保护了该区域下潮菇的继续生长。

综合比较两种设计方案，优选夹持式采摘机械手作为最终方案。

表 4-11　方案比较

评价项目	气吸式方案	夹持式方案
菇盖吸夹稳定性	不稳定	稳定
菇盖受力位置	菇盖顶部	菇盖侧面
机构复杂性	简单	复杂
对菇盖适应性	好	好
采摘损伤度	大	小
基质带起程度	多	少

2. 结构设计

（1）总体结构与工作原理　采摘机械手结构如图 4-50 所示，所设计的自适应恒力采摘机械手机构主要由夹持机构、旋转机构、减速电动机、转矩传感器、齿轮机构、连接壳体、自适应恒力控制系统组成。

工作原理为自适应恒力控制系统接收到采摘指令后，控制减速电动机输出转矩，经转矩传感器采集减速电动机转矩信号后，由齿轮传动将动力传送到夹持机构，夹持机构低速合拢，接触到双孢菇后，夹持机构达到适宜抓取力并自适应保持抓取力恒定，实现恒力夹持双孢菇，旋转机构旋转机械手，使双孢菇与基质分离，完成采摘。

夹持机构采用的是四杆机构，四杆所围呈平行四边形，夹爪采用弧面仿形结构，以增大

接触面积，减小接触应变力。接触面上贴有柔性材料，用以减少机械损伤，夹持机构末端运动过程为直线运动，平行四边形的四杆结构特征保证了夹爪在空间上相对连接壳体的姿态一致性，即始终与连接壳体垂直。两夹爪运动过程一直保持平行状态，双孢菇夹持受力均衡。所选用的减速电动机可以较长时间处于堵转状态，工作性能可靠。齿轮传动机构作用在于通过齿轮组对电动机输出减速、增扭，将动力传递给夹持机构。连接壳体将机械手各部分连接在一起，起到封装机械手的作用。旋转机构与采摘机器人采摘机械臂连接，可以使机械手旋转一定角度，将双孢菇扭转采下。

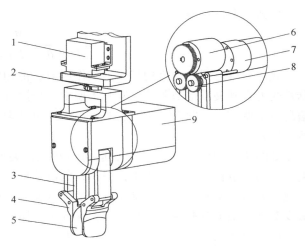

图 4-50　采摘机械手结构图
1—舵机　2—旋转机构　3—夹持机构　4—夹爪
5—柔性材料　6—转矩传感器　7—减速电动机
8—齿轮机构　9—连接壳体

自适应恒力控制器是采摘机械手的"大脑"，负责接收传感器信号及控制电动机输出转矩。

（2）夹持机构设计

1）夹持机构整体设计及力学分析。夹持机构为平行四边形四杆机构，该机构设计的目的是保证夹爪夹持可靠，并保证低损采摘。设计的夹持机构既需要满足双孢菇力学特性需求，还需满足双孢菇机械损伤特性需求，确保双孢菇采摘低损、高效。

夹持机构的紧凑结构设计有助于提高采摘效率。夹持机构受力分析示意图如图 4-51 所示，A、B、C、D 分别是平行四边形四杆机构的铰接点，A 点铰接于采摘机械手连接壳体，D 点与传动齿轮连接输入动力；l_1、l_2、l_3、l_4 分别为四杆长度，其关系见式（4-12）；θ_1 为杆 CD 与水平方向（夹持方向）夹角，$\theta_1 = \theta_0 + \theta_l$，$\theta_0$ 为夹爪初始张开时 CD 与水平方向的角度；θ_2 为杆 BC 与水平方向夹角；θ_l 为杆 CD 运动过程转过的角度。

$$\begin{cases} l_1 = l_3 \\ l_2 = l_4 \end{cases} \tag{4-12}$$

设定 $\angle BCP = 90° + \theta_2$，因此 CP 运动过程始终与水平方向垂直，即平行移动。确定夹持机构长杆 l_1、l_3 的长度为 50mm，宽度为 20mm，厚度为 5mm，AD 之间水平距离为 13mm，垂直距离为 7.5mm。根据双孢菇行业标准，双孢菇采摘直径范围大于 25～45mm，选定 θ_0 为 45°。夹爪张开后两夹爪距离大于 70mm。

传动齿轮输入转矩为 M_1，因此主动杆 l_1 的输出转矩为 M_1（摩擦损耗很小，忽略不计），夹爪夹持双孢菇菇盖，双孢菇菇盖对夹爪产生反作用力 F_p 及摩擦力 f。F_p 方向为水平方向，即垂直于夹爪方向，大小为夹爪夹持力；f 方向为垂直方向，即沿夹爪方向。夹爪在夹持过程中电动机堵转，采摘机械手在夹持阶段近似于平衡力系，以夹持机构为研究对象，将平行四边形四杆机构看作轻质杆，得到以 D 点为中心的转矩平衡方程

$$\begin{cases} M_1 - F_p(l_1\sin\theta_1 + l) - fl_1\cos\theta_1 = 0 \\ f = \mu F_p \end{cases} \tag{4-13}$$

由式（4-13）得

$$F_{\mathrm{p}} = \frac{M_1}{l_1\sin\theta_1 + l + \mu l_1\cos\theta_1} \tag{4-14}$$

式（4-14）即夹持机构与双孢菇作用力、传动转矩之间的数学模型。式中，l 为双孢菇菇盖受力点到夹爪端部距离，实际采摘中，采摘机械手下落距离根据视觉识别系统获取深度信息自动调整，因此 l 值变化范围较小，这里选取夹爪中间位置，$l = 10\mathrm{mm}$；μ 为静摩擦系数，取 $\mu = 0.47$。

如图 4-52 所示，夹爪从 P 点运动到 P' 点，夹爪除了在夹持方向上有位移外，在垂直与夹持方向上也移动了一段距离，但移动的位移量较小，表明采摘机械手夹持过程中既夹紧了双孢菇菇盖，又有对菇盖向基质方向的垂直推力，使菇柄在采摘前有压实基质的动作，可以减少双孢菇采下时菇柄带出基质量，保证了采摘效果。

由几何关系可知，P 点的位移方程为

$$\begin{cases} x_{\mathrm{P}} = l_1\cos\theta_0 - l_1\cos(\theta_0 + \theta_l) \\ y_{\mathrm{P}} = l_1\sin(\theta_0 + \theta_l) - l_1\sin\theta_0 \end{cases} \tag{4-15}$$

将所得位移方程式分别对时间求一阶导数并加以整理后，可得出 P 点的速度方程为

$$\begin{cases} \dot{x}_{\mathrm{P}} = l_1\dot{\theta}_l\sin(\theta_0 + \theta_l) \\ \dot{y}_{\mathrm{P}} = l_1\dot{\theta}_l\cos(\theta_0 + \theta_l) \end{cases} \tag{4-16}$$

由式（4-16）可以看出，夹爪的运动速度除了与输入转速有关外，还与夹持机构转过角度有关，转过角度越大，夹爪水平运动速度越快。为避免夹爪与双孢菇接触瞬间冲击载荷过大造成双孢菇损伤，夹爪在合拢阶段水平速度不宜过快，但合拢速度太慢又会导致采摘时间过长，降低采摘效率。经试验测定，设定单爪合拢速度合适范围为 $30 \sim 40\mathrm{mm/s}$。因双孢菇最小采摘直径为 20mm，故合拢阶段夹持机构输入转速范围为 $6 \sim 10\mathrm{r/min}$。张开阶段不会损伤双孢菇，可以适当增大转速，但转速太快电动机反转瞬时载荷过大，对传动齿轮有较大冲击力，影响电动机的使用寿命，设定单爪张开速度范围为 $40 \sim 50\mathrm{mm/s}$，故张开阶段夹持机构输入转速范围为 $8 \sim 13\mathrm{r/min}$。

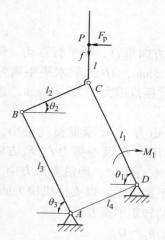

图 4-51　夹持机构受力分析示意图

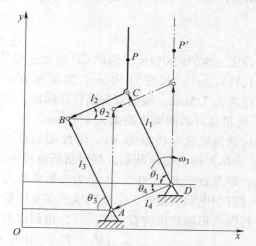

图 4-52　夹持机构运动分析示意图

2）夹爪设计。双孢菇菇盖近似为半球体，确定仿形夹爪夹持面为圆弧面。夹爪需要能夹持所有符合市场需求的双孢菇，双孢菇采摘直径范围应大于 45mm，且考虑到双孢菇被夹持后挤压变形，确定夹爪夹持面的弧面半径为 40mm。双孢菇生长过程中，菇间距较小，为减少对待采菇周围双孢菇的碰撞损伤，爪面设计应轻薄，夹爪边缘无棱角，确定夹爪厚度为 2mm，长度为 48mm，宽度为 34mm。为减小机械损伤，夹持面贴有柔性材料，厚度为 0.5mm。夹爪模型如图 4-53 所示。

图 4-53　夹爪模型

3. 仿真分析

为验证所设计双孢菇采摘机械手在执行采摘任务时的运动合理性，使用 CATIA 软件中的 DMU 模块进行运动仿真。

在设计过程中，首先保证三维模型在装配后静态条件下各零部件设计及安装不发生干涉。设计完成后，在 CATIA 软件中选择 DMU 模块，由于所设计采摘机械手具有夹持及旋转功能，机构自由度为 2，所以要建立两个机械装置，分别完成运动副添加操作，并选择固定零件，然后设置驱动角度，最后进行仿真模拟。

双孢菇采摘机械手运动仿真如图 4-54 所示，图 4-54a 所示为采摘机械手复位并到达指定采摘位置，准备采摘；图 4-54b 所示为采摘机械手恒力夹持双孢菇；图 4-54c 所示为采摘机械手旋转一定角度将菇柄与基质分离，完成采摘。仿真结果表明，双孢菇采摘机械手采摘过程符合采摘要求，结构设计合理。

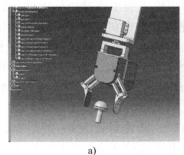　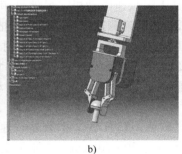　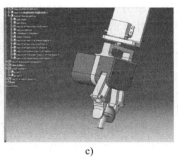

a)　　　　　　　　　　　b)　　　　　　　　　　　c)

图 4-54　采摘机械手运动仿真

4. 控制系统设计

双孢菇采摘机械手执行采摘过程分四个阶段：即夹爪低速合拢、夹爪恒力夹持、旋转机构旋转、夹爪张开释放蘑菇。

（1）减速电动机与转矩传感器选型

1）减速电动机的选型。减速电动机是采摘机械手的动力输出源，主要作用是经由转矩传感器及传动齿轮带动夹持机构运动。由于双孢菇可靠采摘所需最小夹持力为 4.51N，破裂压缩力均值为 29.85N，保留电动机输出余量，夹爪所需夹持力取值为 30N，双孢菇直径取最大值 50mm，代入式（4-14）可以得到夹持机构输入端转矩最大为 1.86N·m，传动齿轮输入端转矩即为电动机所需输出转矩。由传动齿轮传动原理有

$$M_1 = nM_r \tag{4-17}$$

式中，M_r 为传动齿轮输入转矩，N·m；n 为齿轮传动比，由结构得到为 $n=2$。

通过式（4-17）计算得到减速电动机所需转矩为 0.93N·m。考虑到传动过程机械损失以及动力余量，选择 ASLONG JGB37-3530 型的减速电动机，其参数如下：

额定电压为 24V，额定功率为 2.5W，空载转速为 66r/min，空载电流为 50mA，负载转速为 52r/min，负载电流为 100mA，负载转矩为 0.26N·m，额定堵转电流为 0.9A，额定堵转转矩为 1.00N·m，减速比为 1：90，输出轴直径为 6mm，质量为 0.2kg。

2）转矩传感器的选型。转矩传感器一端与减速电动机输出轴连接，另一端连接传动齿轮，用于采集减速电动机输出转矩，是控制机械手恒力夹持的核心部件。选择深圳华力腾科技有限公司生产的 HLT-141 型动态转矩传感器，该传感器内包含敏感元件和集成电路，采用电阻应变电测技术，在弹性轴上粘贴应变计组成测量电桥，当弹性轴受转矩产生微小变形后引起电桥电阻值变化，应变电桥电阻的变化转变为电信号的变化，从而实现转矩测量。该转矩传感器的参数如下：

测量范围为 0~1N·m，精度为 ±0.5%，工作电压为 24V，质量为 0.3kg，输出灵敏度为 ±5V。

（2）开合阶段减速电动机转速与电压关系测定 夹爪的合拢速度通过控制减速电动机转速实现，而减速电动机转速与输入电压有关。探明减速电动机转速与输入电压之间的关系可以有效实现对夹爪合拢速度的控制。确定转速后，记录起动时间，即可得到夹爪转过角度 θ_l，再由式（4-14）可进一步得到堵转转矩，为后续控制提供理论依据。

机械手合拢阶段夹爪无负载，忽略传动机构能量损失，确定减速电动机转速与输入电压之间关系方法如下：3D 打印夹具固定减速电动机，另外打印可以安装于电动机轴上的旋转叶片，并在叶片一端贴上反光纸。将转速测速仪水平固定，把减速电动机放置于转速测速仪正前方，两者距离为 150mm，使转速测速仪射出激光能够射到安装于减速电动机输出轴上叶片的反光纸上，转速测速仪接收到反射激光，测得减速电动机转速。减速电动机电源为直流可变电源，手动改变电压，测得不同电压条件下减速电动机转速，记录试验结果，如图 4-55 所示。

试验所用转速测速仪选用优利德 UT371/372 型数显转速仪，测速量程为 0~999r/min，测量精度为 ±0.04%，距离目标范围为 50~200mm。直流可变电源选用 A-BF SS-L303SPV 型高精度直流稳压电源，电压精度为 0.1mV，具有电压自校准功能。

试验结果如图 4-56 所示。电动机电压低于 2V，电动机转速为零，电动机电压低于 4V，转速太低，不易测量，故取电压范围为 4~24V。由图 4-56 可知，5 组试验结果中转速基本一致，稳定性优良，该型号减速电动机在所测量电压范围内，转速与电压成正比关系。基于上述结果，可以选定某一输入电压作为夹爪合拢速度控制量，且推导的合拢角度精准，易于控制。

（3）夹持阶段减速电动机堵转特性

1）减速电动机理论堵转特性 采摘机械手动力由减速电动机输入，经由齿轮机构传输动力。减速电动机结构为直流电动机与减速器串联，根据直流电动机自身特性得到

直流电动机电磁转矩为

$$M_e = K_t i \tag{4-18}$$

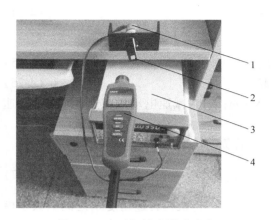

图 4-55 电动机转速测试试验
1—减速电动机 2—反光纸 3—直流可变电源
4—数显转速仪

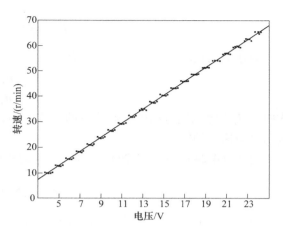

图 4-56 电动机转速测试试验结果

式中，M_e 为电磁转矩，N·m；K_t 为电动机的转矩常数；i 为电枢电流，A。

由基尔霍夫定律可得

$$L\frac{\mathrm{d}i}{\mathrm{d}t} + Ri + E = u_m \tag{4-19}$$

式中，L 为电动机电感，H；R 为电枢电阻，Ω；E 为电动机反电势，V；u_m 为电动机电枢电压，V。

电动机反电势为

$$E = K_b\dot{\theta}_m \tag{4-20}$$

式中，K_b 为电动机反电势常数；$\dot{\theta}_m$ 为减速电动机减速前的直流电动机转动角度。

电机电枢电压为

$$u_m = K_s u_c \tag{4-21}$$

式中，u_c 为控制电压，即输入电压，V；K_s 为功率放大系数。

通常情况 L 值很小，可忽略不计，因此令 $L=0$，则可得

$$M_e = \frac{K_t}{R}(K_s u_c - K_b\dot{\theta}_m) \tag{4-22}$$

式（4-22）表示电动机的输入电压、电磁转矩与转动角度之间的关系。

直流电动机的动力学特性方程为

$$M_e = J\ddot{\theta}_m + D\dot{\theta}_m + M_{Coul} + M_n \tag{4-23}$$

式中，J 为电动机转动惯量，kg·m^2；D 为电动机黏滞摩擦阻力系数；M_{Coul} 为未知的库仑摩擦力矩，N·m；M_n 为直流电动机输出端的负载转矩，N·m。

在夹持阶段，电动机堵转。当电动机堵转时，θ_m 变化量为 0，$\dot{\theta}_m$、$\ddot{\theta}_m$ 为 0，由式（4-22）和式（4-23）可得到直流电动机的输入电压 u_c 和负载转矩 M_n 之间的理论关系为

$$M_n = \frac{K_t}{R} K_s u_c - M_{Coul} \tag{4-24}$$

减速电动机减速过程计算公式为

$$\theta_r = n_1 \theta_m \tag{4-25}$$

$$M_r = n_1 M_n \tag{4-26}$$

式中，M_r 为经减速电动机减速器后的负载转矩，$N \cdot m$；n_1 为减速电动机减速比；θ_r 为减速电动机减速后的转动角度。

由式（4-24）、式（4-26）得到减速电动机传动后负载转矩与输入电压之间的关系为

$$M_r = n_1 \left(\frac{K_t}{R} K_s u_c - M_{Coul} \right) \tag{4-27}$$

结合式（4-14）即可建立夹持力 F_p、输入电压 u_c、夹持机构转过角度 θ_1 之间的数学模型，即

$$F_p = \frac{n n_1 \left(\frac{K_t}{R} K_s u_c - M_{Coul} \right)}{l_1 \sin\theta_1 + l + \mu l_1 \cos\theta_1} \tag{4-28}$$

2）减速电动机实际堵转特性。通过减速电动机堵转试验验证上述理论。将减速电动机通过 3D 打印件固定在扭力测试仪上，模拟减速电动机工作状态，打开扭力测试仪，然后打开稳压电源使减速电动机通电，观察不同电压条件下扭力随时间的变化情况，记录试验数据，如图 4-57 所示。

试验仪器选用 A-BF SS-L303SPV 型高精度直流稳压电源，扭力测试仪选用 A-BF BF-10 扭力测试仪，扭力测量范围为 0.1~5N·m，测量精度在 ±1% 范围内。

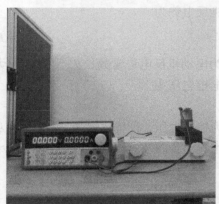

图 4-57 减速电动机堵转特性试验

减速电动机额定堵转转矩为 1N·m，试验测得电压约为 11.5V 时，堵转转矩达到该转矩；当电动机堵转转矩大于 1.5N·m，对应电压为 18V 时，电动机发热明显，不适合长时间工作；电压低于 2V 时，电动机转速为零，电动机不输出转矩。因此，试验选取电压范围为 2~17V。

减速电动机堵转特性试验结果如图 4-58 所示。图 4-58a 所示为不同输入电压下电动机堵转转矩随时间变化情况，由图 4-58a 可知，减速电动机上电后堵转稳定时间小于 1.5s，稳定

时间快，电动机堵转后转矩变化不明显，电动机堵转特性优良，适合机械手夹持阶段使用；电压范围为 2~17V 时，堵转转矩范围为 0.1~1.5N·m，稳定后堵转转矩随电压增大依次增大，且增大量区分较明显。图 4-58b 所示为电动机堵转稳定后（上电后 5s）电动机堵转转矩随电压变化情况，由图 4-58b 可知，虽然整体堵转转矩与电压呈线性关系，但仍有偏差，不易于实现堵转转矩稳定输出，实现机械手的恒力夹持难度大。

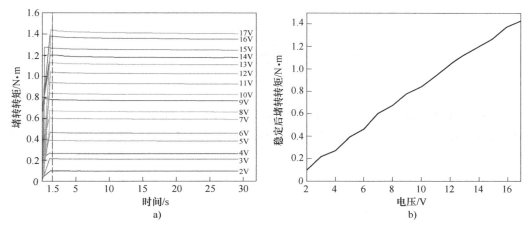

图 4-58　减速电动机堵转特性试验结果

综上所述，减速电动机的开环控制不能实现机械手恒力夹持作业，这里选定采用闭环控制来控制减速电动机输出转矩。

（4）控制系统硬件设计　控制系统采用 Arduino uno r3 开发板，主控芯片为 ATMega328P，工作电压为 5V，内存为 32KB，时钟频率为 16MHz。硬件部分包括减速电动机及驱动器、转矩传感器。软件部分采用 MATLAB 中 Simulink 仿真进行编写。供电包括三部分：减速电动机需要 DC 24V 电源供电，转矩传感器需要 DC 12V 电源供电，Arduino uno r3 开发板需要 DC 12V 电源供电。

（5）控制原理　由前面内容可知，电动机转速范围为 10~65r/min 时，电压范围为 4~24V；电压范围为 2~17V 时，堵转转矩范围为 0.1~1.5N·m；堵转时，减速电动机最大转矩为 0.93N·m，对应电压约为 11V。综上，选定低速合拢阶段对应减速电动机输入电压为 5V，减速电动机转速约为 12.8r/min，输入夹持机构转速为 6.4r/min，符合低速合拢阶段夹持要求。夹爪张开阶段通过时间信号进行控制，对应减速电动机输入电压为-7V，减速电动机转速约为 18.2r/min，输入夹持机构转速为 9.1r/min，符合低速合拢阶段夹持要求。转矩传感器采集到转矩增大到恒力夹持阈值信号后开始计时，预计夹持稳定、旋钮、提升、输送至收集框时间，确定恒力夹持时间为 6s。采摘机械手低速合拢阶段、张开卸载阶段控制简单，而夹持阶段控制复杂，因此这里重点对夹持阶段控制系统进行详细研究。

夹持阶段开始信号是转矩传感器采集到转矩突变到某一阈值范围，通过控制减速电动机电压，进而控制电动机输出扭力，使夹爪夹持力恒定。采摘不同直径大小双孢菇，夹爪张开角度 θ_1 不同，为实现恒夹持力采摘，对应电动机输出扭力不同，但夹爪在夹持阶段张开角度 θ_1 变化微小，可以忽略不计。在夹持阶段前可以通过电动机转速与起动时间计算得到，起动时间为夹爪开始合拢到采集到转矩突变的时间，可以采用闭环控制。因此夹持阶段控制系统为单输入单输出结构。减速电动机控制是一个非线性的控制过程，且控制精度要求高。根据控制需求，这里采用模糊 PID 控制理论方法，建立模糊 PID 控制模型，该模型采用非线性控制，可自适应调参，鲁棒性好。采摘机械手夹持阶段控制原理如图 4-59 所示。

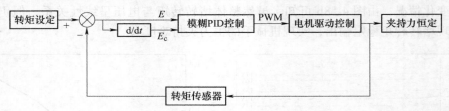

图 4-59　采摘机械手夹持阶段控制原理图

这里采用 MATLAB 软件中 Simulink 仿真进行模糊 PID 控制编写。

1）确定模糊控制器的维数为二维，控制参数为减速电动机输出转矩，模糊控制器的输入变量为系统的偏差 E 及系统偏差变化率 E_c，模糊控制器的输出变量为 PID 控制器三个参数的调整量 ΔK_p、ΔK_i 和 ΔK_d，将 PID 控制器的输出作为整个系统的输出变量。模糊推理系统结构如图 4-60 所示。

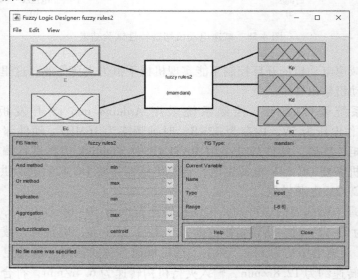

图 4-60　模糊推理系统结构图

2）确定输入输出离散论域的范围 {−6，6}，模糊子集 {NB，NS，ZO，PS，PB}，最后确定合适的隶属度函数，如图 4-61 和图 4-62 所示。

3）制订模糊控制规则（见图 4-63），根据各个模糊子集的隶属度函数及各个参数模糊控制模型（见图 4-64），求出模糊控制表。

4）求出最终 PID 输出变量：

$$\begin{cases} K_p = K_{p0} + \Delta K_p \\ K_i = K_{i0} + \Delta K_i \\ K_d = K_{d0} + \Delta K_d \end{cases} \tag{4-29}$$

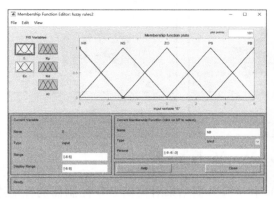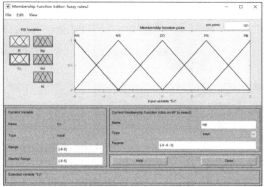

图 4-61　输入变量 E、E_c 的隶属度函数

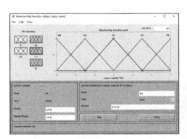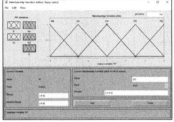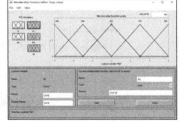

图 4-62　模糊控制器输出变量 ΔK_p、ΔK_i、ΔK_d 的隶属度函数

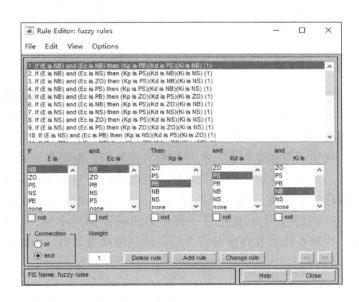

图 4-63　模糊推理编辑器

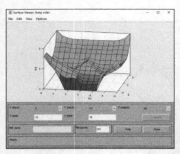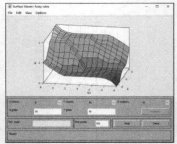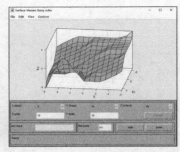

图 4-64　模糊推理 ΔK_{p}、ΔK_{i}、ΔK_{d} 控制模型

5）根据 Simulink 仿真电路图（见图 4-65）和试验数据结果对模糊 PID 控制器的性能进行分析，从而去调整参数值以使控制效果达到理想的状态。

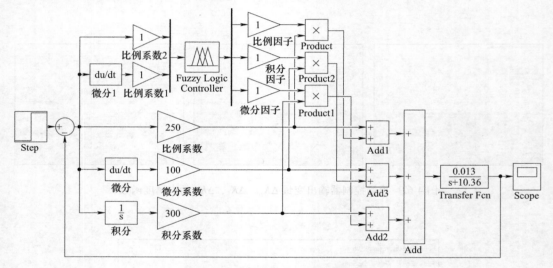

图 4-65　Simulink 仿真电路图

（6）控制流程　控制系统的控制流程如图 4-66 所示。采摘机械手接收到采摘指令后，开始执行采摘工作。夹持机构低速合拢阶段，直流电动机负载小，转矩传感器采集到小转矩信号，控制系统控制电动机低电压工作，电动机低转速运动，夹持机构低速合拢，与双孢菇接触时冲击载荷小，避免了双孢菇损伤。夹持机构夹持阶段，电动机负载增大，转矩传感器采集到转矩增大信号，延时一定时间电动机堵转，控制系统控制电动机电压增大，电动机输出转矩增大，直到输出转矩达到适宜转矩范围（夹持力对双孢菇不造成损伤且能有效完成采摘工作），控制系统继续调整电动机电压，保持输出转矩恒定不变，直到采摘过程结束。夹持机构张开阶段，控制系统接收到张开指令后，控制电动机动力反向输出，夹持机构松开双孢菇。

5. 样机试制

双孢菇采摘机械手样机如图 4-67 所示，仿形夹爪采用 3D 打印加工，夹爪内侧贴有柔性橡胶材料。机械臂的 Z 轴运动带动采摘机械手竖直向下运动，通过控制减速电动机输出扭力使夹爪自适应恒力夹持双孢菇，舵机作为旋转机构动力源带动机械手旋转一定角度，将蘑菇旋扭采下，然后机械臂带动机械手上升，完成采摘动作。

6. 试验验证

（1）试验仪器　使用承映 HZC-TD3 高精度微型圆柱式压力传感器对采摘机械手进行夹持力测定，选用测力范围在 0～20N，传感器精度为 0.3%，输入电压为 12V，材质为优质不锈钢，输出灵敏度为 2×（1±10%）mV，产品尺寸为直径 41mm、高度 25mm。压力传感器搭配六位高精度显示器，实时显示压力测量值，信号 0～5V 变送输出。由于压力传感器测力面为平面，而采摘机械手夹爪内侧为仿形面，为近似模拟采摘过程，采用 3D 打印方式打印出一面为平面、一面为弧面的辅助块，将辅助块分别粘在压力传感器两平面上。试验过程由手机摄像记录，采用 Adobe Premiere 软件进行视频处理。

（2）试验方法　试验模拟采摘过程，采摘机械手夹爪竖直朝下，设定夹持力为 15N，夹爪合拢时单爪最大速度为 35mm/s，夹爪张开时单爪最大速度为 45mm/s，压力传感器测力面垂直于地面放置，选用不同厚度的辅助块模拟不同双孢菇菇盖直径，辅助块厚度分别为 5mm、7mm、9mm。夹爪竖直向下夹持粘有辅助块的压力传感器，试验过程由手机拍摄记录。为保证试验可靠性，分别对各厚度辅助块进行 5 次试验。试验后通过 Adobe Premiere 软件处理视频，记录压力传感器压力随时间变化情况，以及采摘机械手开合阶段所需时间。试验过程如图 4-68 所示。

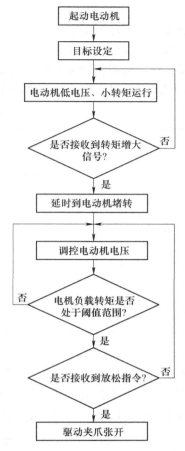

图 4-66　控制系统的控制流程

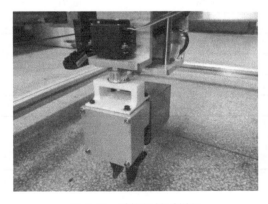

图 4-67　采摘机械手样机

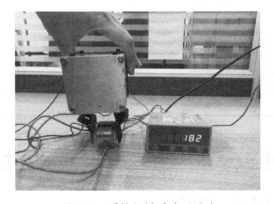

图 4-68　采摘机械手验证试验

（3）试验结果与分析

1）采摘机械手开合阶段。采摘机械手开合阶段所需时间试验结果见表 4-12。采摘机械手开合所需时间较稳定，因此所测定开合速度较为稳定，采摘机械手开合性能稳定。另外，低速合拢阶段所需平均时间均大于张开阶段，符合理论需求。实际开合所需时间均略大于理论值，即实际开合速度略慢于理论计算速度，这是因为传动过程负载及摩擦会导致能量损耗，该过程对扭力输入所需夹爪转过角度计算值会有一定影响，但夹爪最大合拢位移误差为3.675mm，对应传动输入转角变化小，对实际工作性能影响不大。

表 4-12 开合阶段所需时间试验结果 （单位：s）

项目	合拢阶段			张开阶段		
	5mm 厚辅助块	7mm 厚辅助块	9mm 厚辅助块	5mm 厚辅助块	7mm 厚辅助块	9mm 厚辅助块
理论时间	0.51	0.45	0.40	0.40	0.35	0.31
第 1 次试验	0.66	0.73	0.68	0.62	0.38	0.48
第 2 次试验	0.71	0.61	0.64	0.51	0.42	0.53
第 3 次试验	0.74	0.69	0.638	0.55	0.48	0.43
第 4 次试验	0.78	0.7	0.66	0.49	0.53	0.54
第 5 次试验	0.68	0.63	0.64	0.58	0.64	0.36
试验均值	0.68	0.64	0.61	0.52	0.47	0.47

2）采摘机械手夹持阶段。采摘机械手夹持阶段测定夹持力试验结果见表 4-13。试验所测夹持力均值略小于理论值 15N，但误差小于 0.5N，误差值小，夹持可靠。不同大小夹持物所对应的夹持力范围分别为 13.86 ~ 15.74N、13.78 ~ 15.63N、14.57 ~ 16.71N，极差分别为 1.88N、1.85N、2.14N，测量夹持力极差值小于 2.5N，夹持力控制较为稳定。

表 4-13 夹持阶段测定夹持力试验结果 （单位：N）

项目	5mm 厚辅助块	7mm 厚辅助块	9mm 厚辅助块
第 1 次试验	15.74	14.76	16.71
第 2 次试验	13.86	13.78	14.71
第 3 次试验	15.05	14.77	15.71
第 4 次试验	13.87	14.74	14.73
第 5 次试验	15.09	15.63	15.02
试验均值	14.72	14.74	14.57

4.4 双孢菇智能采摘机器人设计

4.4.1 硬件设计

1. 采摘平台结构

双孢菇采摘平台主要由爬升装置、采摘机器人、控制系统组成，如图 4-69 所示。爬升装置置于菇架一侧，可以将采摘机器人运送至待采摘菇床。菇架上安装有 U 形轨道，采摘机器人在轨道上行进，到达采摘区域后进行采摘作业。控制系统硬件置于配电箱内，配电箱安装于采摘机器人桁架上。采摘平台主体结构采用铝型材构建，用以实现便捷装配及轻量化设计。

（1）爬升装置　爬升装置由支撑框架、爬升台、丝杠等组成，主要作用是将采摘机器人运送到不同层菇架以完成采摘任务，及运送满载采摘机器人达到指定位置以更换双孢菇采集框。丝杠与爬升台连接，步进电动机驱动丝杠运动，使爬升台携采摘机器人做上下运动，到达设定高度后采摘机器人行进，进入相应菇架层，完成采摘任务。爬升台上安装有 U 形轨道，与菇架上 U 形轨道对接，便于完成采摘机器人从爬升机构到菇架的平稳过渡。

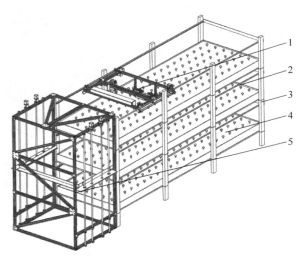

图 4-69　双孢菇采摘平台结构图
1—采摘机器人　2—U 形导轨　3—菇架
4—菇床　5—爬升装置

（2）采摘机器人　采摘机器人整体呈矩形结构，长边为 1.4m，宽边为 1.1m。采摘机器人主要由桁架式行走机构、图像采集装置、蘑菇收集装置、采摘机械手组成，结构如图 4-70 所示。

桁架式行走机构可实现桁架内 X、Y、Z 三轴行进，完成桁架区域内双孢菇定位作业。滑动导轨安装于采摘机器人宽边两侧，引导横梁在桁架区域内进行 Y 轴行进；机械臂垂直安装于横梁上方，通过与滑动导轨连接，实现机械臂在桁架区域内进行 X 轴行进。X、Y 轴驱动方式为步进电动机驱动同步带轮，同步带轮带动滑块行进。机械臂由丝杠、滑块、固定件组成，丝杠与滑块配合，驱动与滑块连接的采摘机械手上下运动，实现采摘机械手的 Z 轴行进。采摘作业时，在桁架所围采摘区域沿 X、Y 轴方向逐行检测、采摘。

图像采集装置硬件主要为 Inter® RealSense™ SR300 深度相机（Intel 公司，加利福尼亚，美国）及连接件。该相机集成深度信息传感器和可见光传感器，能够同时采集物体的 RGB 图像和深度图像，最大成像分辨率为 1920×1080，成像距离范围为 0.11～10m。该相机为结构光型深度相机，不受光照和物体纹理影响，可满足双孢菇菇房弱光照环境图像采集要求。

蘑菇收集装置包括双孢菇收集框及开合式收集框更换机构。蘑菇收集装置安装于采摘机器人桁架上，随采摘机器人运动，便于实现采收一体化，提高采收效率。采摘机械手采到双孢菇且上升后，控制器发送指令控制采摘机械手运行到双孢菇收集框上方，依次摆放所采双孢菇，完成双孢菇收集工作后，采摘机械手回到上一次图像检测位置继续工作。双孢菇收集框装满后，采摘机器人返回到指定位置，开合式收集框更换机构工作，控制器控制电动缸运动，双孢菇收集框从采摘机器人上分离，更换新的收集框后，采摘机器人返回上次采摘位置继续工作。

（3）控制系统硬件　控制系统硬件包括采摘机器人底层控制器、工控机、上位机。

底层控制器选用 STM32 单片机实现采摘机器人的驱动控制，包括在菇架 U 形轨道上行

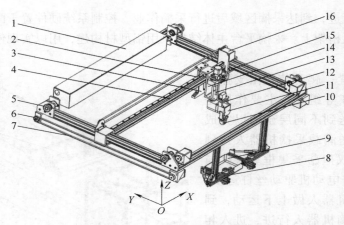

图 4-70　采摘机器人结构图

1—控制柜　2—滑动导轨　3—深度相机　4—横梁　5—轨道轮　6—同步带轮　7—同步带
8—收集框更换机构　9—双孢菇收集框　10—仿形夹爪　11—采摘机械手　12—旋转机构
13—丝杠　14—机械臂　15—滑块　16—步进电动机

进、桁架 X、Y、Z 三轴行进以及采摘机械手的恒力夹持。该单片机采用 ARM cortex-M3 内核 32 位嵌入式处理器，具有支持 USART/SPI 通信协议接口。

工控机采用英特尔四核四线程 J1900 处理器，4G 运行内存，4 个 USB 端口，工作时通过 USB 接口接收并处理深度图像数据信息，再通过 USB 转 TTL 串口模块与采摘机器人底层控制器通信，完成采摘机器人的逐行检测过程。工控机除了上述功用外，还负责接收、处理上位机信息。

上位机为 PC 端，通过无线局域网络与工控机通信，实现采摘机器人的远程监测及控制。

2. 采摘平台工作原理

采摘平台工作原理如图 4-71 所示。图像采集装置采集图像信息到工控机，工控机分析处理图像信息，结合设定参数向采摘机器人底层控制器发送指令，采摘机器人底层控制器向桁架式行走机构、采摘机械手、蘑菇收集装置发送指令，完成双孢菇的采摘及收集。图像采集装置搭载于桁架式行走机构上，两者需协同作业完成图像采集。

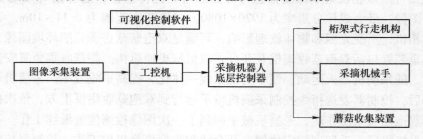

图 4-71　采摘平台工作原理图

4.4.2　图像处理

根据双孢菇行业标准，选用双孢菇菇盖直径作为双孢菇采摘的特征参数，因此双孢菇图像处理需求为定位双孢菇位置坐标及直径检测。

图像处理流程如图 4-72 所示。首先对深度图像进行图像预处理，去除图像中的异常噪声点，然后对基质背景进行分割，提取出菇盖二值图像，再通过坐标转换得到相对世界坐标，得到蘑菇目标的位置坐标，最后进行圆检测得到蘑菇目标的菇盖直径。

图 4-72　图像处理流程图

1. 背景分割

首先通过图像预处理去除深度相机所采集图像中存在的深度值异常的噪声点。在预处理后的深度图像中，双孢菇菇盖的深度值小，基质的深度值大，在进行背景分割时，深度相机发出的结构光无法到达双孢菇菇盖下方，因此形成圆柱状的阴影区域。将深度图像中的背景基质看作海底，将双孢菇看作耸立的岛屿；在海水退潮的过程中，海底会一直被海水淹没，而耸立的孤岛会慢慢显露出来。

背景分割方法为将海水从图像深度值最小值处（海水淹没孤岛）开始，逐渐向深度值最大值处（海底）下降，即从双孢菇顶端向基质逐层检测。第一层 T_1，将深度值最小值像素点 A_1 设置深度值为 0，其他像素点设置深度值为 1，生成二值图像；第二层 T_2，将深度值最小值增加设定阈值 ΔA 后，设置小于等于该深度值的像素点为 0，其他像素点设置为 1，生成二值图像；第三层 T_3，将深度值最小值增加 $2\Delta A$ 后，设置小于等于该深度值像素点为 0，其他像素点设置为 1，生成二值图像；继续下一层检测，当检测至图像深度值上限层 T_4 时，检测结束。式（4-30）为检测过程的公式化描述，逐层检测背景分割过程如图 4-73 所示。

$$
\begin{cases}
A_1 \in 1, (A_1, \infty) \in 0 \\
[A_1, A_1 + \Delta A] \in 1, (A_1 + \Delta A, \infty) \in 0 \\
[A_1, A_1 + 2\Delta A] \in 1, (A_1 + 2\Delta A, \infty) \in 0 \\
\cdots\cdots
\end{cases}
\tag{4-30}
$$

对每一层检测后的二值图像进行封闭区域填充，得到填充图，利用检测后的二值图像减去填充图便得到孤岛图。随着潮水下落，会产生一系列的孤岛图，对孤岛图中的各个孤岛面积（像素点个数）进行分析，寻找双孢菇目标。双孢菇目标是高度最高的，在双孢菇菇盖形成的圆柱阴影的作用下，在水位下降过程中，双孢菇目标形成的孤岛面积在某一段水位区间上几乎不发生变化，这段区间为双孢菇菇盖直径最大处与基质之间的距离。根据这一特性，分割双孢菇目标与基质。

$$
\begin{cases}
\dfrac{|A_{j+k} - A_j|}{A_j} < R \\
A_j \leqslant A_{j+k} \\
A_j > N
\end{cases}
\tag{4-31}
$$

式中，A_j 为第 j 层时的某一双孢菇区域（包含黏连双孢菇区域）的像素点个数；k 为菇盖与

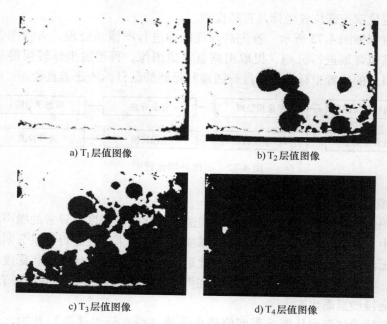

a) T₁ 层值图像　　　　　　　　　　b) T₂ 层值图像

c) T₃ 层值图像　　　　　　　　　　d) T₄ 层值图像

图 4-73　逐层检测背景分割过程

基质间合理分割深度值；R 为像素点个数变化率指标；A_{j+k} 为第 $j+k$ 层时某一双孢菇区域（包含黏连双孢菇区域）的像素点个数；N 为双孢菇深度图像中适宜采摘的双孢菇像素点个数。

k 值与双孢菇本身的高度有关系，应小于菇盖最大直径处与基质之间的距离最小值。试验统计，当双孢菇直径在 15～65mm 之间时，菇盖最大直径处与基质之间距离的分布区间为 8～13mm，考虑到基质表面平整性对双孢菇检测的影响，设定 k 值为 5mm；检测过程中，由于图像未去除噪声影响，R 取值为 0.2。通常情况下，双孢菇直径小于 25mm 不需要采摘，当双孢菇直径为 25mm 时，在深度图像中像素点的个数约为 4500，取 N 为 4300，黏连双孢菇菇像素点个数会远大于 4300，因此也可以正常检测。逐层检测中，将判定为双孢菇的目标保存，检测结束后得到包含双孢菇目标的二值图像。

2. 目标定位及测量

经过背景分割后，得到了包含双孢菇目标的二值图像。对图像进行腐蚀、膨胀和开运算，用以收缩菇盖边界和减少噪声干扰；采用高信噪比、高准确率的改进 Canny 算子进行菇盖边缘检测，得到了双孢菇菇盖轮廓图。双孢菇目标定位及测量过程如图 4-74 所示。为了准确获取目标坐标，通过坐标转换首先将双孢菇深度图像坐标转换为世界坐标，并将双孢菇的坐标平移到坐标第 Ⅰ 象限；然后按照一定的精度离散化，形成一个包含离散点的二值图像；再将菇盖边沿点的三维坐标向 xoy 平面进行投影，并按照 mm 级精度进行网格化，使图像中 1 个单位坐标代表的长度为 1mm；最后，采用 Hough 变换检测菇盖轮廓并计算双孢菇的真实直径。

为了计算双孢菇直径大小，需要将深度图像进行坐标转换。计算机视觉领域有 4 种常见的坐标系：像素坐标系 Ouv、图像坐标系 $O_iX_iY_i$、相机坐标系 $O_cX_cY_cZ_c$、世界坐标系

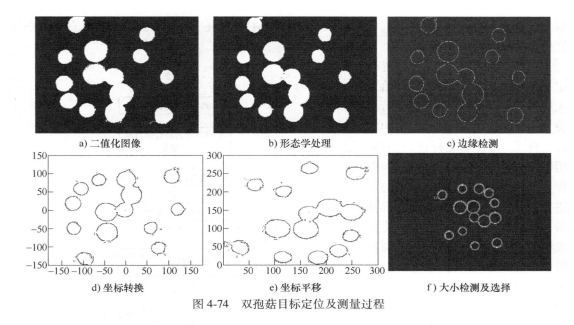

a) 二值化图像　　　　　b) 形态学处理　　　　　c) 边缘检测

d) 坐标转换　　　　　e) 坐标平移　　　　　f) 大小检测及选择

图 4-74　双孢菇目标定位及测量过程

$O_w X_w Y_w Z_w$。深度图像的世界坐标系和图像坐标系的坐标转换关系为

$$Z_c \begin{bmatrix} u \\ v \\ 1 \end{bmatrix} = \begin{bmatrix} f_x & 0 & u_0 & 0 \\ 0 & f_y & v_0 & 0 \\ 0 & 0 & 1 & 0 \end{bmatrix} \begin{bmatrix} \boldsymbol{R} & \boldsymbol{T} \\ 0 & 1 \end{bmatrix} \begin{bmatrix} X_w \\ Y_w \\ Z_w \\ 1 \end{bmatrix} \tag{4-32}$$

式中，Z_c 为深度图像的深度值；u、v 分别为深度图像在图像坐标系下任意点的 X 轴和 Y 轴坐标；u_0、v_0 分别为图像的 x 轴和 y 轴中心坐标；f_x、f_y 分别为相机在 x 轴和 y 轴的焦距；$\boldsymbol{R}$、$\boldsymbol{T}$ 分别为相机外参旋转矩阵和平移向量；X_w、Y_w、Z_w 分别为任意点在世界坐标系下的三维坐标点。

在坐标转化过程中为了简化计算，设置世界坐标系与相机坐标系的原点重合，因此两个坐标系下目标物体深度值相等，即 $Z_c = Z_w$，则相机的外参矩阵 $\begin{bmatrix} \boldsymbol{R} & \boldsymbol{T} \end{bmatrix} = \begin{bmatrix} 1 & 0 \end{bmatrix}$。在世界坐标系和相机坐标系中，相同位置的点的转换公式为

$$\begin{cases} X_w = \dfrac{u - u_0}{f_x} \times Z_c \\[2mm] Y_w = \dfrac{v - v_0}{f_y} \times Z_c \\[2mm] Z_w = Z_c \end{cases} \tag{4-33}$$

经过坐标转换，已知深度图像中的深度值 Z_c，通过式（4-33）可以得到深度图像像素坐标系上各个像素点在世界坐标系的位置。

4.4.3　控制系统

1. 采摘平台控制原理

采摘平台控制原理如图 4-75 所示。系统上电初始化，消除急停报警信息，清除可变参

数。设置双孢菇成熟指标参数，因双孢菇成熟与否主要取决于其直径大小，故取直径大小阈值作为双孢菇成熟指标。

启动采摘平台，爬升装置运行至设定菇架层，工控机发送指令给采摘机器人底层控制器，采摘机器人行进，到达待采摘区域，桁架式行走机构复位后运行，在 X、Y 轴上逐行进行扫描式运动。桁架式行走机构运行同时，深度相机工作，工控机对深度相机传来的图像信息进行识别及处理。检测到可采摘双孢菇后，机械臂进行位置补偿，使夹爪处于成熟双孢菇菇盖正上方，采摘机器人底层控制器与采摘机械手进行通信，控制采摘机械手移动到达指定坐标点完成采摘作业。采到双孢菇后，将双孢菇送到蘑菇收集框内，然后桁架式行走机构驱动图像采集装置及采摘机械手回到断点位置，继续检测、采摘，直到采摘区域内成熟双孢菇采收完毕，采摘机器人行进到下一块采摘区域。该层菇床成熟双孢菇采收完毕后，采摘机器人返回爬升装置，爬升装置将采摘机器人运送到下一层菇床工作，直至完成所有菇床采摘工作。采摘期间若双孢菇收集框装满，采摘机器人返回爬升装置，更换蘑菇收集框后，采摘机器人返回断点采摘位置继续工作。采摘过程中，工控机与可视化控制界面无线通信，实现设定参数读入系统及实时监测采摘状态。爬升装置设定为自动控制，启动后自动按照设定好的程序运行。

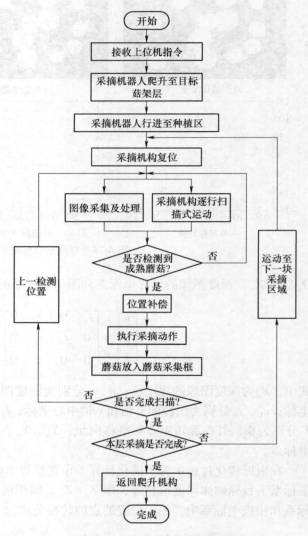

图 4-75　采摘平台控制原理图

2. 视觉位置补偿

由于夹爪与图像采集装置不在同一坐标位置，且一幅图像可能采集多个待采双孢菇目标，因此采摘机械手采摘双孢菇时，应进行坐标位置补偿，使夹爪处于成熟双孢菇菇盖正上方。系统根据采摘机械手布置方式可以在世界坐标系中计算出补偿坐标，其计算公式为

$$\begin{cases} X_{co} = X_{10} + X_m - X_w \\ Y_{co} = Y_{10} + Y_n - Y_w \end{cases} \tag{4-34}$$

式中，X_{co}、Y_{co} 分别为采摘机械手在初始点世界坐标系下的 X 轴、Y 轴坐标；X_{10}、Y_{10} 分别为采摘机械手在 X 轴、Y 轴移动的坐标；X_w、Y_w 分别为待采双孢菇在世界坐标系下的 X 轴、Y

轴坐标；X_{co}、Y_{co} 分别为夹爪到达待采双孢菇中心点位置坐标沿 X 轴、Y 轴方向的坐标。

补偿坐标通过换算即可得到位置补偿距离，即

$$\begin{cases} L_X = X \times u \\ L_Y = Y \times u \end{cases} \tag{4-35}$$

式中，L_X、L_Y 分别为滑块在 X 轴、Y 轴方向的运动距离，mm；u 为世界坐标系中单位坐标对应长度，mm，这里为 1mm。

根据计算得到的夹爪到达待采双孢菇中心点位置在 X 轴、Y 轴的补偿距离，可以得到步进电动机的脉冲数，其计算公式为

$$P = \frac{180LD}{\pi r_{\text{p}} \theta} \tag{4-36}$$

式中，P 为脉冲数；r_{p} 为同步带轮半径，mm；D 为细分数；θ 为步距角；L 为补偿距离。

3. 可视化控制软件

为实现双孢菇采摘机器人远程监测与控制，设计开发了双孢菇采摘控制及监测的可视化控制软件，如图 4-76 所示。可视化控制软件基于 LabVIEW 平台设计开发，通过无线局域网络与采摘平台通信，实现远程 PC 端监测及操控。上位机接收工控机发送来的图像检测结果及采摘信息，接收的数据经解码后，在可视化控制软件界面实时显示。功能包括任意选择双孢菇适宜采摘直径大小阈值，以满足不同的采摘需求，实时显示处理后图像形态，记录双孢菇采摘数量，以及监测采摘机器人工况。

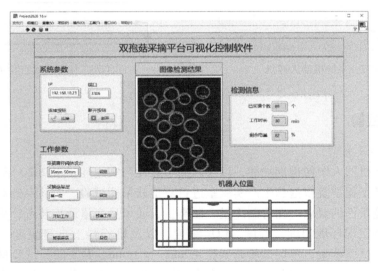

图 4-76　可视化控制软件

4.4.4　样机试制与路径规划

1. 样机试制

双孢菇采摘机器人样机如图 4-77 所示，采摘机器人样机采用电池供电，更换方便，X、Y、Z 轴方向运动极限位置采用限位开关，便于机构复位及避免设备过量运行以保护机器。各零部件按照设计要求安装在指定设计位置，通过控制系统对电动机及其他执行机构的控

制，协同完成双孢菇采摘工作。为了得到采摘机器人行走机构在轨道上的精确行进量，获取采摘机器人精准位置信息，在行走机构的行走轮外侧包裹一层橡胶材料，在菇架 U 形轨道内侧也铺设有橡胶材料，配合使用增加了摩擦力，有效防止了行走轮在轨道上打滑。

2. 路径规划

采摘机器人路径要求为须检测到所有菇床区域，无漏检双孢菇，且采摘效率较高。双孢菇菇架层间距离窄，图像采集系统距离菇床近，所采集图像无法直接覆盖整个桁架区域，想要获取整块桁架采摘区域需要多次采集图片，并进行图像拼接，图像拼接过程复杂，容易产生拼接误差，不益于提高双孢菇采摘效率。因此，这里采用往复式逐行检测方法，在行进过程中完成成熟双孢菇检测及采摘，如图 4-78 所示，图中虚线条框表示采集图像范围。当检测到成熟双孢菇后，采摘机械手采摘双孢菇并将其放置于蘑菇收集框，然后回到上一检测点继续检测、采摘。该方法处理方式简单、易实现、实用性强，能够较好地完成采摘辅助工作。

图 4-77　采摘机器人样机

图 4-78　往复式逐行检测方法

4.4.5　采摘试验

1. 试验条件及材料

为验证采摘机器人图像识别功能，以及采摘可靠性与实用性，于 2020 年 11 月在河南科技大学农业装备工程学院双孢菇生产实验室进行双孢菇采摘试验。实验室针对双孢菇高效工厂化生产对环境条件的要求，拥有制冷量、制雾量、通风量变量调控装置，采用多因素模糊控制策略，能够实现环境温度、湿度、CO_2 浓度，以及培养料土自身温度、湿度的综合调控，实验室内置试验菇架，单层试验菇架长 4.5m，宽 1.4m，共 3 层。试验材料选用河南科技大学农业装备工程学院双孢菇生产实验室自主培养生长的双孢菇，为防止大量畸形菇、劣质菇的生长，保证双孢菇成品品质，提高优质 A 级菇产量，双孢菇子实体长出后，对成团菌菇做疏菌处理，将严重黏连菌菇剔除，最终得到在菇床上生长较为疏松的优质双孢菇。

2. 试验指标

以双孢菇识别准确率为指标考察采摘机器人图像识别的精准性，定义双孢菇识别准确率 r_{de} 为

$$r_{de} = \frac{n_1}{n} \times 100\%$$

(4-37)

式中，n_1 为符合采摘要求且识别准确的双孢菇数量；n 为采摘区域内达到采摘要求的双孢菇总数量。

以双孢菇采摘成功率为指标考察双孢菇采摘机器人采摘稳定性，定义采摘成功率 r_{su} 为

$$r_{su} = \frac{n_2}{n_1} \times 100\% \tag{4-38}$$

式中，n_2 为双孢菇采摘成功数量（针对识别准确的双孢菇），即采后放入到采摘收集框内的双孢菇数量。

以双孢菇采摘严重损伤率为指标考察双孢菇采摘机器人采摘可靠性，定义双孢菇采摘严重损伤率 r_{da} 为

$$r_{da} = \frac{n_3}{n_2} \times 100\% \tag{4-39}$$

式中，n_3 为采到的有肉眼可见损伤的双孢菇数量。

双孢菇机器人采摘产出率 r_{ou} 为

$$r_{ou} = r_{de} r_{su} (1 - r_{da}) \tag{4-40}$$

影响机器视觉识别准确率的因素主要有：漏检、错检、直径测量不合格，分别定义漏检率 r_{md}、错检率 r_{fd}、直径测量最大误差 r_{me} 为

$$\begin{cases} r_{md} = \dfrac{n_{11}}{n} \times 100\% \\[2mm] r_{fd} = \dfrac{n_{12}}{n} \times 100\% \\[2mm] r_{me} = \dfrac{|d_a - d_m|}{d_a} \times 100\% \end{cases} \tag{4-41}$$

式中，n_{11} 为符合采摘要求但漏检的双孢菇数量；n_{12} 为符合采摘要求但错检的双孢菇数量；d_m 为机器视觉测量双孢菇直径，mm；d_a 为实际测量双孢菇直径，mm。

3. 试验条件及材料

在双孢菇菇床上，取 4 块不同采摘区域进行采摘平台采摘试验，每块采摘区域长 1.5m，宽度为菇架宽，即采摘机器人作业幅宽。为验证采摘平台采摘性能，选定采摘机器人扫描行进速度为 0.1m/s；根据前期试验结果，选取夹爪夹持力 20N；依据行业标准 NY/T 1790—2009，选定双孢菇采摘直径为 ≥35mm，允许误差为 5%（在 2mm 以内）。

分别记录各个采摘区域内达到采摘要求的双孢菇总数量 n、符合采摘要求且识别成功的双孢菇数量 n_1、双孢菇采摘成功的数量 n_2、采摘到的有肉眼可见损伤的双孢菇数量 n_3，以及每块采摘区域采摘所花费时间。试验后分别计算双孢菇识别准确率 r_{de}、采摘成功率 r_{su}、双孢菇采摘破损率 r_{da}、采摘产出率 r_{ou} 及采摘速度，试验结果取平均值。另取 4 块相同大小采摘区域进行人工采摘，人工采摘的试验指标计算方法与采摘平台相同，试验过程中记录及计算相应数据，对比验证采摘平台实用性。采摘机器人试验过程如图 4-79 所示。

4. 结果分析

采摘结果见表 4-14。在表 4-14 的基础上，对机器视觉及双孢菇采摘平台性能参数进行分析。

图 4-79　采摘机器人试验过程

表 4-14　采摘平台采摘与人工采摘结果

采摘方式	序号	总数量 n/个	识别成功数量 n_1/个	采摘成功数量 n_2/个	严重损伤数量 n_3/个	采摘时间/min
采摘平台	1	101	93	90	1	10.53
	2	82	76	74	2	9.37
	3	93	88	84	3	10.82
	4	76	71	68	1	10.25
	平均值	88	82	79	1.75	10.24
人工	1	112	92	92	1	5.02
	2	85	70	70	0	4.18
	3	70	66	66	0	3.05
	4	94	82	82	0	4.50
	平均值	90.25	77.5	77.5	0.25	4.19

　　双孢菇个体生长存在差异、基质平整性差，图像处理算法在进行圆检测时，有可能会因为背景分割误差，使双孢菇菇盖边缘不规则，造成轮廓检测失准，因此进行算法检验。图像处理检测结果数据分析见表 4-15。

表 4-15　双孢菇目标检测结果

项目	识别准确率 r_{at1}（%）	漏检率 r_{md}（%）	错检率 r_{fd}（%）	直径测量最大误差 r_{me}（%）
1	92.08	4.95	1.98	3.99
2	92.68	4.88	1.22	2.92
3	94.62	3.23	2.15	4.41
4	93.42	5.26	1.32	3.80
平均值	93.20	4.58	1.67	3.81

　　4 组试验采摘平台采摘识别准确率均高于 92.08%，平均漏检率为 4.58%，平均错检率为 1.67%，直径测量最大误差 r_{me} 均低于 4.5%，机器测量直径均在合格范围内。图像处理算法的检测正确率高，直径测量误差小，满足采摘作业要求。

双孢菇采后结果如图 4-80 所示。采后双孢菇与夹爪接触部位褐变速度较快，双孢菇采摘过程会出现中轻度损伤，采摘过程中对每块采摘区分别抽样 20 个所采双孢菇测定其机械损伤度。

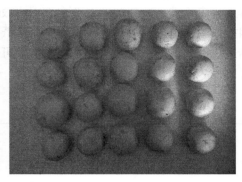

图 4-80　双孢菇采后结果

机械损伤度测量结果如图 4-81 所示，机器采摘平均机械损伤度为 4.65%，人工采摘平均机械损伤率 3.27%，机器与人工采摘机械损伤度均较小。机器采摘由于恒力夹持，故机械损伤度较为集中；人工采摘因为根据基质与菇柄连接力不同施加力不同，故机械损伤度较为分散。从机械损伤角度来看，机器可以替代人工进行双孢菇采摘工作。

试验结果分析见表 4-16。采摘平台平均采摘成功率为 96.34%，平均采摘破损率为 2.21%，平均采摘产出率为 87.79%，平均采摘速率为 8.59 个/min。对比人工采摘，

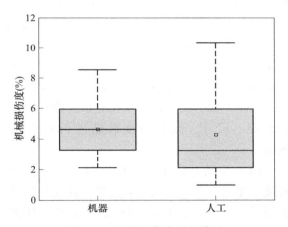

图 4-81　机械损伤度测量结果

虽然采摘平台的采摘速度低于人工采摘，但双孢菇识别准确率提高 9.04%，采摘产出率提高 1.51%。若采摘机器人连续工作 24h，则可采摘约 12369 个蘑菇，大于一个菇架的日产量，因此能够满足双孢菇自动化采收的需要。

表 4-16　采摘平台采摘与人工采摘结果数据分析

项目	采摘平台				人工			
	成功率 r_{at2}（%）	破损率 r_{at3}（%）	产出率 r_{at}（%）	采摘速率 /（个/min）	识别准确率 r_{at1}（%）	破损率 r_{at3}（%）	产出率 r_{at}（%）	采摘速率 /（个/min）
1	96.77	1.11	88.12	9.59	82.14	1.09	81.24	22.31
2	97.37	2.70	87.81	8.75	82.35	0.00	82.35	20.33
3	95.45	3.57	87.09	8.60	94.29	0.00	94.29	22.95
4	95.77	1.47	88.15	7.41	87.23	0.00	87.23	20.89
平均值	96.34	2.21	87.79	8.59	86.50	0.27	86.28	21.62

采摘平台双孢菇识别准确率更高的原因是，人工对双孢菇直径大小估判误差较大，采摘直径不合格的双孢菇较多，而机器识别对直径测量误差小，出现的漏检、错检情况也较少。人工采摘不会出现采摘失败情况，成功率为100%，采摘平台出现采摘失败情况原因是，采摘机器人自身干涉，菇架装有U形轨道边界处双孢菇难以采摘。人工采摘双孢菇严重损伤主要因操作不当造成，采摘严重损伤率非常低，采摘平台采摘时会因菇间黏连，对部分黏连双孢菇造成破损，但采摘严重损伤率较低，可以接受。由结果可知，采摘平台精准性、稳定性、可靠性、实用性均较为良好。

4.5 智能蘑菇采摘机器人

4.5.1 采摘机器人总体结构

智能采摘机器人以扬州奥吉特生物科技有限公司的标准菇房为设计依据，菇床由6层菇架（层间高度为400mm），每层包含18个相互独立基本单元（尺寸为1340mm×1400mm的矩形），以及80mm×40mm铝型材支撑框架组成。采摘机器人装配模型如图4-82所示。

依据实际采摘需要，要求采摘机器人结构简单、模块通用性强、体积小、运动灵活、操作简单、升降高度能精确控制，采摘面积覆盖整个菇床平面，无损采摘及视觉系统能够对不同光照、尺寸、倾斜角度蘑菇进行辨识与测量。

（1）移动升降平台　依据菇房实际生产环境、布局和菇架结构相关数据，移动升降平台设计为：最低工作高度450mm，最高工作高度4200mm，平台宽度1200mm，DC 24V蓄电池供电。采用双柱铝合金4级伸缩式移动升降平台，实现整体升降功能，移动底盘底部装有4个万向轮，方便移动和转向。供电电池、液压系统和电气控制箱布置在底盘上，以降低平台重心增加系统稳定性。

（2）导轨伸缩系统　伸缩装置用以带动采摘机械手臂、末端执行器和视觉系统进行水平移动。由于菇床夹层高度限制，伸缩导轨采用内外侧并列布置方式，以便机械手臂、末端

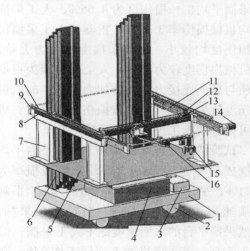

图 4-82　采摘机器人装配模型

1—升降台底盘　2—万向轮　3—电气控制盒
4—动力电池　5—支撑平台　6—四串联伸缩柱
7—导轨系统支座　8—固定导轨　9—同步轮模块
10—传动同步带　11—Y导轨　12—X向电动机
13—X导轨　14—Y向电动机
15—末端柔性手爪　16—采摘机械手臂

柔性手爪、视觉识别与定位相机能够在菇床夹层间灵活移动。X、Y导轨组成类十字滑台系统，并通过滑块连接安装在两端带限位的固定导轨上，并选用高性能闭环步进电动机驱动同步轮-同步带方式实现对导轨系统高速闭环控制。

（3）采摘机械手臂设计　采摘手臂采用具有结构紧凑、竖直空间占用小、作业空间大

等优势的二自由度平面关节机器人布置方案。整个手臂通过腰部支撑座连接固定在 X 导轨滑块上，腕部末端安装用于对蘑菇进行识别与定位的相机。在腰部大臂和肘部小臂关节位置，选用高性能谐波减速器传动，其由闭环直流无刷伺服电动机驱动。采用气缸控制手爪末端 Z 向自由度来实现蘑菇采摘（下降—抓取—上升—放置）过程。

（4）柔性手爪设计　柔性手爪采用三指或四指张开从菌盖顶部向下包裹菌盖，手指施力捏住菌盖边缘，左右各旋转一次的方式来完成对蘑菇的快速无损采摘，其结构如图 4-83 所示。根据褐菇菇体的形态特征参数，柔性手爪外部最宽直径为 100mm，安装板直径为 80mm，单个手指长度为 50mm，手爪充气张开、吸气收缩时末端指节构成圆直径分别为 120mm、60mm，以适应不同尺寸、倾斜角度蘑菇的采摘。其中四指节手指内侧装有测量抓取力的力传感器，指节背面设计成波浪褶皱形状，可满足正向弯曲时的较大抓取力，同时又方便反向弯曲时形成较大张开角度。

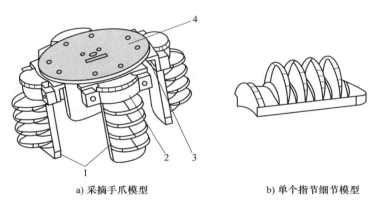

a) 采摘手爪模型　　　　　　　　b) 单个指节细节模型

图 4-83　末端柔性手爪结构

1—手指（4 指节）　2—外侧压紧块　3—内侧连接板　4—安装板

4.5.2　采摘机器人运动学、动力学分析及虚拟样机仿真

本节以机器人学中 D-H（Denavit-Hertenberg）坐标变换方法建立采摘机器人的 D-H 坐标运动学模型，在此基础上对机器人正-逆运动学进行分析及求解；根据运动学关系求取机器人手臂的雅可比矩阵之后，结合拉格朗日动力学模型建立了采摘机器人的动力学方程；利用 Adams 软件创建采摘手臂的虚拟样机模型，验证机器人手臂各个构件速度、力矩等特性。

1. 采摘机器人运动学分析

（1）运动学正解　根据前文采摘机器人机械结构，使用标准 D-H 法建立如图 4-84 所示采摘机器人 D-H 坐标系。其中，$X_0Y_0Z_0$ 为不动坐标系，为末端执行器位置的参考坐标系，$X_8Y_8Z_8$ 为固接在末端执行器上用于表示末端位置和姿态的坐标系，其他坐标系 $X_iY_iZ_i$（$i=1$，2，…，7）分别表示固接在各个连杆上的坐标系。

根据图 4-84 所示坐标系得出采摘机器人连杆 D-H 参数见表 4-17。表中 a_i、α_i、d_i、θ_i 分别表示连杆 $i-1$ 和关节 i 相关的连杆长度、连杆扭转角度、连杆偏移量和关节扭转角度。

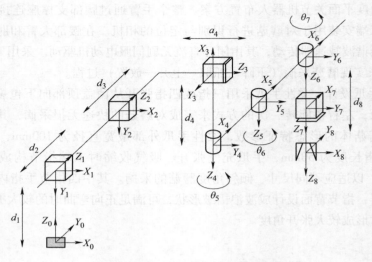

图 4-84　采摘机器人 D-H 坐标系

表 4-17　采摘机器人连杆 D-H 参数

连杆	a_i	α_i	d_i	θ_i
1	0	$-90°$	d_1	0
2	0	0	d_2	0
3	0	$-90°$	d_3	0
4	a_4	$-90°$	d_4	0
5	a_5	0	0	θ_5
6	a_6	0	0	θ_6
7	0	0	0	θ_7
8	0	0	d_8	0

机器人三维空间下基本的齐次变换矩阵集合表示为

$$\mathrm{Trans}(x,a)=\begin{bmatrix}1&0&0&a\\0&1&0&0\\0&0&1&0\\0&0&0&1\end{bmatrix},\ \mathrm{Rot}(x,\alpha)=\begin{bmatrix}1&0&0&0\\0&\cos\alpha&-\sin\alpha&0\\0&\sin\alpha&\cos\alpha&0\\0&0&0&1\end{bmatrix} \tag{4-42}$$

$$\mathrm{Trans}(y,b)=\begin{bmatrix}1&0&0&0\\0&1&0&b\\0&0&1&0\\0&0&0&1\end{bmatrix},\ \mathrm{Rot}(y,\beta)=\begin{bmatrix}\cos\beta&0&\sin\beta&0\\0&1&0&0\\-\sin\beta&0&\cos\beta&0\\0&0&0&1\end{bmatrix} \tag{4-43}$$

$$\mathrm{Trans}(z,c)=\begin{bmatrix}1&0&0&0\\0&1&0&0\\0&0&1&c\\0&0&0&1\end{bmatrix},\ \mathrm{Rot}(z,\gamma)=\begin{bmatrix}\cos\gamma&-\sin\gamma&0&0\\\sin\gamma&\cos\gamma&0&0\\0&0&1&0\\0&0&0&1\end{bmatrix} \tag{4-44}$$

式中，a、b、c 分别为沿 X 轴、Y 轴和 Z 轴平移的距离；α、β、γ 分别为绕 X 轴、Y 轴、Z 轴的旋转角度。

标准 D-H 下，相邻两个关节之间的位姿变换矩阵 $_i^{i-1}T$ 可表示为

$$_i^{i-1}T = \text{Rot}(z_i,\theta_i)\,\text{Trans}(z_i,d_i)\,\text{Trans}(x_i,a_i)\,\text{Rot}(x_i,\alpha_i)$$

$$= \begin{bmatrix} \cos\theta_i & -\sin\theta_i\cos\alpha_i & \sin\theta_i\sin\alpha_i & a_i\cos\theta_i \\ \sin\theta_i & \cos\theta_i\cos\alpha_i & -\cos\theta_i\sin\alpha_i & a_i\sin\theta_i \\ 0 & \sin\alpha_i & \cos\alpha_i & d_i \\ 0 & 0 & 0 & 1 \end{bmatrix} \tag{4-45}$$

变形 D-H 下，θ_i、a_{i-1}、d_i、α_{i-1} 分别为连杆 $i-1$ 和关节 i 相关的关节扭转角度、连杆长度、连杆偏移量和连杆扭转角度。相邻两个关节之间的位姿变换矩阵 $_i^{i-1}T$ 可表示为

$$_i^{i-1}T = \text{Rot}(x_{i-1},\alpha_{i-1})\,\text{Trans}(x_{i-1},a_{i-1})\,\text{Rot}(z_i,\theta_i)\,\text{Trans}(z_i,d_i)$$

$$= \begin{bmatrix} \cos\theta_i & -\sin\theta_i & \sin\theta_i\sin\alpha_i & a_{i-1} \\ \sin\theta_i\cos\alpha_{i-1} & \cos\theta_i\cos\alpha_{i-1} & -\sin\alpha_i & d_i\sin\alpha_{i-1} \\ \sin\theta_i\sin\alpha_{i-1} & \cos\theta_i\sin\alpha_{i-1} & \cos\alpha_{i-1} & d_i\cos\alpha_{i-1} \\ 0 & 0 & 0 & 1 \end{bmatrix} \tag{4-46}$$

根据标准 D-H 约定，由式（4-45）可得相邻两个连杆之间的齐次变换矩阵 $_i^{i-1}T$ 都可以表示为四个基本变换矩阵的乘积，通过简单计算可得 $_i^{i-1}T$ 矩阵，即

$$_1^0T = \begin{bmatrix} 1 & 0 & 0 & 0 \\ 0 & 0 & 1 & 0 \\ 0 & -1 & 0 & d_1 \\ 0 & 0 & 0 & 1 \end{bmatrix}, \quad _2^1T = \begin{bmatrix} 1 & 0 & 0 & 0 \\ 0 & 1 & 0 & 0 \\ 0 & 0 & 1 & d_2 \\ 0 & 0 & 0 & 1 \end{bmatrix}, \quad _3^2T = \begin{bmatrix} 1 & 0 & 0 & 0 \\ 0 & 0 & 1 & 0 \\ 0 & -1 & 0 & d_3 \\ 0 & 0 & 0 & 1 \end{bmatrix},$$

$$_4^3T = \begin{bmatrix} 1 & 0 & 0 & a_4 \\ 0 & 0 & -1 & 0 \\ 0 & 1 & 0 & d_4 \\ 0 & 0 & 0 & 1 \end{bmatrix}, \quad _5^4T = \begin{bmatrix} \cos\theta_5 & -\sin\theta_5 & 0 & a_5\cos\theta_5 \\ \sin\theta_5 & \cos\theta_5 & 0 & a_5\sin\theta_5 \\ 0 & 0 & 1 & 0 \\ 0 & 0 & 0 & 1 \end{bmatrix},$$

$$_6^5T = \begin{bmatrix} \cos\theta_6 & -\sin\theta_6 & 0 & a_6\cos\theta_6 \\ \sin\theta_6 & \cos\theta_6 & 0 & a_6\sin\theta_6 \\ 0 & 0 & 1 & 0 \\ 0 & 0 & 0 & 1 \end{bmatrix}, \quad _7^6T = \begin{bmatrix} \cos\theta_7 & -\sin\theta_7 & 0 & 0 \\ \sin\theta_7 & \cos\theta_7 & 0 & 0 \\ 0 & 0 & 1 & 0 \\ 0 & 0 & 0 & 1 \end{bmatrix},$$

$$_8^7T = \begin{bmatrix} 1 & 0 & 0 & 0 \\ 0 & 1 & 0 & 0 \\ 0 & 0 & 1 & d_8 \\ 0 & 0 & 0 & 1 \end{bmatrix} \tag{4-47}$$

计算得到正运动学方程变换矩阵为

$$_8^0T = _8^0T_8^4T = _1^0T_2^1T_3^2T_4^3T_5^4T_6^5T_7^6T_8^7T = \begin{bmatrix} r_{11} & r_{12} & r_{13} & P_x \\ r_{21} & r_{22} & r_{23} & P_y \\ r_{31} & r_{32} & r_{33} & P_z \\ 0 & 0 & 0 & 1 \end{bmatrix} \tag{4-48}$$

式中，$r_{11} = \cos\theta_7(\cos\theta_5\cos\theta_6 - \sin\theta_5\sin\theta_6) - \sin\theta_7(\cos\theta_5\sin\theta_6 + \sin\theta_5\cos\theta_6)$，$r_{12} = -\cos\theta_7(\cos\theta_5 \sin\theta_6 + \sin\theta_5\cos\theta_6) + \sin\theta_7(\cos\theta_5\cos\theta_6 - \sin\theta_5\sin\theta_6)$，$r_{13} = 0$，$r_{21} = \cos\theta_7(\cos\theta_5\sin\theta_6 + \sin\theta_5\cos\theta_6) + \sin\theta_7(\cos\theta_5\cos\theta_6 - \sin\theta_5\sin\theta_6)$，$r_{22} = \cos\theta_7(\cos\theta_5\cos\theta_6 - \sin\theta_5\sin\theta_6) - \sin\theta_7(\cos\theta_5\sin\theta_6 + \sin\theta_5\cos\theta_6)$，$r_{23} = 0$，$r_{31} = 0$，$r_{32} = 0$，$r_{33} = 0$，$P_x = a_4 + a_5\cos\theta_5 + a_6(\cos\theta_5\cos\theta_6 - \sin\theta_5\sin\theta_6)$，$P_y = d_2 + d_3 + a_5\sin\theta_5 + a_6(\cos\theta_5\sin\theta_6 + \sin\theta_5\cos\theta_6)$，$P_z = d_1 - d_4 - d_8$。

（2）运动学逆解　根据识别定位相机的工作特性，采摘策略采用了点阵列遍历扫描的方法。因此当每次扫描识别之后，采摘机械手臂的腰部位置是由扫描点的位置确定的，为已知条件。故静坐标系导轨系统中 Y 导轨运动量 d_3，X 导轨运动量 a_4 是确定的。结合机械结构本身尺寸所确定的导轨高度参数 d_1，固定导轨伸展运动量 d_2，腰部偏置量 d_4，手臂大臂长度 a_5，小臂长度 a_6，末端执行手爪的旋转角度 θ_7 都是已知量。则有

$$\begin{cases} P_x = a_4 + a_5\cos\theta_5 + a_6(\cos\theta_5\cos\theta_6 - \sin\theta_5\sin\theta_6) \\ P_y = d_2 + d_3 + a_5\sin\theta_5 + a_6(\cos\theta_5\sin\theta_6 + \sin\theta_5\cos\theta_6) \\ P_z = d_1 - d_4 - d_8 \end{cases} \tag{4-49}$$

由式（4-49）可简化为两个方程求解两个未知量的问题。由此求得逆运动学方程解为

$$\begin{cases} \cos\theta_6 = \dfrac{(P_x - a_4)^2 + (P_y - d_2 - d_3)^2 - a_5^2 - a_6^2}{2a_5 a_6} \\ \sin\theta_6 = \pm\sqrt{1 - \cos^2\theta_6} \end{cases} \tag{4-50}$$

解得关节角度为

$$\begin{cases} \theta_5 = \tan^{-1}\left(\dfrac{P_y - d_2 - d_3}{P_x - a_4}\right) - \tan^{-1}\left(\dfrac{a_6\sin\theta_6}{a_5 + a_6\cos\theta_6}\right) \\ \theta_6 = \tan^{-1}\left(\dfrac{\pm\sqrt{1 - \cos^2\theta_6}}{\cos\theta_6}\right) \end{cases} \tag{4-51}$$

2. 采摘机器人手臂动力学分析

（1）机器人手臂雅可比矩阵　根据式（4-49）X 和 Y 坐标方程式，对其求微分并整理得到

$$\begin{bmatrix} \mathrm{d}P_x \\ \mathrm{d}P_y \end{bmatrix} = \begin{bmatrix} -a_5\sin\theta_5 - a_6\sin(\theta_5 + \theta_6) & -a_6\sin(\theta_5 + \theta_6) \\ a_5\cos\theta_5 + a_6\cos(\theta_5 + \theta_6) & a_6\cos(\theta_5 + \theta_6) \end{bmatrix} \begin{bmatrix} \mathrm{d}\theta_5 \\ \mathrm{d}\theta_6 \end{bmatrix} \tag{4-52}$$

将式（4-52）简写为

$$\mathrm{d}\boldsymbol{X} = \boldsymbol{J}\mathrm{d}\boldsymbol{q} \tag{4-53}$$

式中，$\boldsymbol{X} = \begin{bmatrix} P_x \\ P_y \end{bmatrix}$，表示末端柔性手爪的空间位置坐标；广义关节变量 $\boldsymbol{q} = \begin{bmatrix} \theta_5 \\ \theta_6 \end{bmatrix}$，表示大小臂关节的旋转角度变量；$\boldsymbol{J} = \begin{bmatrix} -a_5\sin\theta_5 - a_6\sin(\theta_5 + \theta_6) & -a_6\sin(\theta_5 + \theta_6) \\ a_5\cos\theta_5 + a_6\cos(\theta_5 + \theta_6) & a_6\cos(\theta_5 + \theta_6) \end{bmatrix}$，表示采摘手臂的雅可比矩阵，其反映末端采摘手臂速度随关节变量的变化关系。

由此得到末端执行器线速度和旋转关节角速度等式

$$v = \dot{X} = J\dot{q} = J\begin{bmatrix} \dot{\theta}_5 \\ \dot{\theta}_6 \end{bmatrix} \tag{4-54}$$

（2）雅可比矩阵的一般情况　一般情况的雅可比矩阵从二维扩展到三维，并且该矩阵不仅包含线速度还有角速度，能更好、更全面地反映机器人的运动过程。采摘机器人是属于平面双连杆机械臂，其一般形式的 6×2 雅可比矩阵为

$$J = \begin{bmatrix} -a_5\sin\theta_5 - a_6\sin(\theta_5 + \theta_6) & -a_6\sin(\theta_5 + \theta_6) \\ a_5\cos\theta_5 + a_6\cos(\theta_5 + \theta_6) & a_6\cos(\theta_5 + \theta_6) \\ 0 & 0 \\ 0 & 0 \\ 0 & 0 \\ 1 & 1 \end{bmatrix} \tag{4-55}$$

（3）手臂系统总动能和总势能　将手臂上任意点的线速度和角速度通过雅可比矩阵和变量关节的导数表示出来，则关节的线速度、角速度及动能可表示为

$$\begin{cases} v_i = J_{vi}(q)\dot{q} \\ \omega_i = J_{\omega i}(q)\dot{q} \end{cases} \tag{4-56}$$

$$\begin{aligned} K &= \frac{1}{2}(m v^{\mathrm{T}} v + \omega^{\mathrm{T}} I \omega) \\ &= \frac{1}{2}\dot{q}^{\mathrm{T}}\Big[\sum_{i=1}^{n}\{m_i J_{vi}(q)^{\mathrm{T}} J_{vi}(q)\}\Big]\dot{q} + \frac{1}{2}\dot{q}^{\mathrm{T}}\Big[\sum_{i=1}^{n}\{J_{\omega i}(q)^{\mathrm{T}} R_i(q) I_i R_i(q)^{\mathrm{T}} J_{\omega i}(q)\}\Big]\dot{q} \\ &= \frac{1}{2}\dot{q}^{\mathrm{T}} D(q)\dot{q} \end{aligned}$$

$$\tag{4-57}$$

式中，J_{vi} 和 $J_{\omega i}$ 为雅克比矩阵分量；v 为线速度；ω 为角速度；i 为连杆数；q 为每个关节的广义角速度和线速度；K 为整个刚体动能表达式；m 为总质量；I 为 3×3 的对称矩阵转动惯量；$R_i(q)$ 为各连杆坐标系相对基坐标系的旋转矩阵；$D(q)$ 为惯性矩阵，其对称且正定。

假定整个物体的质量 m_i 都集中在质心处 r_{ci}，则定义总势能为第 i 个连杆的势能之和，则有单个连杆势能和总势能表达式

$$\begin{cases} P_i = m_i g^{\mathrm{T}} r_{ci} \\ P = \sum_{i=1}^{n} P_i = \sum_{i=1}^{n} m_i g^{\mathrm{T}} r_{ci} \end{cases} \tag{4-58}$$

（4）拉格朗日动力学方程　采摘机器人动力学方程是基于欧拉-拉格朗日运动方程建模，其运动方程进行了两个基本假设。

假设 1：机器人动能是其广义关节向量 $\dot{q}$ 的二次型函数，则

$$K = \frac{1}{2}\dot{q}^{\mathrm{T}} D(q)\dot{q} = \frac{1}{2}\sum_{i,j} d_{ij}(q)\dot{q}_i\dot{q}_j \tag{4-59}$$

式中，d_{ij} 是 n×n 惯性矩阵 $D(q)$ 中的元素，对于 $\forall q$，$D(q)$ 是对称且正定的。

假设 2：机器人势能 $P = P(q)$ 与广义关节向量 $\dot{q}$ 无关。

基于以上两个假设可得到拉格朗日动力学方程为

$$L = K - P = \frac{1}{2} \sum_{i,j} d_{ij}(q) \dot{q}_i \dot{q}_j - P(q) \tag{4-60}$$

经简化得欧拉-拉格朗日运动方程为

$$\sum_{j=1}^{n} d_{kj}(q) \ddot{q}_j + \sum_{i=1}^{n} \sum_{j=1}^{n} c_{ijk}(q) \dot{q}_i \dot{q}_j + g_k(q) = \tau_k, k = 1, \cdots, n \tag{4-61}$$

式中，k 为关节数；c_{ijk} 为 Christoffel 符号，被定义为

$$c_{ijk} = \frac{1}{2} \left\{ \frac{\partial d_{kj}}{\partial q_i} + \frac{\partial d_{ki}}{\partial q_j} - \frac{\partial d_{ij}}{\partial q_k} \right\} \tag{4-62}$$

则由式（4-62）可得

$$\begin{cases} c_{111} = \frac{1}{2} \frac{\partial d_{11}}{\partial \theta_5} = 0 \\[2mm] c_{121} = c_{211} = \frac{1}{2} \frac{\partial d_{11}}{\partial \theta_2} = -m_2 a_5 a_6 \sin\theta_6 \\[2mm] c_{211} = \frac{\partial d_{12}}{\partial \theta_6} \frac{1}{2} \frac{\partial d_{22}}{\partial \theta_5} \\[2mm] c_{221} = \frac{\partial d_{21}}{\partial \theta_5} \frac{1}{2} \frac{\partial d_{11}}{\partial \theta_6} \\[2mm] c_{122} = c_{212} = \frac{1}{2} \frac{\partial d_{22}}{\partial \theta_5} \\[2mm] c_{222} = \frac{1}{2} \frac{\partial d_{22}}{\partial \theta_6} = 0 \end{cases} \tag{4-63}$$

定义：

$$g_k = \frac{\partial P}{\partial q_k} \tag{4-64}$$

由式（4-58）和式（4-64）可得

$$\begin{cases} g_1 = \frac{\partial P}{\partial \theta_5} = (m_1 a_5 + m_2 a_5) g \cos\theta_5 + m_2 a_6 g \cos(\theta_5 + \theta_6) \\[2mm] g_2 = \frac{\partial P}{\partial \theta_6} = m_2 a_6 g \cos(\theta_5 + \theta_6) \end{cases} \tag{4-65}$$

由式（4-56）可得一部分动能为

$$\frac{1}{2} m_1 \boldsymbol{v}_1^{\mathrm{T}} \boldsymbol{v}_1 + \frac{1}{2} m_2 \boldsymbol{v}_2^{\mathrm{T}} \boldsymbol{v}_2 = \frac{1}{2} \dot{\boldsymbol{\theta}}^{\mathrm{T}} \{ m_1 \boldsymbol{J}_{v1}^{\mathrm{T}} \boldsymbol{J}_{v1} + m_2 \boldsymbol{J}_{v2}^{\mathrm{T}} \boldsymbol{J}_{v2} \} \dot{\boldsymbol{\theta}} \tag{4-66}$$

另一部分动能为

$$\frac{1}{2} \boldsymbol{I}_1 \omega_1^2 + \frac{1}{2} \boldsymbol{I}_2 \omega_2^2 = \frac{1}{2} \dot{\boldsymbol{\theta}}^{\mathrm{T}} \left\{ \boldsymbol{I}_1 \begin{bmatrix} 1 & 0 \\ 0 & 0 \end{bmatrix} + \boldsymbol{I}_2 \begin{bmatrix} 1 & 1 \\ 1 & 1 \end{bmatrix} \right\} \dot{\boldsymbol{\theta}} \tag{4-67}$$

那么惯性矩阵 $\boldsymbol{D}(\boldsymbol{\theta})$ 为

$$D(\boldsymbol{\theta}) = m_1 \boldsymbol{J}_{v1}^{\mathrm{T}} \boldsymbol{J}_{v1} + m_2 \boldsymbol{J}_{v2}^{\mathrm{T}} \boldsymbol{J}_{v2} + \begin{bmatrix} I_1 + I_2 & I_1 \\ I_2 & I_2 \end{bmatrix} \tag{4-68}$$

则有

$$\begin{cases} d_{11} = m_1 a_5^2 + m_2 (a_5^2 + a_6^2 + 2a_5 a_6 \cos\theta_6) + I_1 + I_2 \\ d_{12} = d_{21} = m_2 (a_6^2 + a_5 a_6 \cos\theta_6) + I_2 \\ d_{22} = m_2 a_6^2 + I_2 \end{cases} \tag{4-69}$$

综合以上运算，得到式（4-70）的系统动力学方程

$$\begin{cases} d_{11}\ddot{\theta}_5 + d_{12}\ddot{\theta}_6 + c_{121}\dot{\theta}_5\dot{\theta}_6 + c_{211}\dot{\theta}_6\dot{\theta}_5 + c_{221}\dot{\theta}_6^2 + g_1 = \tau_1 \\ d_{21}\ddot{\theta}_5 + d_{22}\ddot{\theta}_6 + c_{112}\dot{\theta}_5^2 + g_2 = \tau_2 \end{cases} \tag{4-70}$$

3. 采摘机器人虚拟样机仿真

（1）构建虚拟样机仿真模型　根据机器人构件的尺寸及运动关系构建导轨系统及机械手臂虚拟样机仿真模型如图 4-85 所示。为了便于对导轨系统和机械手臂进行分析，获得位移、力、力矩、速度和时间之间的曲线关系，判断机器人运动学及动力学特性是否得到优化及符合预期优化设计目标，将导轨系统龙门式设计简化为单悬臂梁结构形式。

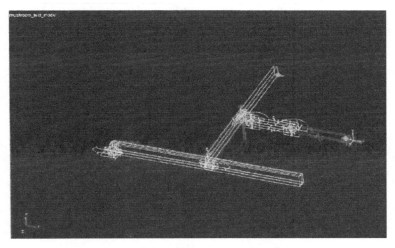

图 4-85　导轨系统及机械手臂虚拟样机仿真模型

（2）参数设置　依据实际材料质量、密度及惯量等属性对样机相关物理属性进行设定。添加约束，固定导轨和大地添加固定约束；Y 导轨和固定导轨、X 导轨和 Y 导轨之间腰部滑块和 X 导轨之间添加滑动副约束，静摩擦系数为 0.5，动摩擦系数为 0.3；大臂和腰部滑块，小臂和大臂之间添加旋转副约束，最大静摩擦系数为 0.2，动摩擦系数为 0.05。整体施加竖直向下的标准重力加速度，并在小臂末端设置一个竖直朝下 20N 抓取力，同时对 5 个运动副添加相应的运动驱动函数。

（3）仿真分析　对优化前后手臂尺寸模型依次进行同一位置单次采摘结果仿真，设置仿真步数为 200，仿真时间为 3s。仿真结束后进入后处理界面，对相关曲线进行比较和编辑，得到如图 4-86 和图 4-87 所示的结果。

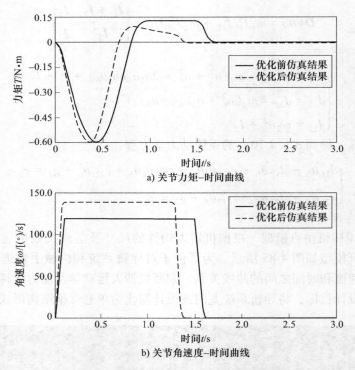

a) 关节力矩–时间曲线

b) 关节角速度–时间曲线

图 4-86　小臂关节优化前后性能结果对比图

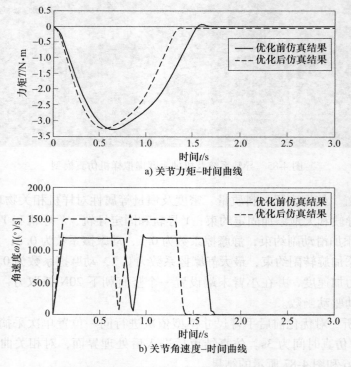

a) 关节力矩–时间曲线

b) 关节角速度–时间曲线

图 4-87　大臂关节优化前后性能结果对比图

对比结果分析，经过优化，大臂和小臂尺寸的缩短，减小了质量及惯性张量，使得在相同电动机转矩输出下具有更大角加速度。小臂关节角速度从最大角速度 118°/s 增大到 140°/s，增幅达到 18.6%；小臂关节角速度从最大角速度 122°/s 增大到 150°/s，增幅达到 22.9%。单次采摘时间由 1.6s 缩短到 1.36s，缩短用时 15%，优化之后手臂动力学响应变得更迅速。

4.5.3　采摘机器人测控软硬件系统

采摘机器人测控系统采用多控制器主从式串行控制方式，系统硬件主要包括主控工业 PC，视觉识别与定位系统、伸缩导轨模块控制系统、升降平台模块控制系统、手臂运动模块控制系统和柔性手爪模块控制系统。使用 VC++ 平台编写的上位机控制软件运行在主控制器 PC 上，通过 WiFi 路由实时接收机器人传感器测量状态数据，并发送实时指令到伸缩导轨模块、升降平台模块、手臂运动模块和柔性手爪模块等下位机系统中，下位机再根据动作指令对相应电动机驱动器进行控制，从而驱动电动机完成机构的指定动作。图 4-88 所示为测控系统总体方案原理图。

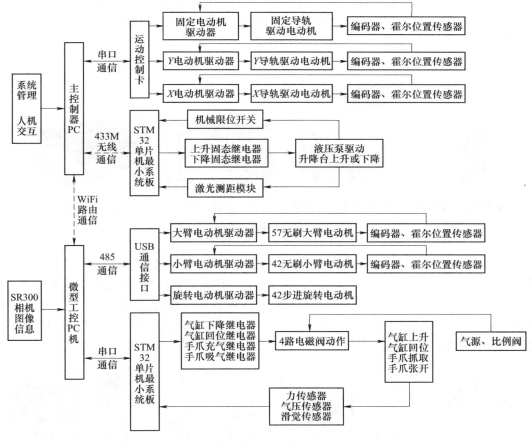

图 4-88　测控系统总体方案原理图

1. 测控硬件系统

（1）视觉识别与定位系统　视觉识别与定位系统硬件主要包括：Intel SR300 相机、微型工控 PC 以及主控制器 PC 三部分，如图 4-89 所示。其中，Intel SR300 相机安装于手臂末端，主控制器 PC 安放在升降平台的平板上，为了便于图像有线传输，在手臂腰部位置布置微型工控 PC。经过微型工控 PC 处理的蘑菇图像，测量得到了蘑菇的三维位置信息和深度信息后，经由 WiFi 路由器传输到主控制器 PC 中，主控制器 PC 根据获取的数据进行运动学反解，得到控制机器人关节电动机的动作信息。

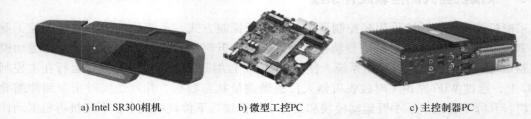

a) Intel SR300相机　　　　b) 微型工控PC　　　　c) 主控制器PC

图 4-89　视觉识别与定位系统硬件组成

（2）伸缩导轨模块控制系统　伸缩导轨模块控制系统硬件主要包括：主控制器 PC、4 轴运动控制卡、3 个（其中 X、Y 导轨同一型号电机）导轨电动机及驱动器，以及安装在导轨两端的霍尔磁钢位置传感器，如图 4-90 所示。

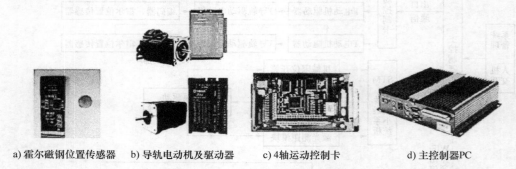

a) 霍尔磁钢位置传感器　b) 导轨电动机及驱动器　c) 4轴运动控制卡　　d) 主控制器PC

图 4-90　伸缩导轨模块控制系统硬件组成

在整个导轨控制系统中，主控制器 PC 除进行系统管理和提供人机交互操作界面外，还通过机器人逆运动学求得相关关节运动量的输出，对传感器系统的数据进行采集和处理等。

（3）升降平台模块控制系统　升降平台模块控制系统硬件主要包括：主控制器 PC、433M 无线通信模块、STM32 微控制器、固态继电器、升降台液压泵、高低位行程开关和激光测距模块，如图 4-91 所示。

a) 主控制器PC　b) 433M无线　c) STM32微控制器　d) 高低位　e) 固态　f) 激光测距　g) 升降台液压泵
　　　　　　　通信模块　　　　　　　　　　　　行程开关　继电器　模块

图 4-91　升降平台模块控制系统硬件组成

主控制器 PC 在接收到导轨系统和手臂手爪系统单层遍历采摘结束信号之后，通过

433M 无线通信模块发送上升/下降指令给下位机 STM32 微控制器。STM32 微控制器接收到指令后，通过改变接口资源引脚的电平，触发固态继电器，从而实现对液压升降台液压泵的控制。当液压泵运转后，安装在平台上的激光测距模块实时测量高度信息并通过收发串口发送给微控制器 STM32，到达指定高度后，微控制器 STM32 接口资源引脚变为低电平。为预防升降台超出最低或最高工作高度范围，在升降台上还安装了机械式自动复位超行程开关。

（4）手臂运动模块控制系统　手臂运动模块控制系统硬件主要包括：主控制器 PC、微型工控 PC、电动机驱动器、手臂驱动电动机以及位置检测传感器，如图 4-92 所示。传感器测量系统选择增量式编码器和霍尔磁钢位置传感器作为检测传感器，前者主要用于检测电动机位置，从而形成控制闭环；后者主要用于感知手臂的极限位置信息，当超出位置范围时能够报警并停止。

a) 主控制器PC　　b) 微型工控PC　　c) 电动机驱动器　　d) 手臂驱动电动机　e) 位置检测传感器

图 4-92　手臂运动模块控制系统硬件组成

主控制器 PC 通过机器人位置反解得到手臂运动量，并通过 WiFi 路由无线通信模块发送手臂关节运动指令给微型工控 PC。微型工控 PC 采用 RS485 通信协议和 3 个电动机驱动器联系，当电动机驱动器检测配对接收到指令后通过内部功率电路对电动机进行驱动。手臂动作的同时，安装在电动机末端轴位置的增量式编码器读取脉冲信息并将信息返回到电动机驱动器中，从而驱动器实现位置闭环。而安装在手臂上面的霍尔磁钢位置传感器，当检测到手臂旋转角度超出范围时，触发急停。

（5）柔性手爪模块控制系统　柔性手爪模块控制系统硬件主要包括：主控制器 PC、微型工控 PC、自制控制电路板、4 路继电器和气路控制电磁阀、柔性手爪、微型气泵和控制气泵气压的比例阀。为了实现对蘑菇的无损采摘，系统加入了力传感器、滑觉传感器和气压传感器组成的传感器测量模块，如图 4-93 所示。

视觉识别与定位系统获取蘑菇图像后，通过串口将图像传至微型工控 PC 中，通过图像分割、识别与定位算法处理转换后得到蘑菇的位置和深度信息，再通过 WiFi 路由器传至主控制器 PC 对蘑菇位置进行反解，最后通过导轨和采摘手臂系统电动机协同运动使手爪到达采摘位置。此时自制控制电路板接收控制指令后，控制 4 路继电器和气路控制电磁阀按照吸气—下降—充气—末端旋转—上升的动作流程，控制微型气泵产生的气体驱动末端升降气缸和柔性手爪完成采摘过程。

（6）电源系统　采摘机器人电源采用 DC 24V 电池供电，其中升降平台采用独立的 24V 大容量电池组供电，电动机等功率电器采用 24V 20Ah 电池作为动力源供电，PC、STM32 微型控制器则使用 24V 10A·h 的电源供电。

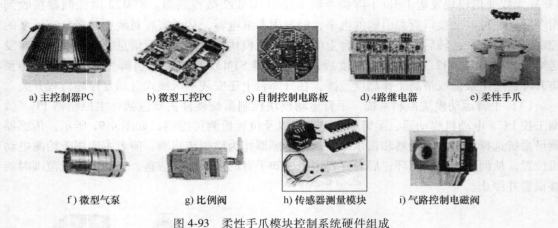

a) 主控制器PC   b) 微型工控PC   c) 自制控制电路板   d) 4路继电器   e) 柔性手爪

f) 微型气泵   g) 比例阀   h) 传感器测量模块   i) 气路控制电磁阀

图 4-93　柔性手爪模块控制系统硬件组成

2. 测控软件系统

（1）上位机软件　初始化和通信连接设置在上位机软件中进行，软件通过接收到的蘑菇位置信息进行运动学反解生成机器人关节运动指令，发送给下位机控制器，控制机器人按照规划路径运动。同时，采用串口通信发送运动信息指令到运动控制卡，运动控制卡接收指令之后对电动机驱动器进行驱动以控制导轨系统的 3 个电机运动。上位机软件控制流程图如图 4-94 所示。

基于 MFC 设计软件操作界面，软件界面包括：语言切换、恢复出厂设置、状态提示、登录状态、各关节运动状态显示、视觉系统实时监控窗口和各功能（自动抓取、导轨系统和采摘手臂控制）属性页。

（2）下位机软件　下位机正常情况下处于等待状态，接收到上位机发出的指令进行工作。主控制器上位机在接收到 Intel SR300 相机传递的蘑菇位置信息后，进行运动学反解运算，得到下位机所需的运动状态控制指令，其包括升降台系统和手爪采摘系统控制软件。

1）升降台系统控制软件接收到上位机单层采摘结束的指令后，控制微控制器 STM32 功能引脚高低电平变化来触发固态继电器，从而控制升降台到达指定高度位置。软件还需要对激光测距模块测量信号进行处理，从而完成激光测距模块的闭环控制功能。升降台系统软件控制流程图如图 4-95 所示。

2）手爪采摘系统控制软件。主控制器 PC 上的上位机软件将运动指令通过 WiFi 路由无线发送给微型工控 PC，再由配置的通信串口将运动指令发送到微控制器 STM32。微控制器 STM32 接收到采摘指令后控制 4 路继电器和电磁阀动作，完成对手爪吸气—下降—充气—上升等一系列采摘动作。软件通过读取力传感器、滑觉传感器和其他传感器数据，进行 PID 反馈控制，单次采摘结束后返回指令给上位机，等待下一次采摘信号。手爪采摘系统软件控制流程图如图 4-96 所示。

4.5.4　基于深度视觉的蘑菇识别与测量系统

工厂化种植环境下，由于菇房光照明暗多变，蘑菇图像背景中多菌丝，培养土表面不平，蘑菇生长倾斜黏连，环境光源光照不均匀，相机成像不佳等原因，采用深度相机获取菇

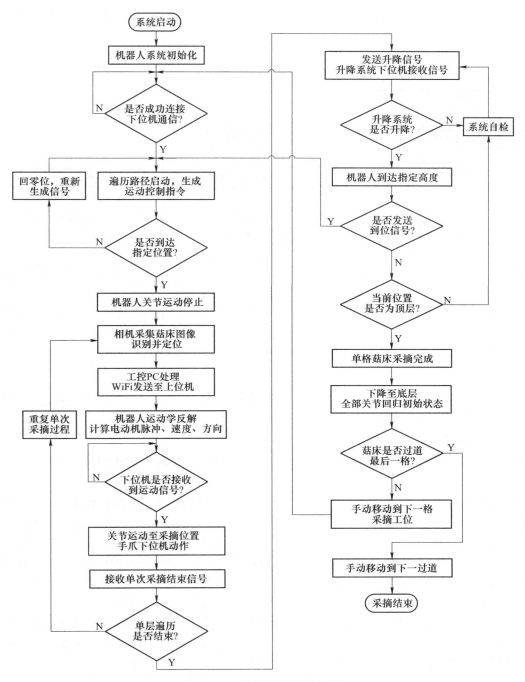

图 4-94　上位机软件控制流程图

床图像，通过图像变换计算蘑菇的中心位置和尺寸。

1. 图像识别与测量

（1）图像采集设备及方法　使用 Intel SR300 相机和研龙 HS201-6C 型工控机（载有 Intel 酷睿 I5 CPU，安装 64 位 Windows 10 系统、C/C++语言编译器 Visual Studio 2015、计算

机视觉函数库 OpenCV-3.1 和相机驱动程序 Intel RealSense SDK），以采集菇床不同照明区域的蘑菇深度图像。

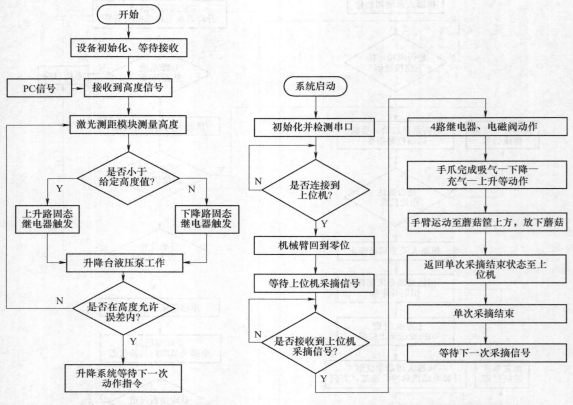

图 4-95　升降台系统软件控制流程图　　　　图 4-96　手爪采摘系统软件控制流程图

　　蘑菇采摘机器人运行过程中，机械臂伸入菇床进行蘑菇采摘。采摘过程中，安装在机械臂末端的 Intel SR300 相机采集蘑菇深度图像并实时送入工控机，由工控机计算得到蘑菇在世界坐标系下的位置信息以及尺寸信息，从而实现对机器人采摘系统的运动控制和指导。

　　（2）图像动态阈值分割　蘑菇视觉识别与定位研究中，Intel SR300 相机采集的菇床深度图像为灰度图像，其分辨率为 640×480 像素，灰度值表示相机平面至菇床表面点云的距离。因蘑菇高度高出菇床表土层，所以蘑菇表面呈浅灰色，土壤表面呈深灰色，如图 4-97a 所示。图像中，由于相机的成像特性使得结构光投射到菇床的凹凸面上容易发生测不到现象，图像产生了 177054 个灰度值为 0 的噪声点。通过处理统计，0 噪声点主要分布在蘑菇边缘区域、土壤凹凸不平区域以及图像的边缘区域，如图 4-97b 所示。为了剔除这些噪声点，利用均值滤波对图像进行平滑处理后，统计深度图像的直方图可知，菇床表面点云的深度在 200~400mm 之间，如图 4-98 所示。

　　由于土壤表面凹凸不平，在进行二值化计算时须确立一个动态阈值来适应相机移动时图像深度值随土壤凹凸性变化的影响。计算深度图像中 130146（640×480-177054）个非 0 噪声点的像素灰度值的均值为 321mm，当数值大于该均值则代表土壤表面点云的灰度值。其众数 346mm，蘑菇高度至少 20mm，考虑 5mm 的高度裕度，设定动态阈值为 331mm，对深度图像进行二值化，确保提取出特定直径的蘑菇区域，如图 4-99a 所示。由于深度相机成像特性使得二值图中蘑菇边界轮廓失去了图像自身的光滑性，因此对蘑菇二值图像进行形态学开运算、高斯滤波等图像的边缘平滑处理操作，得到如图 4-99b 所示平滑图像，0 噪声点被分类到蘑菇边界轮廓线上，如图 4-99c 所示。

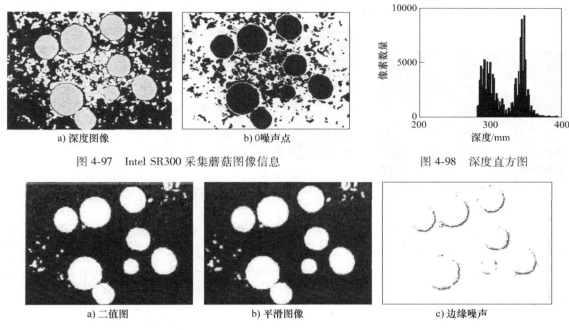

图 4-97　Intel SR300 采集蘑菇图像信息

图 4-98　深度直方图

a) 深度图像　　　　　　　　b) 0 噪声点

a) 二值图　　　　　　　　b) 平滑图像　　　　　　　　c) 边缘噪声

图 4-99　蘑菇深度图像背景分割

（3）基于改进 Hough 变换的蘑菇黏连识别方法　由于菇床上出茬的蘑菇会存在不同程度地倾斜、黏连等异常生长情况，其二值图通常呈类椭圆形。为了获取蘑菇的原始边界轮廓，可先借助圆形 Hough 变换初步检测圆心和半径，再结合蘑菇本身的边界轮廓来分割相互黏连的蘑菇，获取单体蘑菇边界轮廓的二维坐标。

传统的圆形 Hough 变换对噪声不敏感，能够较为迅速检测变形或者缺失的圆，但由于计算过程涉及一到多的参数映射，对计算机算力要求高、占用内存空间大，且参数量化间隔标准难以确定。而一些改进的 Hough 变换方法能够解决占用资源过大的问题，较为常用的有 2-1 圆形 Hough 变换，其具体步骤如下：

1）检测圆心。对二值图像中的连通域进行标记，通过 Canny 算子检测其边缘点，如图 4-100 所示，并绘制出所有边缘点的法线方向，经多次测试设定阈值为 30，交汇点处的累加法线数量大于该阈值时即为圆心点（x_0，y_0），分别为 1（154，142）、2（529，309）、3（266，109）、4（408，62）、5（229，354）、6（431，217）、7（301，436）。

2）推导半径。选取圆心，计算圆心到连通域所有边缘点的距离。根据实际蘑菇尺寸大小，设定圆的最小半径阈值为 25 像素、最大半径阈值为 300 像素、最小圆心距为 45 像素，在所限定的 25~300 像素半径范围内对图像中选定的圆半径进行排序并标记，投票数大于该阈值的半径为检测出的圆半径 $r_0 = \{46，50，59，50，64，47，41\}$。

由图 4-100 可见，圆形 Hough 变换检测的蘑菇轮廓拟合的圆并不能准确契合蘑菇的边界点，因此考虑以其结果为起始圆心和起始半径，用八邻域跟踪法按照标记依次遍历对应蘑菇圆图像的边界轮廓，合理分割黏连的蘑菇，获取单体蘑菇边界轮廓的二维坐标。

针对黏连的蘑菇（如图 4-100 中 5 号蘑菇），顺序提取 5 号蘑菇的圆心向外 1.3 倍半径范围内的边界点向量作为边界跟踪的基础，如图 4-101a 所示，并将计算的半径转换为极坐标系下的半径向量 $\boldsymbol{\rho}$ 和角度向量 $\boldsymbol{\theta}$，如图 4-101b 所示。

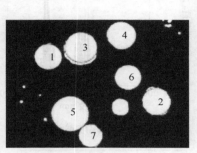

图 4-100　图像圆形 Hough 变换

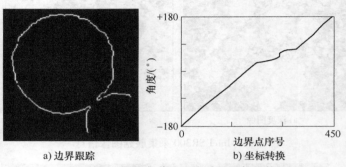

a) 边界跟踪　　　　　　　b) 坐标转换

图 4-101　黏连蘑菇边界跟踪及坐标变换

将角度向量 $\boldsymbol{\theta}$ 升序排列，并依次计算相邻两角角度差 $\Delta\theta$，如图 4-102a 所示。当 $\Delta\theta(289)=10.9°$，对应边界点序号为 236~314，如图 4-102b 所示。

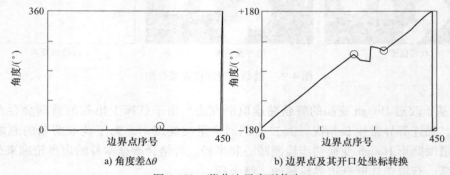

a) 角度差 $\Delta\theta$　　　　　　　b) 边界点及其开口处坐标转换

图 4-102　蘑菇边界序列信息

通过对黏连图像进行计算，蘑菇边缘黏连处的 $\Delta\theta$ 通常在 5°~355° 之间，据此判断黏连处在点 A 与点 B 之间，如图 4-103a 所示。去除点 A 与点 B 之间的边界噪声如图 4-103b 所

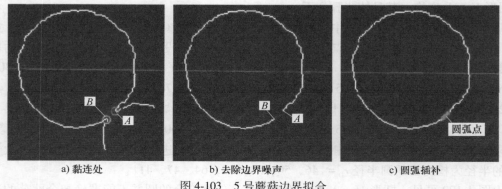

a) 黏连处　　　　　　　b) 去除边界噪声　　　　　　　c) 圆弧插补

图 4-103　5 号蘑菇边界拟合

示，计算初始圆心到点 A、点 B 中边界点的半径，在极坐标系下点 A 与点 B 之间插补一些列角间距为 1°的圆弧点，补全黏连处的蘑菇边界点如图 4-103c 所示，插补点坐标见表 4-18，由此获取单体蘑菇的位置信息。

表 4-18　插补点坐标

极坐标系		直角坐标系	
θ	ρ	x	y
48.5	64.2	402	272
49.5	64.3	403	271
50.5	64.5	404	270
51.5	64.7	405	269
52.5	64.8	405	269
53.5	65.0	406	268
54.5	65.1	407	267
55.5	65.3	408	266
56.5	65.5	409	265
57.5	65.6	409	264

（4）基于原位测量的蘑菇定位方法　为模拟褐菇以对测量算法进行验证，取一块直径为 100mm 的标准陶瓷圆板以 X 轴方向向下倾斜 15°（偏向角-90°、倾斜角 15°）立于相机坐标系原点附近如图 4-104a 所示，采集桌面深度图像图 4-104b 和 c 所示。经上述图像分割算法获取陶瓷圆板边界点的二维坐标，基于此对圆板的圆心位置、直径、偏向角和倾斜角的测量精度进行验证。

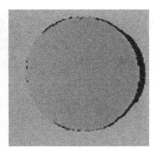

a) X轴方向向下倾斜15°　　　b) 采集深度图像　　　c) 深度图像

图 4-104　原位测量陶瓷圆板标定

1）圆心位置。计算圆板所有边界点的坐标均值，得到圆板圆心坐标（x_0，y_0）及其灰度值 z_0，由相机图像的分辨率和视场角计算得到相机坐标系下圆板的圆心坐标为（-7，-0.5，256）mm，基本与相机坐标系原点重合，因此确定圆心验证准确可信。

2）圆板直径。测量圆板边界上点 1（x_1，y_1）和点 2（x_2，y_2）及其灰度值 z_1、z_2，两点之间的圆心角近似 180°，则在相机坐标系下，两点间的距离为 $\sqrt{(x_1-x_2)^2+(y_1-y_2)^2+(z_1-z_2)^2}$，如此重复 13 次求取的平均距离为 100.87mm，直径测量误差为 0.87mm，如图 4-105a 所示。

由于二值化后的边缘平滑处理，因此圆板边界点的深度值产生了 0 噪声，如图 4-105b 和 c 所示。通过对噪声边界点（x_1，y_1）与圆心（x_0，y_0）两点计算直线方程$(y - y_0)/(y_1 - y_0) = (x - x_0)/(x_1 - x_0)$，由直线方程获取圆心至边界半径线上所有点的深度值，如图 4-105d 所示，并沿着半径方向取 0 噪声附近的深度值来替代 0 噪声如图 4-105e 所示，然后对圆板边界点的深度值进行平滑均值滤波，以便更好拟合蘑菇边缘深度如图 4-105f 所示。

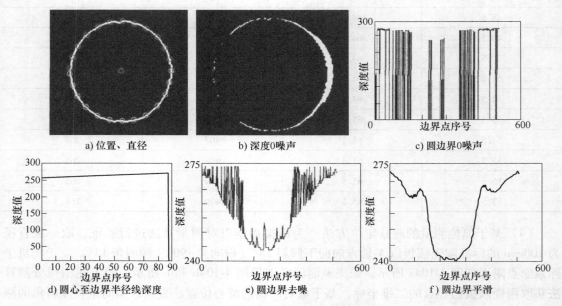

a) 位置、直径　　　　b) 深度0噪声　　　　c) 圆边界0噪声

d) 圆心至边界半径线深度　　　e) 圆边界去噪　　　f) 圆边界平滑

图 4-105　圆心位置及圆板直径测量

3）偏向角和倾斜角。计算圆板边界上所有点的深度值的标准差为 9.7488，经试验统计标准差大于等于 7 时可判定蘑菇生长倾斜。均匀取 13 条直径，得到所有直径端点的深度值最低点（-59，2，272）和最高点（39，-1，246），如图 4-106 所示，计算两点连线在 XY 投影平面上与 Y 轴的偏向角为-88.1°，误差为 1.9°，与 XY 平面之间的倾斜角为 15.2°，误差为 0.2°。

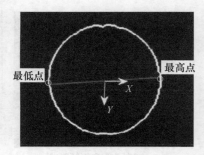

图 4-106　偏向角和倾斜角测量

2. 试验结果与分析

对在菇房中不同光源条件下采集的 185 幅蘑菇深度图像进行自适应动态阈值图像分割、改进圆形 Hough 变换黏连蘑菇识别算法试验，以验证算法的性能和精度。

1）自适应动态阈值图像分割性能试验。对 185 幅蘑菇深度图像进行图像分割试验，自适应设定动态阈值，对深度图像进行二值化处理，以较少的噪声提取蘑菇区域为分割效果评价标准。结果显示，准确分割 177 幅图像，分割正确率为 95.7%。部分图像分割不准确的原因是，手持式相机采集图像时很难保证相机平面绝对水平。

2）改进圆形 Hough 变换黏连蘑菇识别性能试验。统计 185 幅深度图像中含黏连蘑菇的图像共 146 幅，对其进行黏连蘑菇识别试验。结果显示，正确识别黏连蘑菇图像 146 幅，识别正确率达到 100%，如图 4-107 所示。

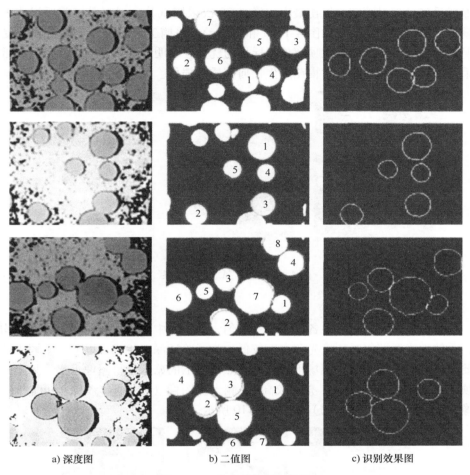

|a) 深度图|b) 二值图|c) 识别效果图|

图 4-107　黏连蘑菇识别结果

4.5.5　采摘试验研究

蘑菇采摘机器人样机如图 4-108 所示。为解决实际生产过程中的误差问题，确保采摘机器人的运动精度、采摘效率和识别效率等设计参数，本小节将进一步验证蘑菇采摘机器人设计方案的科学性与合理性。

1. 手爪采摘测试

手爪控制系统电路调试后，对柔性手爪进行蘑菇抓取测试，使用上位机软件中的单步调试操作面板，对新鲜采摘的褐菇进行抓取测试。柔性手爪移动过程中吸气一直开启，当移动到褐菇正上方后，手爪充气抓紧蘑菇，如图 4-109a 所示。通过人工观察蘑

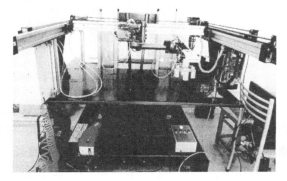

图 4-108　蘑菇采摘机器人样机

菇抓紧程度评估手爪抓取可靠性，结合力传感器反馈抓力，后期对微控制器进行 PID 反馈控制，保证采摘过程对蘑菇的损伤最小。经过 30 次采摘试验，观察采摘前后褐菇表面抓痕情况及测量采摘后褐菇直径，如图 4-109b 和 c 所示。采摘工人对褐菇表面受损及受压变形受损情况进行评估，结果显示三项评价指标均为优秀，表明自主设计的柔性采摘手爪能够完全满足采摘需求，采摘过程不对褐菇产生任何实质性损伤。

a) 充气抓取　　　　　　　　b) 抓取后表面　　　　　　　c) 采摘后直径测量

图 4-109　蘑菇抓取试验结果

2. 不同光照下蘑菇定位试验

工厂化种植模式下，菇床中各点光照不均匀，其中受中央顶层光源照射时光照均匀、亮度较高，受侧面光源照射时环境光照亮度较低。为了验证深度相机可以兼容不同光照条件下的使用要求，采用手持相机对现场不同光源光照环境下的菇床进行图像采集。采集的图像主要分为顶光源图像（光照均匀、亮度较高）、侧光源图像（光照不均匀、亮度较暗）、菇房中央图像（光照均匀、亮度较暗），如图 4-110 所示。

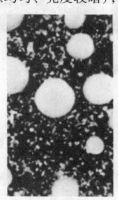  

a) 顶光源　　　　　　　　b) 侧光源　　　　　　　c) 菇房中央

图 4-110　不同光源光照下菇床图像

选取 3 种光源下不同菇床区域中 14 个蘑菇，使用游标卡尺测量其直径，目测其倾斜角，测量结果见表 4-19。再以这 14 个蘑菇为中心采集菇床深度图像，进行基于陶瓷圆板的原位测量算法试验，得到单体蘑菇圆心位置、直径、偏向角和倾斜角。结果表明，因深度相机采用主动光源，对环境光源不敏感，在各种光照条件下，原位测量蘑菇直径误差最大 5.57mm，倾斜角误差最大 6.3°。蘑菇原位测量精度满足蘑菇采摘机器人现场需求。

表 4-19　蘑菇原位测量精度试验结果

人工测量			机器测量		
直径/mm	偏向角（°）	倾斜角（°）	直径/mm	偏向角（°）	倾斜角（°）
60	—	0	64.93	0	0
80	—	0	84.08	0	0
70	—	0	69.40	0	0
80	—	15	75.96	−98.8	19.9
70	—	0	73.31	0	0
80	—	30	83.16	−51.1	23.7
80	—	0	78.22	0	0
60	—	0	61.04	0	0
80	—	0	79.18	0	0
70	—	0	73.13	0	0
40	—	0	45.57	0	0
80	—	30	81.98	−103.7	28.0
60	—	0	59.29	0	0
80	—	30	80.38	8.7	28.5

3. 采摘机器人采摘测试

菇床单元被划分为九宫格单元，同一宫格内进行 S 线路点扫描时腰部位置固定，同时使用位于手臂末端的相机扫描，计算合适尺寸蘑菇的中心位置和直径信息，并上传至上位机，以控制机械手运动至采摘点进行采摘作业，如图 4-111 所示。

图 4-111　采摘机器人采摘作业过程

试验表明：单次采摘过程电动机协调动作时间小于 1.7s，当相机识别到蘑菇后，气动手爪充气抓取蘑菇需要 1.5s，单次蘑菇采摘需要 3s。通过多层实验，采摘成功率高于 90%，对蘑菇表面造成的抓痕肉眼几乎难以发现，总体可实现完全无损采摘，满足采摘需求。

4.6　本章小结

1）设计了一种用于双孢菇采摘的，具有适应性强、抓取稳定、损伤率低等优点的柔性仿形末端执行器。该执行器由柔性仿形吸盘和气动回路组成，采用仿形技术提高了接触面的密封性，从而使吸持更加稳定。采用单体柔性吸持的采摘方式，有效避免了在自动化采摘过程中可能导致的机械损伤。设计中对柔性仿形吸盘进行了有限元仿真，结果显示，吸盘的应力集中区域呈圆环形，主要的受力对象是外层颗粒；针对末端执行器进行了一系列拉脱力试验，结果表明，末端执行器的拉脱力与吸持负压、双孢菇直径、颗粒直径均呈线性关系，而与柔性膜厚度呈非线性关系；开展了与标准真空吸盘的对比试验，结果表明，在相同的吸持力下，柔性仿形吸盘所需的负压更低；针对尺寸范围为 25～50mm 的双孢菇进行了采摘试验，结果显示，柔性仿形吸盘的采摘成功率为 98.5%，比标准真空吸盘高 6%，同时也对采摘后的双孢菇进行了损伤检测，柔性仿形采摘末端执行器的采摘损伤率为 2.5%，比标准真空吸盘低 18.5%，能够满足双孢菇自动化采摘的需求。

2）以双孢菇为研究对象，进行了双孢菇力学特性、机械损伤特性的研究并得出以下结论：通过双孢菇采摘扭力测定试验得到了双孢菇采摘所需扭力范围为 0.07～0.53N·m，结合试验测定的双孢菇静摩擦系数，得到了双孢菇采摘最小夹持力为 4.51N；通过对双孢菇菇盖进行径向抗挤压试验，得到双孢菇菇盖破裂时压缩力平均值为 29.85N，破裂时压缩率平均值为 21.55%，且受挤压部位易发生褐变。由加卸载正交试验得出了双孢菇菇盖力学特性中塑性应变能 E_p 与机械损伤的相关性较高（$r=0.947$），建立了夹持作业参数与塑性应变能和机械损伤之间的预测模型（$R^2>0.9$），模型对比分析表明，在同样的采摘参数下，恒压缩力保持方式对双孢菇造成的机械损伤更小，选定恒压缩力保持方式作为采摘控制方式。

3）设计开发了双孢菇自适应恒力采摘机械手。根据双孢菇外形设计采摘机械手仿形机构，并设计整体结构及进行动力学仿真；对夹持机构受力进行分析，建立了夹持机构与蘑菇作用力、传动转矩之间的数学模型；基于模糊 PID 反馈控制方式，设计了基于转矩传感器的力反馈自动控制系统，实现了机械手的自动操作以及自适应夹持力控制。

4）设计了一种基于机器视觉的双孢菇采摘机器人。研究了双孢菇的三维结构特征，并提出了基于潮汐原理的"水淹法"基质背景分割方法，实现了双孢菇多目标快速检测和直径测量；结合双孢菇采摘农艺要求，开发了具有位置补偿功能的双孢菇精准采摘机构；集成研发了一套包含爬升装置、采摘机构及控制系统的双孢菇采摘机器人。

5）结合机器视觉技术，提出的基于深度图像处理的双孢菇在线检测算法，算法识别准确率高于 92.50%，漏检率低于 4.95%，错检率低于 2.15%，直径测量误差小于 4.5%。设计的基于动态转矩传感器信号反馈控制电动机输出转矩的仿形采摘机械手，实现了采摘机械手的恒力夹持，采摘机器人采摘成功率为 96.34%，采摘破损率为 2.21%，平均采摘产出率为 87.79%。对比人工采摘，双孢菇识别准确率提高 6.70%，采摘产出率提高 1.51%。所设计采摘平台整体性能稳定，能够满足双孢菇工厂化生产自动化采收的需要。

6）对褐菇采摘机器人机械结构系统（包括移动升降平台模块、伸缩导轨模块、手臂运动模块、柔性手爪模块、视觉识别与定位系统和测控系统模块）进行了论述。使用机器人 D-H 坐标分析方法得到蘑菇采摘机器人正解及逆解的运动学方程；通过 Lagrange 法分析了采摘手臂的动力学方程；建立 Adams 虚拟样机验证优化结果；搭建测控硬件系统并开发了上、下位机控制软件。针对实际环境条件环境，采用 Intel SR300 相机采集菇床深度图像，自适应选择动态阈值对蘑菇图像进行背景分割；针对生长中发生倾斜、黏连现象的类圆形蘑菇，采用改进圆形 Hough 变换对蘑菇圆心及半径进行检测；对黏连的蘑菇进行分割、拟合边界点，从而准确得到单体蘑菇圆心位置、半径、倾斜角和偏向角信息，为采摘机器人控制系统提供指导数据；对蘑菇采摘机器人样机开展采摘试验，实现高度控制偏差上、下小于 4mm，蘑菇直径误差最大 5.57mm，倾斜角误差最大 6.3°的完全无损采摘，单次采摘耗时小于 3s，采摘成功率高于 90%。

第5章

双孢菇智能分级与包装装备

5.1 概述

我国双孢菇工厂化生产水平低下，机械化、自动化程度较低，而双孢菇属于密集型产业，培育过程中需要大量的人力、物力和财力。双孢菇生长期较短、菇潮间隔较短、一次出菇量较大，并且以鲜食为主，一旦采收、分级不及时，双孢菇容易过生长，出现开伞、孢子弹射，甚至逐步枯萎死亡等现象，造成其品质下降甚至不能食用等后果，进而直接影响菇农的经济效益。同时，双孢菇采收后在多种生物酶的作用下子实体仍继续生长，吸收空气中的氧气进行分解代谢，且易受微生物感染，使得其出现菌柄伸长、菌褶发育、产生异味、褐变，甚至腐烂等现象；菇体组织含水量较高，最高可达95%，蒸腾作用的存在使双孢菇迅速散失大量水分，致其软化皱缩、抗病性及耐贮性降低等。然而，在双孢菇采后所有的品质变化中，消费者对其白度尤为关注，因此褐变是影响其商品价值的最大指标。双孢菇褐变主要分为两类：一类是菌体菇肉的褐变，从其菌褶部位逐渐蔓延开来，初期呈浅红色，后期变为褐色乃至黑色；另一类是菌盖表面颜色的变化，主要是由于双孢菇表皮没有明显的保护结构，使其在采摘、运输及销售过程中受到机械损伤而产生褐变，此类褐变发生较快。双孢菇采后品质劣变，严重影响了其营养及商业价值，给菇农带来巨大的经济损失。

"农业4.0"时代已经到来，随着计算机与互联网技术的不断发展，"互联网+农业"的发展模式已经深入农业生产的方方面面，作物的商品化处理和品牌效应的提升是提高本国农业生产竞争力的必由之路。现阶段，人民的生活水平不断提高，其对农产品的需求已经产生由量到质的转变，高品质的农产品按质论价，提升其溢价能力是农业生产的一条出路。在农产品品牌建设过程中，品质是发展的硬性条件，因此对农产品实施采后快速无损检测分级及保鲜包装贮藏技术是延长其货架期、提升商品价值的必要途径。

目前，我国双孢菇生产过程中，在基肥搅拌、铺料、水、空气、湿度等环境因子监测环节中，已经基本实现智能化、自动化监管，大大降低了劳动强度。但是，分级分拣过程机械化水平较低，基本采取人工分级分拣的作业流程，人工分拣劳动强度大，主观因素强，不利于双孢菇产业的品牌建设。目前国内外可选用的智能化双孢菇分级分拣设备缺失的原因主要有两个方面：一方面，双孢菇质地柔嫩，菇盖表面无保护组织，极易破损，并且主要以鲜食为主，分级分拣要求高、时效短，给双孢菇分级分拣设备的研发带来了困难；另一方面，目前国内的果蔬以及食用菌的分级分拣装备多数采用机械分类的方式进行大小特征的分选或者是采用称重进行重量分级，还有部分企业采用机器视觉的方式进行颜色分选。若采用现有机械式分选双孢菇，必然造成较大的分选损伤；若采用重量分选的方式，又不能满足双孢菇分选标准；若采用机器视觉的分选方式，仅能提取其外部特征，分级标准单一，难以达到优中选优的分级目的。因此，本章节在现有的香菇、番茄等作物的分级分拣基础之上，结合双孢菇的生物学特性，重点开展双孢菇低损、快速的分级分拣装置与试验研究。

工厂化栽培双孢菇生产过程中，为了减少双孢菇采后品质劣变，降低对其营养及商业价值的影响，满足贮存及销售需要，对采后双孢菇进行保鲜包装。双孢菇包装作业中，简单人工包装作业在工厂化生产成本中呈现占比增高趋势，然而由于双孢菇的生物特性，简单的人工包装作业无法满足双孢菇产业日益发展的需求。随着自动化包装技术在食品包装过程中的广泛应用，食用菌包装自动化在近年来也得到了快速发展，其不仅能够提高食用菌的质量，降低生产成本，还能延长其货架期，提高商品价值，增加市场竞争力。双孢菇保鲜包装可以保护其商品性状，延缓生长，便于贮藏、运输和销售，防止其在贮、运、销过程中造成机械损伤、病虫侵染、水分蒸发及腐烂变质，以保持双孢菇完整、新鲜、美观，提高商品性，保证运输安全，实现优质优价，增加生产者和经营者的经济效益。

5.1.1　双孢菇鲜菇分级标准及包装贮存要求

1. 双孢菇鲜菇分级标准

双孢菇一级品、二级品均要求色泽洁白，具有鲜蘑菇固有气味，无异味，蛆、螨不允许存在。脱水率为鲜菇经离心减重不超过 6%，经漂洗后的菇不超过 13%。在形态方面，一级菇要求整个带柄、形态完整、表面光滑无凹陷、菇形圆整，菇盖直径 20~40mm，菇柄切削整齐，长度不大于 6mm，无薄菇、无开伞、无鳞片、无空心、无泥根、无斑点、无病虫害、无机械伤、无污染、无杂质、无变色菇。二级品要求整个带柄、形态完整、表面无凹陷、呈圆形或近似圆形，菇盖直径 20~45mm，菇柄切削平整，长度不大于 8mm，菌褶不变红、不发黑，小畸形菇不多于 10%，无开伞、无脱柄、无烂柄、无泥根、无斑点、无污染、无杂质、无变色菇，允许小空心。双孢菇出现内菌膜破，存在部分菌褶不发黑的脱柄菇，表面无严重斑点，菌柄基部切削欠平的可将其归类为三级菇。双孢菇鲜菇分级标准见表 5-1。

表 5-1　双孢菇鲜菇分级标准

项目	指标		
	一级	二级	三级
形态	菇形圆整，内菌膜紧包，无畸形、薄皮、机械损伤、斑点，菌柄基部切削处理平整	菇形圆整或近似圆整，内菌膜紧包，无严重畸形、机械损伤及斑点，菌柄基部切削处理基本平整	内菌膜破，允许菌褶不发黑的脱柄菇存在，无严重斑点，菌柄基部切削处理欠平
色泽	菇色正常均匀，有自然光泽		
气味	具有鲜蘑菇固有的气味，无异味		
菌柄长度/mm	≤15		
菇盖直径/mm	20~40	20~45	20~55
虫蛀菇（%）	0		≤1
霉烂菇	不允许		
杂质（%）	0		≤3

2. 双孢菇包装贮存要求

双孢菇在薄膜包装下的适宜贮藏温度为 2~4℃，预期贮藏期为 5~10 天。采摘后的双孢菇要及时预冷，其预冷要求为：采摘温度在 0~15℃时，宜在采后 4h 内实施预冷；当采摘温度在 15~30℃时，宜在 2h 内实施预冷；当采摘温度超过 30℃，宜在 1h 内实施预冷。可采用冷库冷却、强制冷风冷却、真空冷却等方式，预冷温度应为 0~2℃，使双孢菇预冷至储藏温度（2~4℃）。待菇体温度降至适宜储藏温度时可进行包装搬运。预冷后的菇体装入内衬 0.02~0.03mm 厚，卫生指标符合 GB 4806.7—2016《食品安全国家标准 食品接触用塑料材料及制品》规定的聚乙烯或聚丙烯薄膜袋的包装箱，每袋装量不宜超过 3kg。包装宜在 2~6℃条件下进行。

外包装（箱、筐）应牢固、干燥、清洁、无异味、无毒，便于装卸、贮藏和运输。内包装材料卫生指标应符合 GB 4806.7—2016 的规定；每批报验产品的包装规格、单位净含量应一致；包装检验中逐件称量抽取的样品，每件净含量不应低于包装标识的净含量。

5.1.2 国内外研究现状

1. 国内外作物分级方法研究现状

作物的等级标准作为作物经济价值评判的直接标准，作物等级信息的有效提取直接影响其品质划分结果，进而影响其价格的制订。目前国内外对于作物品质检测分级的主要方法为图像检测、光谱分析、多光谱图像处理、高光谱图像处理以及其他声学检测方法等。

刘启全等人以哈密瓜为研究对象，利用机器视觉技术设计了哈密瓜等级检测方案，提取了哈密瓜椭圆轮廓的长轴及椭圆率信息，并以此建立了哈密瓜大小分级标准，分级准确率达到了 90% 以上。

刘韦基于机器视觉方法，使用局部和全局阈值结合边缘检测算法，对双孢菇图像进行分割预处理，提取了新鲜双孢菇的大小和形状特征，最终使用支持向量机的分类模型对新鲜双孢菇等级进行划分。

谢茜以香菇为研究对象，根据香菇的外部品质特征，利用极端及视觉和图像处理技术，获取了香菇菌盖直径、厚度和颜色特征，建立了适合多种香菇缺陷的外部检测模型。

Blasco J. 等人以小蜜橘为研究对象，使用机器视觉技术对蜜橘的破损程度进行检测，试验将蜜橘分为四类，对其形态学特征进行提取、分类，试验分级准确率达到了 93.2%。

李翠等人以柑橘为研究对象，提出了一种基于多光谱技术的柑橘品质检测模型算法，利用单目和多目视觉技术融合的处理方法，对柑橘的大小、形状以及损伤等级进行无损检测，该算法对柑橘形状识别准确率达到 91.92%，缺陷检测识别准确率达到 97%。

Dammer K. H. 等人以小麦为研究对象，分别使用机器视觉和多光谱成像技术对小麦赤霉病进行检测。试验结果表明，多光谱成像技术相较于 RGB 成像技术在小麦赤霉病识别中有较高的检测效果，且处理快捷简便。

孙梅等人以水果为研究对象，采用高光谱技术对苹果的轻微损伤进行无损检测。试验发现，苹果的轻微损伤在 547nm 波长下的特征图像区分明显，检测效果较好。

Gowen A. A. 等人以双孢菇为研究对象，模拟双孢菇采摘、运输过程中的机械损伤环境，采用主成分分析和图像融合的方法对采集高光谱图像进行处理，分类精度最高可达 100%。

吴丹丹等人以不同掺假浓度的骆驼母乳为研究对象，使用电子鼻技术融合多变量分析，建立了骆驼母乳掺假识别检测模型，模型检测精度达到 85.1%。

2. 国内外作物分拣系统研究现状

目前作物分拣作业方式大致可分为人工分级、分级机械和专用机器人分级。其中，人工分级方法主观因素大、劳动强度大、分级标准不统一，容易产生分级误差甚至分级错误，费时、费力而且影响分级质量；分级机械的分级方法大多通过设计专用机械机构，根据作物的外部特性进行分级，这些分级方法对作物的颜色、损伤缺陷以及表面纹理特征不能做出准确的评判，通常分级标准单一，分级效果较差；专用机器人分级方法是使用多传感器感知等级、位置信息，同时多机位协同工作的过程，虽然作业复杂，但作业精度高、分级特征可融合多传感器信息，分级标准更加精准、全面。

李晶等人设计了一种苹果输送机构，该机构实现了不同直径苹果的定位以及翻转动作，最终固定了果梗果萼位置，为后期果形图像信息的采集提供了基础。

成迎法等人设计了一种圆筒筛式滚筒蘑菇分级机，该机构使用倾斜角度为 3° 的圆筒筛，圆筒筛孔径大小依次排列，系统根据蘑菇外形尺寸的大小进行分级。

张永志等人针对目前马铃薯分级系统在分级过程中分级效率低下、损伤率高等问题，设计了一种清选一体的辊式尼龙刷清选分级机，该机构在原有橡胶辊表面植入具有一定柔性的尼龙刷来降低损伤率。试验表明，在辊组转速为 80r/min、辊组倾角为 1° 时分级效果较好，分级准确率达到 82.02%。

Sofu M. M. 等人基于机器视觉技术设计了一种苹果自动分选系统，该系统根据苹果颜色、大小和重量为分级标准，并采用传送带搭载果盘称重的方式运输，当确定分级结果后，通过控制电磁阀开闭将不同等级的苹果分到不同容器中，分级准确率最高达到 96%。

刘群铭等人设计了一种裂纹鸡蛋分拣系统，该系统基于 Delta 机构，采用气动真空吸盘结构对鸡蛋进行抓取，分析了执行器的运动空间轨迹，设计总体控制系统。

Cambridge Consultants 公司设计了一种柔性硅胶机械手分拣系统，该系统通过控制通入手指气体压强的大小实现对夹持力大小的控制，进而实现低损伤果蔬类分类抓取，但是该系统控制较为复杂，适用性有待提高。

王晓丽等人设计了一种柔索传动的五自由度香菇分拣机械手，该系统能够在狭小空间内对蘑菇进行抓取，抓取损伤较小，机械手重复精度在 3mm 以内，抓取效果良好。

3. 包装技术发展现状

国外包装机械起步较早、发展较快，而我国的包装机械相对国外而言起步较晚，但随着社会和经济的快速发展及生活质量的不断提高，我国机械行业目前已呈现规模化、自动化、系统化发展趋势，与拥有先进包装技术的国家间的差距逐渐减小，甚至部分食品包装机械远超国外发展水平，更好地满足了当今市场对包装机械的需求。

美国作为世界上包装机械发展历史最长及生产技术最先进的国家之一，其包装机械以"高大精尖"和"机电一体化"的优势占据了世界市场，主要包括裹包机、薄膜包装机以及增速最快的成型、填充、封口等机械。其中，最具代表性的主要包括 Barry-Wehmiller 公司生产的收缩薄膜包装机，Bemis 公司生产的整套食品加工生产线。目前，美国正在将最新的工业机器人、视觉图像处理、新材料、计算机技术、智能自动化等相应技术逐步应用于包装机械，使得其更加智能化、高效化以及精确化。

德国是世界上最大的包装机械出口国，出口额约占世界总额的 1/3，其在包装机械的计量、制造、功能、技术、效能等方面均处于世界领先位置，其中德国啤酒和饮料等产品的灌装和生产设备尤为领先，其针对啤酒的罐装机可达到 12 万瓶/h 的效能。

日本包装机械产值仅次于美国和德国，其设备品种齐全，主要以中小型企业为主，具有易安装、操作方便、精密度高、体积小、自动化程度高等优点。日本作为世界上首先研究出微计算机程控卧式成型装填封口机的国家，其后又造出了世界上首台装载有热管的热封机，食品机械作为日本包装机械的重要组成部分，拥有着较为健全的监管机制，使得日本的食品包装机械更加的安全化、卫生化以及节能化，得到了世界诸多大型企业的广泛使用。

意大利作为包装机械仅次于美国、德国、日本的第四大制造国，其包装机械以灵活性和先进性的特点响彻全球，其中约 80% 用于出口，主要应用于饮料包装机械的生产，整体趋势主要体现为快速、紧凑和智能一体化。著名企业西帕公司研究的 PET 瓶一步法包装机械，分别为著名的可口可乐和百事可乐公司提供先进的生产设备。

我国的包装机械于 20 世纪 80 年代开始进行研究，20 世纪 90 年代得到快速发展，但整体发展水平与其他发达国家相比还是有一定的差距。近年来，随着我国自动化控制、计算机、材料、人工智能等相关技术的不断发展，国内包装机械经历了从中低端立式包装机到高端设备的研究过程。目前，包装机械产品融合了更多机械、电气、电子、化学等相关技术，使其不仅在产品功能、自动化等方面得到了很大的提升，还满足了消费者对包装多样化、高质量的需求。

目前，我国食用菌工厂化栽培已经有了相当大的规模，在云南、浙江、福建、黑龙江、江苏等地都有多家食用菌栽培工厂。在这些工厂中，不同技术水平的食用菌包装也开始在工厂化生产中发挥重要作用，为食用菌栽培取得了良好的经济效益。然而，由于不同食用菌生物特性不同、组织管理的要求及经济条件等的限制，使得不同食用菌对包装技术的要求不同，针对食用菌的自动化包装技术至今还未能在其工厂化栽培包装中得到广泛运用。

5.2　双孢菇智能分级装备

5.2.1　总体方案设计

目前，国内外作物分级装置发展较为成熟的是不同种类的机械式分级机。机械式分级机主要根据作物外部尺寸大小进行分级，分级对象为柑橘、核桃等表面有保护组织或不易损伤的作物。而双孢菇质地柔嫩、表面无保护组织，极易损伤，且双孢菇以鲜食为主，机械式分级损伤率高，因此机械式分级装置不适合。现阶段针对易损作物的智能化分级设备有山东省农业科学院开发的拨片式双孢菇分级装置、欧洲 GTL Europe 公司开发的柔性机械手分级装置等，如图 5-1 所示。

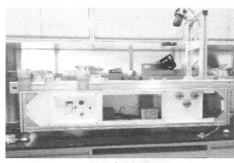

a) 拨片式分级装置

b) 柔性机械手分级装置

c) 气吸式分级装置

d) 三轴并联式分级装置

图 5-1　分级装置

图 5-1a 所示为山东省农业科学院开发的基于机器视觉的双孢菇分级系统，该系统以拨片作为主要执行机构，将不同等级的双孢菇拨送至相应容器内，但双孢菇到达容器内的位置难以保证，不能满足分盒分块包装的应用场景；图 5-1b 所示为欧洲 GTL Europe 公司开发的柔性分拣机械手，该柔性分拣机械手是基于串联结构的分拣机械手，虽然能够达到精确分拣的效果，但该机械手控制复杂，分拣速度慢，难以满足双孢菇分拣过程较高的效率要求；图 5-1c 所示为气吸式分级装置，通过控制真空系统的负压力来实现抓取动作，该装置结构设计简单；图 5-1d 所示为工业上应用较为广泛的三轴并联分级装置，该结构则具有速度快、控制简单、精度高等优点，被广泛应用到快递、面膜等数目庞大且小件物体分拣作业中。借鉴工业上面膜、鸡蛋等分级系统的研究成果，考虑双孢菇分级分拣作业要求，这里选用基于并联机构的 Delta 机器人机构，末端执行器选用气吸式结构，以减少蘑菇损伤。

5.2.2　硬件系统设计

双孢菇自动分级分拣系统硬件主要由输送机构、分拣机构、图像采集系统和控制系统四部分组成。如图 5-2 所示，输送机构由机架、输送带、步进电动机、拨正杆、夹持状输送带和导流板等组成；分拣机构由空气压缩机、储气罐、气路、步进电动机、动平台、静平台、主动臂、从动臂、位置传感器以及缓冲吸盘等组成；图像采集系统由光电传感器、光源、工业相机以及图像采集卡组成；控制系统由电控柜、继电器、电磁阀、各电器元件以及 PC 端组成。

1. 输送机构

输送机构包括输送带、托辊、驱动装置、拉紧装置、机架以及导流板。托辊直径

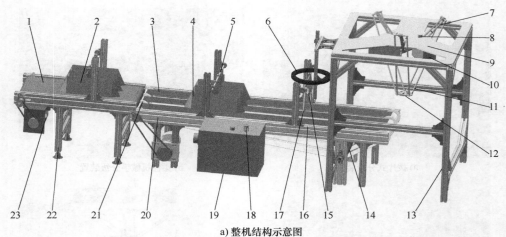

a) 整机结构示意图

b) 整机实物图

图 5-2 双孢菇自动分级分拣系统

1—输送带 2—导流板 3—夹持状输送带 4—导流板 5—轴 6—光源 7—主动臂
8—位置传感器 9—静平台 10—步进电动机 11—从动臂 12—动平台 13—分拣机构机架
14—张紧机构 15—工业相机 16—光电传感器 17—拨正杆 18—急停按钮 19—电控柜
20—二级输送机架 21—间隙调节螺母 22—一级输送机架 23—驱动电动机

0.12m，步进电动机为闭环控制电动机，转矩为 0.7N/m，导流板由钢板焊接形成的两侧倾角 25°，导流板后设置有铰接柔性橡胶棒，长度为 0.2m，直径为 0.02m。

带传送机构根据规模大小的不同可分为：重型、中型以及轻型输送机，带传送被广泛应用在快递分拣等作业过程中。本研究中带传动输送机构的作业对象为双孢菇，作业载荷要求较低，因此采用轻型输送机就可以满足作业需求。此外，双孢菇具有质地柔嫩的特点以及以鲜食为主，对传送带的材质要求较高（传送带不能存在有害物质），因此本研究采用食品级 PE 输送带，宽度为 0.1m，周长为 6.5m，采用间隔装备的方式进行装配。

输送机构的支撑架采用 4080 型铝合金型材，一级输送装置设计有支撑板，考虑其耐磨性，采用不锈钢材质；二级输送装置考虑夹持运输特点，未布置支撑板，但布置有张紧机构以保证输送带的输送强度，为防止传送带打滑，驱动辊做辊纹处理，最终设计加工完成的输送机构如图 5-3 所示。

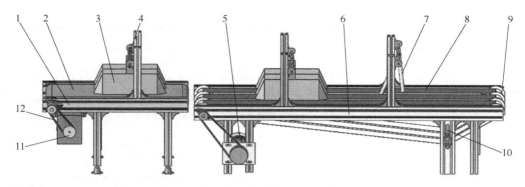

图 5-3　输送机构

1——一级输送机架　2——一级输送传送带　3——导流板　4——轴　5——二级驱动电动机　6——二级输送机架
7——拨正杆　8——二级传送带　9——间隙调节螺母　10——张紧轮　11——一级输送电动机　12——一级输送电动机传动带

2. 分拣机构

分拣机构由分拣机械手臂和负压吸盘组成，其中分拣机械手臂主要由位置传感器、主动臂、从动臂、步进电动机、动平台、静平台以及机架组成，如图 5-4 所示；三个驱动步进电动机驱动主动臂转动指定角度，进而带动从动臂、静平台移动，当动平台移动到目标物上方后，负压吸盘开始工作，吸附双孢菇，最终完成机械手臂的运动过程。

3. 图像采集系统

位置传感器选用型号为 E3Z-5CN1 的对射光电传感器，相机为 MV-CE060-10UC 工业相机（参数见表 5-2），WL2004-5M 镜头（焦距为 4mm），光源为环形无影灯，光强度在 0～100000lx 范围可调，以上结构组成了图像采集系统，对传送带上的双孢菇进行连续图像采集。

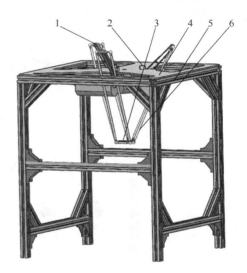

图 5-4　分拣机构

1—主动臂　2—位置传感器　3—动平台
4—静平台　5—机架　6—从动臂

表 5-2　MV-CE060-10UC 工业相机参数

名　称	参　数
传感器类型	COMS，卷帘快门
传感器型号	IMX178
像元尺寸	$2.4\mu m \times 2.4\mu m$
分辨率	3072px×2048px
最大帧率	42.7 帧/s
动态范围	71.3dB
增益	0～20dB
数据接口	USB3.0

（续）

名　称	参　数
曝光时间	24μs～1s
快门模式	支持自动曝光、手动曝光、一键曝光以及 Global Reset
数字 I/O	6-pin Hirose 接头提供供电和 I/O：1 路光耦隔离输入（Line0），1 路光耦隔离输出（Line1），1 路双向可配置非隔离 I/O（Line2）
镜头接口	C-Mount
软件	MVS 或第三方支持 USB3 Vision 协议软件
操作系统	Windows XP/7/10 32/64bits，Linux 32/64bits

4. 控制系统

控制系统由 PLC 控制器、PC 端、位置传感器、步进电动机、步进电动机控制器、分拣机械手、输送机构等组成，如图 5-5 所示。

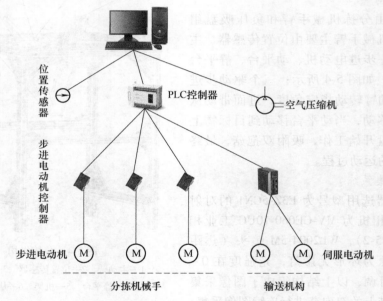

图 5-5　控制系统组成

PLC 与步进电动机间采用基于 USB 的 485 通信协议通信，空气真空泵前端电磁阀开关频率最高可达 4 次/s。PC 端型号为联想 Z500，运行内存为 6GB，采用 Windows7 操作系统；PLC 控制器型号为信捷 XC2；电磁阀为工恒 4V310-10 五通二位电磁阀（参数见表 5-3）。

表 5-3　4V310-10 五通二位电磁阀参数

名　称	参　数			
工作介质	空气（经 40μm 以上滤网过滤）			
动作方式	内部触发或外部触发			
接管口径	进气＝出气＝排气＝$R_p1/8$		进气＝出气＝排气＝$R_p1/4$	
有效截面积/mm²	14.0	12.0	16.0	14.0

（续）

名　　称	参　　数			
位置数	五口二位	五口三位	五口二位	五口三位
使用压力范围/MPa	0.15~0.8			
保证耐压力/MPa	1.5			
工作温度/℃	−20~70			
本身材质	铝合金			
最高动作频率/（次/秒）	5		3	

本研究选用的通信过程遵循 Modbus 通信过程，采用的是 MODBUS-RTU 通信协议的命令子集，见表 5-4。

表 5-4　MODBUS-RTU 通信协议参数

名　　称	参　　数
数据传输方式	异步 11 位—1 位起始位，8 位数据位，1 位停止位，偶校验位
输出传输速率/（bit/s）	115200
地址	缺省为 0x01；地址为 0，表示广播地址
校验方式	CRC（循环冗余校验）

5.2.3　软件控制系统设计

1. 工作流程概述

双孢菇分级分拣作业流程如图 5-6 所示。系统工作过程：首先调节光源亮度，保证目标区域图像轮廓清晰、无明显暗影；然后打开真空泵开关，当压强至设定值时，启动传送带，调节传送带速度，同时人工向传送带上上料，双孢菇经导流板依次落入输送装置，并随传送带运动，经过拨正杆对双孢菇姿态进行校正；当被矫正后的双孢菇进入相机视野范围内，光电传感器产生触发信号，工业相机采集图像，PC 端对连续采集的图像信息进行分析、处理，进而获得等级、坐标信息并拟合最优分拣路径；之后将对应等级、坐标信息传输给分拣机构，同时在动作过程中，通过控制电磁阀开关来控制吸、放气，最终实现在线分级、分拣作业。

2. 软件控制界面

为了使分拣设备能更加容易、简便、快

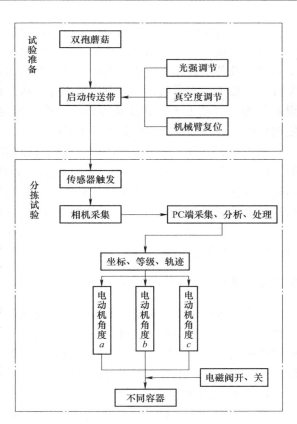

图 5-6　双孢菇分级分拣作业流程

捷、有效地控制，并且在设备调试过程中便于人为更改参数，本研究设计了相关的可视化人机操控界面系统。分拣的控制系统是在 QT 平台下使用 C 语言基于 Open CV 库进行编译的，编译环境为 32 位，QT 版本为 QT-Opensource-Windows-x86-5.14.2。操作主界面如图 5-7 所示。

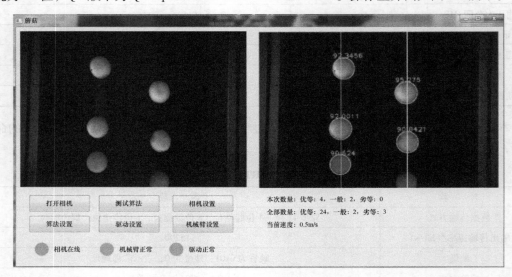

图 5-7　操作主界面

主界面有相机在线、机械臂以及驱动监测显示界面，以及相机设置、算法设置、驱动设置、机械臂设置以及测试算法模块。各个模块下参数在新场地分拣设备搭建后进行新场地环境测试以及各参数标定使用。其中，机械臂、相机以及驱动监测显示界面起到实时查看各零部件是否处于正常通信状态或电压情况等，状态良好呈现绿色，故障则显示为红色。"相机设置"和"算法设置"在设备零部件更换、场地重设等情况下，设备参数需要进行重新标定时使用，各参数设置界面如图 5-8 所示。

在主界面下各参数设置界面中，可以对通信串口、波特率、相机增益等硬件参数进行设置。例如，在"算法设置"中，可以根据不同传送带型号、不同光照条件调节二值阈值、目标区剪裁以及坐标标定等工作。此外，本研究为方便实际坐标的标定，提高标定精度，在传送带 PLC 控制器内编译有两套控制流程：一种为定距离输送，另一种为定速输送。定距离输送用以设备安装完毕后，目标物真实坐标标定；定速输送则为实际运行中，通过脉冲控制步进电动机的输送速度等。

5.2.4　系统关键参数研究

前面小节中主要对双孢菇分级分拣系统的工作流程以及硬件系统分机构、分部分进行了总体概述。对于整个系统来讲，机械手运动空间、加速度控制模型、负压吸盘压力以及传送带输送速度无法以经验获得，因此本节采用理论分析、数据拟合以及虚拟机仿真的方法，对硬件系统的关键技术参数加以设计或验证。

1. 分拣机械手运动空间模型仿真

在动、静平台半径，主、从动臂长度（50mm、125mm、250mm、570mm）的参数下，根据主、从动臂在空间的运动关系可知，各杆件工作曲面中心线相交于一点，且以该点为球

a) 相机设置　　　　　　　　　　　　　b) 驱动设置

c) 算法设置　　　　　　　　　　　　d) 机械臂设置

图 5-8　参数设置界面

心，半径为 l_a 的球形必内切于工作空间的子空间内，根据式（5-1）可以计算出工作空间的最高点 z_{max}、最低点 z_{min}，即

$$\begin{cases} z_{max} = \sqrt{l_b^2 - (R - r)^2} + l_a \\ z_{min} = \sqrt{l_b^2 - (R - r)^2} - l_a \end{cases} \Rightarrow \begin{cases} z_{max} = 815.0442\text{mm} \\ z_{min} = 315.0442\text{mm} \end{cases} \tag{5-1}$$

式中，R、r 为静、动平台半径；l_b 为长杆长度。

双孢菇分拣装置布局如图 5-4 所示，在机械手臂下端布置有传送装置，传送装置宽为 40cm，双孢菇高度约为 6cm，综合考虑机械手臂工况需求，即机械手臂的平稳性和工作空间（至少 40cm×40cm×40cm）要满足实际需要，根据研究，三自由度 Delta 型并联机器人位置逆解中动平台位置与驱动臂间角度关系应满足以下公式：

$$t_i = \frac{-N_i \pm \sqrt{N_i^2 + M_i^2 - U_i^2}}{U_i - M_i} \tag{5-2}$$

$$\theta_i = 2\arctan(t_i) \tag{5-3}$$

$$N_i = 2L(R - r) - 2Lx\cos\alpha_i - 2Ly\sin\alpha_i \tag{5-4}$$

$$M_i = 2Lz \tag{5-5}$$

$$U_i = x^2 + y^2 + z^2 + L^2 - l^2 + (R - r)^2 - 2(R - r)(x\cos\alpha_i + y\sin\alpha_i), \ i = 1, 2, 3 \tag{5-6}$$

式中，L、l 分别为主、从动臂长度；α 为静平台夹角。

模型仿真过程中，角度范围可以达到（-2π，2π），但实际运动过程由于机械手臂旋转角度、位置受限，并不能达到 2π 范围，本次试验仿真以（$-\pi/6$，$2\pi/3$）作为主动臂运动角度限制，使用 MATLAB 软件进行动平台运动空间模型仿真测序测试，仿真结果如图 5-9 所示。

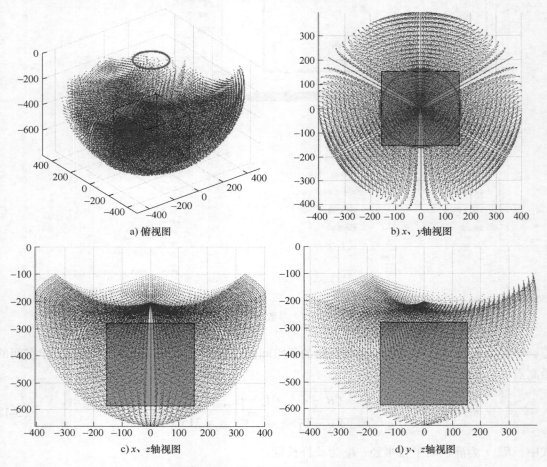

a) 俯视图   b) x、y 轴视图   c) x、z 轴视图   d) y、z 轴视图

图 5-9　动平台运动空间仿真结果

通过图 5-9 可以看出，方块区域为目标运动解空间，方框外区域为实际运动空间，通过空间分布可以看出，在动、静平台半径，主、从动臂参数为 50mm、125mm、250mm、570mm 情况下满足设计要求。

2. 分拣机械手加速度控制方法研究

实际应用过程中，高速分拣机器人通常采用"门"字形分拣路径，如图 5-10 中虚线所示，包括三条线段即：$\overline{P_1P_2}(S_1)$、$\overline{P_2P_3}(S_2)$、$\overline{P_3P_4}(S_4)$。但考虑到在高速的分拣作业过程中所产生的高加速度以及连杆机构产生的惯性力和振动问题，需对其运动轨迹以及加减速度进行优化。这里采用修正梯形加速度运动算法对末端执行器在"门"字形拐角处进行平滑处理，经过平滑处理后，可以有效减轻振动与冲击，获得较为平稳的运动，优化后的路径如图 5-10 中实线所示。

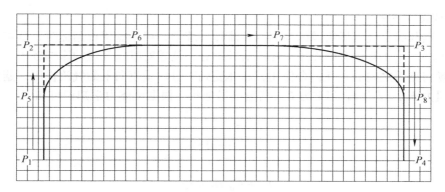

图 5-10　抓取路径

常用的修正梯度加速度 a 算法是以正余弦函数曲线作为拐角处加减速曲线算法，具体加速度公式为

$$
a = \begin{cases}
a_{\max}\sin\left(\dfrac{4\pi}{T}t\right) & \left(0 \leqslant t \leqslant \dfrac{T}{8}\right) \\[2mm]
a_{\max} & \left(\dfrac{T}{8} \leqslant t \leqslant \dfrac{3T}{8}\right) \\[2mm]
a_{\max}\cos\left[\dfrac{4\pi}{T}\left(t - \dfrac{3\pi}{8}\right)\right] & \left(\dfrac{3T}{8} \leqslant t \leqslant \dfrac{5T}{8}\right) \\[2mm]
-a_{\max} & \left(\dfrac{5T}{8} \leqslant t \leqslant \dfrac{7T}{8}\right) \\[2mm]
a_{\max}\cos\left[\dfrac{4\pi}{T}\left(t - \dfrac{7\pi}{8}\right)\right] & \left(\dfrac{7T}{8} \leqslant t \leqslant T\right)
\end{cases} \tag{5-7}
$$

对加速度公式进行两次积分即可获得路程 S 的公式，时间分段与式（5-7）相同，具体路程公式为

$$
S = \begin{cases}
\left[\dfrac{Tt}{4\pi} - \left(\dfrac{T}{4\pi}\right)^2\sin\left(\dfrac{4\pi t}{T}\right)\right]a_{\max} & \left(0 \leqslant t \leqslant \dfrac{T}{8}\right) \\[2mm]
\left[\dfrac{t^2}{2} - \left(\dfrac{2-\pi}{8\pi}\right)Tt + \left(\dfrac{\pi^2-8}{128\pi^2}\right)T^2\right]a_{\max} & \left(\dfrac{T}{8} \leqslant t \leqslant \dfrac{3T}{8}\right) \\[2mm]
\left[\dfrac{1+\pi}{4\pi}Tt - \left(\dfrac{T}{4\pi}\right)^2\cos\dfrac{(8t-3T)^2}{2T} - \dfrac{T^2}{16}\right]a_{\max} & \left(\dfrac{3T}{8} \leqslant t \leqslant \dfrac{5T}{8}\right) \\[2mm]
\left[-\dfrac{t^2}{2} + \left(\dfrac{2+7\pi}{8\pi}\right)Tt - \left(\dfrac{33\pi^2-8}{128\pi^2}\right)T^2\right]a_{\max} & \left(\dfrac{5T}{8} \leqslant t \leqslant \dfrac{7T}{8}\right) \\[2mm]
\left[\left(\dfrac{T}{4\pi}\right)^2\cos\left(\dfrac{4\pi t}{T} - \dfrac{7\pi T}{t}\right) + \dfrac{Tt}{4\pi} + \dfrac{T^2}{8}\right]a_{\max} & \left(\dfrac{7T}{8} \leqslant t \leqslant T\right)
\end{cases} \tag{5-8}
$$

令 $t=T$，得

$$
T = \sqrt{\dfrac{S}{\left(\dfrac{1}{4\pi} + \dfrac{1}{8}\right)a_{\max}}} \tag{5-9}
$$

3. 吸盘设计参数研究

在双孢菇与吸盘气流场组成的气固两相流体系统中，当吸盘接近菇盖时，菇盖在吸盘周围会与气流场产生相互耦合的作用，在吸盘较远处，菇盖对吸盘气流的影响较小，此时可以忽略气流场与菇盖之间的相互耦合作用，菇体受到吸盘口垂直向上的气流作用，菇体受到的力有绕流阻力 F_r，浮力 F_n 和重力 G。菇盖呈半球状，根据流体力学知识可知

$$C_d = \frac{F_r}{\frac{1}{2}\rho U^2 A}$$

$$F_r = C_d \pi R^2 \rho \frac{v^2}{2} \tag{5-10}$$

式中，C_d 为阻尼系数，查表可知阻尼系数为 0.27；ρ 为空气密度，取 1.169kg/m³；A 为迎流面积，m²；R 为菇盖半径，m，菇盖平均半径为 2cm；v 为作用在菇盖上的气流速度，m/s。

对于菇体浮力计算可知

$$F_n = \rho(V_1 + V_2)g \tag{5-11}$$

式中，g 为重力加速度，$g = 9.8$m/s²；V_1 为菇盖体积；V_2 为菇柄体积。

菇体受到的重力为

$$G = mg = \rho_1(V_1 + V_2)g \tag{5-12}$$

式中，ρ_1 为菇体密度，菇体的平均密度为 750kg/m³；m 为菇体质量，kg。

由于双孢菇菇体在气流场中被吸起时临界状态的合力为 0，有

$$G = F_r + F_n \tag{5-13}$$

根据式（5-10）~式（5-13）可得吸起双孢菇的临界气流速度 V_0 为

$$V_0 = \sqrt{\frac{(\rho_1 - \rho)(V_1 + V_2)g}{C_d \pi R^2 \rho}} = 10\text{m/s} \tag{5-14}$$

当吸盘口的气流速度大于双孢菇吸起的临界气流速度时，双孢菇克服重力开始被吸起，菇体开始接近吸孔，吸孔处气流场与双孢菇菇体之间将产生复杂的耦合作用，并且双孢菇呈加速状态向吸盘口运动，直至与吸盘口相接触，此时，吸盘内部的静负压力为克服菇体重力的主动力。但是由于双孢菇菇盖是不规则的球形，因此随着双孢菇在气流方向的投影变换，受到的绕流阻力也不断变化；同时，不同个体间有较大差异，存在畸形菇情况。在进行双孢菇吸持试验时发现，菇体并不能处于相对平衡的状态，且容易发生翻转，导致吸持失败。非接触式吸持装置工作原理是靠高速气流对双孢菇产生向上的绕流阻力将双孢菇吸起，需要增大负压，双孢菇质地柔嫩、表面无保护组织，因此容易产生破损，不利于双孢菇分拣作业。

为解决以上问题，这里采用带有缓冲杆的负压吸盘装置，如图 5-11 所示。缓冲装置可以减少由于双孢菇菇盖厚度不一，吸盘与菇盖产生虚接触或接触不到的情况，尽可能保证每个菇盖均能与吸盘接触，进而降低气动系统的压力值。

改变吸盘吸持方式后，双孢菇可以仅在吸盘产生的静负压力下吸起，从《液压气动技术手册》查得，真空发生器的吸力计算公式为

$$F = \frac{\pi d^2(P_0 - P)}{4K_1 K_2 K_3} \tag{5-15}$$

式中，P_0 为大气压；d 为吸盘负压腔载工作表面上的吸附直径；K_1 为安全系数，一般取 1.2~2；K_2 为工作情况系数，一般取 1~3；K_3 为姿态系数（当吸附表面处于水平位置时，$K_3 = 1$；当吸附表面处于垂直位置时，$K_3 = 1/f$，f 为吸盘与被吸物体的摩擦系数）。

试验过程中，双孢菇呈水平状态平动，未发生翻转，吸附表面恒处于水平位置，因此 K_3 取 1；K_2 取 3，K_1 取 1.5；双孢菇平均重力为 $G' = 0.343\text{N}$，吸盘与双孢菇接触后，双孢菇被吸起时，吸盘提供的临界负压值为

$$P = P_0 - \frac{4K_1 K_2 K_3 G'}{\pi d^2} = 81.663\text{kPa} \tag{5-16}$$

4. 基于 ADAMS 的拨正机构传送带速度仿真

采用仿真分析能够对机械机构进行校验，并可以以仿真结果为依据作为试验参数的设定以及优化、改进，仿真模型分析法周期短、成本低、可多次重复模拟试验，能够有效减少试验次数，节约成本，因此近年来，在相关机械结构设计以及参数优化过程中应用广泛。例如，河南农业大学的屈哲等人基于

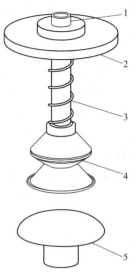

图 5-11　缓冲吸盘示意图
1—通气管　2—动平台　3—弹簧
4—吸盘　5—双孢菇

ADAMS 软件对蒜薹收获机的切柄针扎机构与夹持抽拔机构进行虚拟机仿真试验，分别对针板、夹持器位移距离、最大加速度以及最大速度进行分析，得到了试验参数，最终通过田间试验对参数进行优化验证。又如，南昌大学的李小欢等人使用 ADAMS 软件对摆锤式铺棉机进行运动学模型分析，分析了铰链四杆在不同长度情况下位移、速度以及加速度的变换规律，进而对铰链四杆进行优化，得到最优尺寸参数。

这里对双孢菇分级系统内拨正机构进行运动学分析，分析不同输送速度下是否能满足拨正设计要求，使用 2018 版本下 ADAMS View 分析模块进行分析，分析过程主要包括：前处理、求解分析和结果后处理。其中，前处理过程较为复杂，主要包括模型简化、建模、导入模型及材料、接触、速度等参数定义。具体如下：

1）这里使用 SolidWorks 软件进行建模，建模时首先对模型进行简化，去除模型中螺母、螺栓等零件及电动机支架等部件，仅保存传送带、蘑菇以及拨正杆特征，然后保存为".x_t"格式，进而将模型导入到 ADAMS 软件内。导入模型后，对模型进行修正，固定部件特征采用布尔操作进行合并，模型修正后对各个部件的材料属性进行定义。拨正机构材料属性见表5-5。

表 5-5　拨正机构材料属性

部件	材料	密度/(kg/m^3)	泊松比	弹性模量/GPa
蘑菇	橡胶	850	0.50	0.007
传送带	聚氨酯	1400	0.42	0.590
拨正杆	铝合金	2700	0.33	71.7

2）定义各个部件属性及接触特性。将机架设置为固定件，即标记为大地；拨正杆与机

架之间设置为铰接，传送带设置为平动件；左右两边传送带设置速度一致；蘑菇与传送带之间接触设置为滑动摩擦接触，摩擦系数为 0.45。

3）设置求解步数，查看解析结果。相关参数设置为：仿真步数 5000 步，时间 5s。

图 5-12 所示为不同传送带速度参数下，双孢菇质心位置、质心速度的变化结果。通过图 5-12 可以看出，当速度为 0.05m/s 时，双孢菇即可达到拨正效果；当速度为 0.12m/s 时，双孢菇仍可以达到拨正的效果；当速度为 0.13m/s 时，双孢菇质心位置下降后开始出现轻微的抖动，这是由于传送带速度大到一定数值后，双孢菇开始出现过矫正而引起的；当速度为 0.14m/s 时，双孢菇质心位置开始出现大幅度的抖动，实际拨正过程中一旦出现较大的抖动双孢菇即离开传送带表面，最终发生双孢菇重心横向位移，导致拨正动作的失败。通过 ADAMS 软件对拨正机构进行运动学分析可知，当传送带速度为 0.05~0.12m/s 时，拨正机构可以对非正常姿态的双孢菇进行拨正，速度越快，对双孢菇的损伤越大，不利于双孢菇的贮藏，但是当速度为 0.05m/s 时，双孢菇 x 轴方向速度变化时间较长，说明杆件与菇柄接触时间较长，实际拨正过程中拨正杆动摩擦不稳定，易受到外界因素影响。

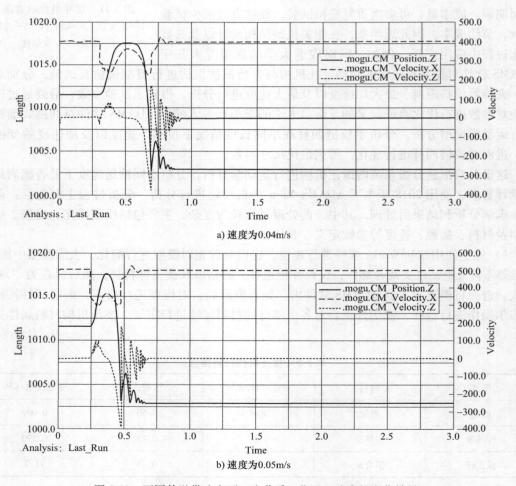

图 5-12　不同传送带速度下双孢菇质心位置、速度的变化结果

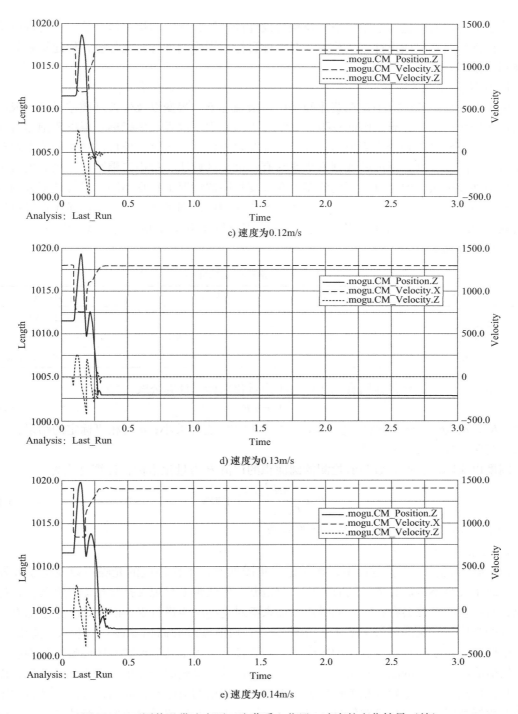

c) 速度为0.12m/s

d) 速度为0.13m/s

e) 速度为0.14m/s

图 5-12　不同传送带速度下双孢菇质心位置、速度的变化结果（续）

5.2.5　基于机器视觉的双孢菇品质检测方法研究

前面小节讨论了分拣硬件系统关键技术参数设计，以及对系统工作空间、末端执行器压力和传送带运动速度进行了模型仿真及相关设计计算等，确定结构主体参数，同时进行系统软件人机操作交互界面设计。本节主要对软件目标识别检测进行研究分析，构建鲜采双孢菇等级判断模型。

1. 分级标准

由于双孢菇生长过程中存在菇体间挤压、杂菌感染、褐变以及生长基质差异等，成品双孢菇存在较大的个体差异，因此双孢菇分级过程需考虑多因素、多指标。根据双孢菇行业分级标准，双孢菇等级划分主要依据其外形尺寸及表面色泽、斑点。外形尺寸主要依据双孢菇菌盖直径、圆度，其中圆度的评判方法通常有：最小区域法、最小二乘圆法、最大内接圆法以及最小外接圆法，但是直径不同的菇盖在畸变相同的情况下感官不同，最终被划分的等级也不同，因此提出以实际面积与检测圆面积比作为圆度评判量化指标。而色泽斑点等可以依据其表面纹理特征进行判断，因此根据以上要求可以将双孢菇划分为"A、B、C"三个等级，等级划分标准见表5-6。

表 5-6　双孢菇分级标准

等级	直径/cm	圆度 x（%）	表面纹理
A 级	2~4.0	$x>90\%$	自然纯白，无斑点
B 级	2~4.5	$80\%<x<90\%$	略有斑点，有污斑
C 级	2~5.5	$x<80\%$	无开伞，少量破碎菇

其中，直径以拟合最佳圆直径实际大小为量化指标，计算公式为

$$R_t = aR_c \tag{5-17}$$

式中，R_c，R_t 分别为算法拟合直径像素点个数和实际直径大小；a 为相机标定的结果，即像元尺寸与实际尺寸之间的关系。

圆度以实际面积像素数与所检测的圆面积的比值 P 为量化指标，计算公式为

$$P = \frac{\pi R_c^2}{f_r(x, y)} \times 100\% \tag{5-18}$$

式中，$f_r(x, y)$ 为所检测的双孢菇菇盖像素数。

2. 图像预处理

（1）图像滤波　试验过程中，在相机采集图像时，工作环境的光噪声以及电子元器件受到电磁干扰是不可避免的；同时，由于双孢菇在传送带上呈现夹持状运输，设备存在振动情况，所拍摄的图像会存在一定的噪声，如果不对这些噪声进行妥善的处理，会增加有效特征提取的难度。常见的滤波方式有：中值滤波、均值滤波和高斯滤波。有相关文献研究表明：中值滤波对于存在脉冲噪声的图像处理效果较好，对于其他种类的图像噪声处理能力有限；均值滤波处理后的图像易出现振铃现象，图像的边缘轮廓会发生一定程度的偏移，而双孢菇直径信息与其边缘轮廓相关性较大，因此不宜使用均值滤波；而高斯滤波处理后的图像则能够较好地保留其边缘轮廓信息。综上，这里选用高斯滤波器对图像进行滤波操作，处理后的图像如图5-13所示。

由图5-13可以看出，原始图像中在菇盖上含有部分噪声点，并且由于光照不均匀和菇盖立体形状因素存在一定阴影，边界轮廓区分不够明显，而经过滤波后，菇盖上的噪声点得到有效去除，并且边界信息更加凸显。

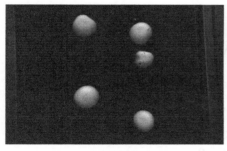
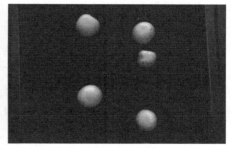

a) 原始图像　　　　　　　　　　　　　b) 高斯滤波

图 5-13　图像滤波

（2）图像二值化及掩膜　试验样机传送带颜色选用黑色，相机增益调节为较小值，为保证采集的目标图像与背景有较大差异，便于目标区域的分割，通常图像滤波后需要对图像进行二值化操作，提取目标区域，进而对原始图像进行掩膜操作，以屏蔽非目标区域，便于后期特征提取。常用的二值化阈值操作方法有：迭代法、最大类间方差法以及最小误差法。为对比系统的目标分割算法，这里分别对不同二值化阈值操作方法进行分析，对比二值化分割结果。

1）迭代法。迭代法是一种全局二值化处理的方法，该算法基于无限逼近的思想，首先选择一个初始阈值，然后将整图分为两个子图像，根据子图像选择新的阈值，以此方式进行循环，直至将错误分割的像素点降到最低。具体步骤如下：

①求出全图的平均灰度值作为初始阈值 T_0。

②使用初始阈值 T_0 将图像分为前景、背景两部分（即大于灰度值 T_0 和小于灰度值 T_0）。

③分别计算前景、背景两部分图像的平均灰度值 U_1 和 U_2，即

$$U_1 = \sum_{i=0}^{T_0} \frac{ih(i)}{w(T_0)} \tag{5-19}$$

$$U_2 = \sum_{i=T_0}^{255} \frac{ih(i)}{1 - w(T_0)} \tag{5-20}$$

④计算新的阈值 $T_1 = \dfrac{1}{U_1 + U_2}$。

⑤重复②和③步，直到 T_0 和 T_1 之间的差值小于给定条件，此刻 T_0 为最终所求的阈值。

⑥求得最终阈值 T_0 后，将整图灰度值大于阈值设置为 1，否则设定为 0。

2）最大类间方差法（OTSU）。最大类间方差法是 20 世纪 80 年代末由日本学者提出来的一种自适应图像阈值处理方法。该算法根据图像的灰度特性将图像分为前景和背景两个部分，当所取的阈值为最佳阈值时，前景和背景图像的差别最大，也就是类间方差最大。具体处理步骤如下：

①初始化一个阈值 T_0，将图像划分为前景和背景区域，统计前、背景像素个数，分别为 N_f、N_b。

②假设图像有 $L-1$ 个灰度级，统计灰度直方图，每个灰度级的像素个数为 N_i，前景像

素占比率 P_f 与背景像素占比率 P_b 分别为

$$P_f = \sum_{i=0}^{i=T_0} \frac{N_i}{N_f + N_b} \tag{5-21}$$

$$P_b = \sum_{i=T_0}^{i=L-1} \frac{N_i}{N_f + N_b} \tag{5-22}$$

③计算前景和背景的平均灰度值 M_b 和 M_f 为

$$M_b = \sum_{i=T_0}^{i=L-1} i \frac{P_i}{P_b} \tag{5-23}$$

$$M_f = \sum_{i=0}^{i=T_0} i \frac{P_i}{P_f} \tag{5-24}$$

④计算整张图像的平均灰度值 M，并求出类间方差 δ^2，即

$$M = P_f \times M_f + P_b \times M_b \tag{5-25}$$

$$\delta^2 = P_f \times (M_f - M)^2 + P_b \times (M_b - M)^2 \tag{5-26}$$

⑤求得使类间方差最大的 L，此时的灰度值即为整张图像的最佳二值化分割阈值。

3）最小误差法。最小误差法是 20 世纪 90 年代，Kitter 等人基于贝叶斯法中最小误差理论思想提出的图像阈值分割算法。该算法提出将图像分割时阈值选择问题转化为基于最小误差的高斯分布函数的拟合问题，具体步骤如下：

①对于大小为 $M \times N$ 的图像，其灰度分布为 $f(x, y) \in i (1 \leqslant i \leqslant 255)$，灰度值为 i 的像素个数为 n_i，则灰度图像中灰度值为 i 的像素点出现的概率 $p_i = n_i / n_{all}$，$\sum_{i=1}^{i=255} p_i = 1$。

②假设图像由前景和背景图像组成，且满足高斯分布，即

$$p_i = \sum_{j=0}^{1} P_j p(i \mid j) \tag{5-27}$$

$$p(i \mid j) = \frac{1}{\sqrt{2\pi} \delta_j} \exp\left(-\frac{(i - u_j)^2}{2\delta_j^2}\right) \tag{5-28}$$

③假设 t 为背景 C_0 和前景 C_1 的分割阈值，则背景和前景各自分布的先验概率分别为

$$P_0(t) = \sum_{i=0}^{t} p_i \tag{5-29}$$

$$P_1(t) = \sum_{i=t+1}^{255} p_i \tag{5-30}$$

式中，下角标 0 表示背景；下角标 1 表示前景。

④求前景与背景图像的均值 u 与方差 δ 分别为：

$$u_0(t) = \frac{1}{P_0(t)} \sum_{i=0}^{t} i \cdot p_i = \frac{1}{P_0(t)} u(t) \tag{5-31}$$

$$u_1(t) = \frac{1}{P_1(t)} \sum_{i=t+1}^{255} i \cdot p_i = \frac{u_T - u(t)}{P_1(t)} \tag{5-32}$$

$$\delta_0^2(t) = \frac{1}{P_0(t)} \sum_{i=0}^{t} p_i \cdot i^2 - [u_0(t)]^2 \tag{5-33}$$

$$\delta_1^2(t) = \frac{1}{P_1(t)} \sum_{i=t+1}^{255} p_i \cdot i^2 - [u_1(t)]^2 \qquad (5\text{-}34)$$

⑤最后基于最小分类误差思想得到目标函数 $J(t)$，即

$$J(t) = P_0(t)\ln\frac{\delta_0^2(t)}{[P_0(t)]^2} + P_1(t)\ln\frac{\delta_1^2(t)}{[P_1(t)]^2} \qquad (5\text{-}35)$$

对图像分割时的最佳阈值在 $J(t)$ 取得最小值时获得。

为了验证不同分割方法的处理效果，这里采用了以上三种阈值分割的方法对滤波后的图像进行二值化操作，处理结果如图 5-14 所示。

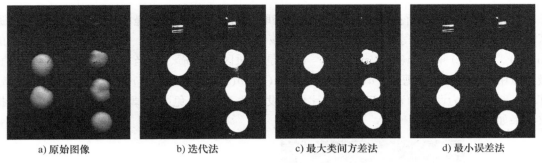

　　　　a) 原始图像　　　　　　b) 迭代法　　　　c) 最大类间方差法　　　d) 最小误差法

图 5-14　阈值分割结果

由图 5-14 可以看出，在对原始图像采用高斯滤波后，使用不同阈值分割的方法中，经 OTSU 处理后的图像小区域噪声点较少，但是目标区域的边缘处理效果不好，这是由于菇盖是立体形态，光照由上而下照射，菇盖边缘处的吸光度不同，导致其二值化图像的边缘损失相对较多。而经迭代法与最小误差法在目标区域边缘处的有效信息保存较好，有利于后期目标区域直径参数的检测，但是经迭代法处理后的二值图像虽然较好地保留了边缘信息，但是在细节处的处理结果相对最小误差法较差，出现了较为严重的黏连情况，会增加图像处理的难度，影响特征提取的精度。综合对比最小误差法是本试验中较优的图像二值化算法。

图 5-15 是经过形态学操作去除小区域噪声点后以及掩膜处理后的图像，可以看出传送带以及视野内铝型材部分的区域得到很好的去除，并且菇盖外部形态信息保留较好。

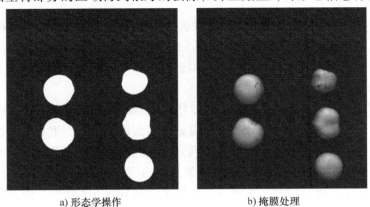

　　　　a) 形态学操作　　　　　　　　b) 掩膜处理

图 5-15　噪声点去除结果

（3）ROI 区域提取　原始图像的尺寸较大，且包含无信息区域，为了避免对全图的这些无效区域进行检测识别，加快检测速度，所以在得到原图的二值化以及掩膜图像之后，需要对目标区域外接矩形 ROI（rsegion of interest）进行提取，ROI 区域提取流程如图 5-16 所示。

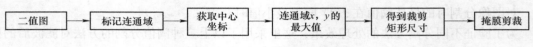

图 5-16　ROI 区域提取流程

首先对二值图像进行连通域标记操作，获取不同菇盖像素点的坐标，然后统计不同连通区域的面积、中心坐标等信息，接下来找到该中心像素的坐标 (x, y) 以及该连通区域的 $\min(r)$、$\max(r)$ 和 $\min(c)$、$\max(c)$，也就是连通区域的横、纵坐标的最大值和最小值，最终以中心 (x, y) 裁剪出 $[a(\max(c) - \min(c))b(\max(r) - \min(r))]$ 大小的 ROI 区域，其中 a、b 参数为调节剪裁窗口大小的比例，设置大于 1，以免剪裁掉目标区域。ROI 区域提取结果如图 5-17 所示。

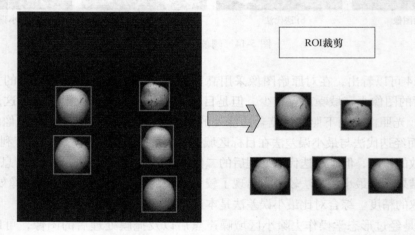

图 5-17　ROI 区域提取结果

由图 5-17 可以看出，经过 ROI 区域提取后，在原图像上提取出 5 个目标区域，各个区域相对于原图像缩小了很多，并且原有纹理、尺寸特征无损失，再对各个小 ROI 区域进行特征提取，将有效减少无效区域的索引、检测识别，从而加快识别检测速度。

3. 特征提取

（1）坐标提取与像素标定　在前文中，对原始图像经过预处理后得到的二值图像进行连通区域标记操作，该操作通过统计可以获得菇盖的面积、质心、重心等属性信息，此时通过将菇盖中心像素的坐标进行变换就可以得到菇盖在世界坐标系下的位置。本试验中，经过测量可知菇盖厚度在 1.5~2cm 之间，试验装置末端执行器采用弹性模量较小的可调节装置，因此本书只对平面坐标进行检测，深度信息采用手动调节的方式获得，即深度信息为机械臂到传送带以上 1.5cm 的高度。对于平面坐标，菇盖直径为 2~5cm，吸盘直径为 1cm，因此坐标定位误差范围应控制在 ±5mm 内。坐标转换公式为

$$\begin{bmatrix} x_{\mathrm{T}} \\ y_{\mathrm{T}} \\ 1 \end{bmatrix} = \boldsymbol{H}^{-1} \begin{bmatrix} x \\ y \\ 1 \end{bmatrix} \qquad (5\text{-}36)$$

式中，(x, y) 为菇盖中心像素坐标；$(x_{\mathrm{T}}, y_{\mathrm{T}})$ 为世界坐标系坐标；$\boldsymbol{H}^{-1}$ 为图像坐标系到世界坐标系的转换矩阵。

以像素作为双孢菇实际大小的评定方法时，所测得的结果为相对像素尺寸，由于无法确定双孢菇实际尺寸的大小，因此需要建立实际尺寸与像素之间的映射关系，即需要对相机进行标定，如图 5-18 所示。

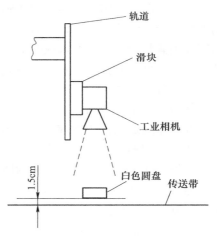

试验标定板使用直径大小为 2cm、3cm、4cm、5cm 的白色圆盘。首先将白色圆盘水平放置到传送带上方 1.5cm 处；然后分别从视野的中心、左上角、左下角、右上角、右下角采集 5 个方位的图像，每个方位采集 5 次图像，光照条件、相机光圈大小以及曝光增益均保持一致；再使用相同的图像处理步骤处理采集的标定图像，计算其面积；最后计算出直径大小，取 5 次处理的平均值作为最后结果。像素尺寸与实际尺寸受相机分辨率、镜头焦距、物距等多种因素的影响，表 5-7 中像素尺寸仅为计算方便，实际结果可能有所不同。

图 5-18　相机标定示意图

表 5-7　标定板实际尺寸与像素尺寸表

标定板直径/cm	实际尺寸		像素尺寸	
	面积/cm²	直径/cm	像素面积/pixel	像素直径/pixel
2	3.14	2	30227	98.11
3	7.065	3	65004	143.88
4	12.56	4	134514	206.97
5	19.625	5	188462	244.99

图像处理过程中，受光照条件、硬件设备稳定性以及蘑菇立体形状的影响，二值化的边缘连通域检测结果有一定的误差，因此要对检测结果进行拟合。如图 5-19 所示，最终直径与像素尺寸之间的关系为

$$y = 50.3718x - 2.8128 \qquad (5\text{-}37)$$

式中，y 为像素直径，即菇盖直径检测值，单位为 pixel；x 为实际菇盖直径尺寸，单位为 cm。

（2）几何特征提取　双孢菇的直径和圆度信息属于其物理上的几何特征，图像处理中常用的圆检测的方法有霍夫变换圆检测和最小二乘法

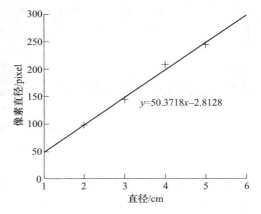

图 5-19　像素直径与实际直径的关系

205

圆拟合。其中，最小二乘法圆拟合处理步骤为：首先要检测出图像的边缘信息；然后对图像边缘信息进行追踪，找到图像边缘信息的坐标位置；最终以方差最小为原则对边缘位置信息利用最小二乘法进行拟合。在使用最小二乘法圆拟合时需要历遍所有边缘像素点，有关研究表明，该算法在图像存在较大噪声时，对圆检测的效果较差，另外，在检测不规则圆形时，容易检测出多个圆。双孢菇菇盖在生长过程中易受到挤压等生长环境的影响，产生非规则圆甚至畸形情况。而霍夫变换圆检测则是利用点和线的对偶性，对图像边缘信息进行极坐标系的参数变换，然后基于统计学对满足不同直径大小圆的像素点进行计数，基于累加的机制最后统计出满足设定阈值要求或峰值最大的圆，霍夫变换圆检测对于目标边界噪声、边缘中断情况具有良好的容错性以及鲁棒性。霍夫变换圆检测的步骤如下：

①将各个连通域边缘坐标转换为极坐标系下的极坐标，即 (ρ, θ)。

②构建一个计数器。

③根据连通域面积参数，计算菇盖直径参数，并设置直径参数的范围。

④以一定的步长进行搜索，搜到满足参数范围的像素点计数器+1。

⑤设定阈值，大于阈值的即为所检测出的圆。

通常霍夫变换圆检测过程中，会对连通域边缘像素点进行逐个搜索、累加。这里通过预估一个菇盖的直径大小，并设置一个范围 $\pm 10\% R_{\text{text}}$，在设定的范围内进行搜寻满足条件的像素点，一方面会减少计算量，加快识别检测速度，另一方面可以有效避免由于非规则菇盖椭圆形状所导致同一连通域检测出多个圆的情况。边缘检测及圆检测结果如图 5-20 所示。

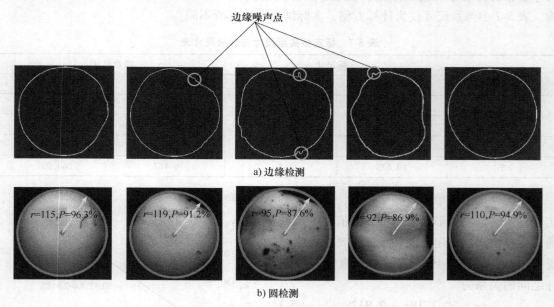

图 5-20　边缘检测及圆检测结果

r—像素尺寸，pixel　P—圆度

由图 5-20 可以看出，使用 Canny 算子进行边缘检测时，能够准确检测出菇盖边缘轮廓信息，总体的检测效果较好，在细微处有一定的噪声点，但噪声点较少，并且在圆检测中几乎没有影响，这是由于本书对圆直径进行了预估，在预估范围内进行索引，虽然噪声点处仍

可以拟合出圆信息，但是不满足所设置的阈值条件，故该圆噪声被去除，体现了本书算法中对边缘噪声较好的适用性。

在采集图像前，对试验对象使用游标卡尺以 30° 为梯度，测 6 次菇盖直径，以 6 次测得数据的均值作为最终直径大小的真实结果，同时对比根据像素计算出的直径大小。表 5-8 为人工测量数据与图像处理的数据对比。

表 5-8　人工测量数据与图像处理数据对比

样本顺序	像素尺寸 r（pixel）	图像处理值（cm）	人工测量值（cm）	圆度 P
1	115	2.34	2.46	96.3%
2	119	2.42	2.32	91.2%
3	95	1.94	2.03	87.6%
4	92	1.88	2.01	86.9%
5	110	2.24	2.36	94.9%

由表 5-8 可以看出，人工测量值与图像处理值相近，虽然由于菇盖质地柔软，多次测量时游标卡尺夹紧程度不同，所测量尺寸有一定的误差，但是误差在允许的范围之内，不影响等级划分，可以满足双孢菇几何特征的提取要求。

（3）纹理特征提取　纹理特征是用来描述图像中前景区域的颜色空间分布和光强分布的，纹理特征提取的方式主要分为基于结构或基于数据统计的方法，常用的纹理特征提取方法有 LBP、GLCM、GLDS、GMRF、Gabor 等。缑新科等人基于机器视觉技术，使用灰度共生矩阵变换分析了樱桃和番茄的果面纹理特征，进而对其外部品质进行检测，平均检测精度达到了 95%，试验表明，GLCM 在果面纹理特征分析中有较好的识别检测效果。本书借鉴相关学者研究成果，采用灰度共生矩阵变换来提取不同等级的双孢菇菇盖纹理特征，从而对其进行分级检测。

灰度共生矩阵是 20 世纪 70 年代与 Haralick. R 等人基于统计学提出来的一种图像分析方法，其反映了二维空间内像素点在相邻间隔、变化幅度等综合信息，是有效分析图像局部模式和像素排列的研究方法。灰度共生矩阵处理流程如图 5-21 所示。

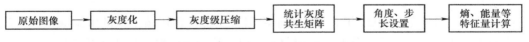

图 5-21　灰度共生矩阵处理流程图

基于灰度共生矩阵变换有关学者提取出 14 个特征参数来描述图像的纹理信息，特征变量有：熵（ENT）、对比度（CON）、相关性（CORR）、角二阶矩（ASM，也称能量）、逆差距（IDM）、方差（VAR）、和均值（S-AVE）、和方差（S-VAR）、和熵（S-ENT）、差方差（D-VAR）、差熵（D-ENT）、相关信息测度（IMC1）、相关信息测度（IMC2）、最大相关系数（MCO）。根据相关文献研究，这里选用 4 个角度（0°、45°、90°、135°）下的灰度共生矩阵的熵、能量、对比度以及相关的均值和标准差共计 8 维特征参数，作为不同等级的双孢菇纹理特征描述信息。设 $H(m, n)$ 为双孢菇图像，则 $f(i, j)$ 为图像的灰度共生矩阵。

1）熵。熵值是度量图像纹理的随机性信息参数，当图像纹理较为光滑、单一时，取得最大值；相反，如果纹理较为粗糙、复杂，其取得较小值。熵的计算公式为

$$\text{ENT} = -\sum_i \sum_j f(i, j) \lg f(i, j) \tag{5-38}$$

2）能量。能量即角二阶矩，计算的是共生矩阵各元素的平方和，代表了原始图像灰度值分布均匀度与纹理的度量值。能量的计算公式为

$$\text{ASM} = \sum_i \sum_j f(i, j)^2 \tag{5-39}$$

3）对比度。对比度即惯性矩，反映了灰度图像的变化程度，当图像的边缘信息越明显，对比度值越大，边缘不明显则反之。对比度的计算公式为

$$\text{CON} = \sum_i \sum_j (i-j)^k f(i, j)^\lambda \tag{5-40}$$

式中，指数 k、λ 通常取 1 和 2。

4）相关性。相关性是评价灰度共生矩阵中各个元素在行或者列方向上相似程度的度量值，代表原灰度图像像素呈线性关系的度量。相关性的计算公式为

$$\text{CORR} = \frac{\sum_i \sum_j ((i \cdot j) f(i, j)) - u_i u_j}{\delta_i \delta_j} \tag{5-41}$$

式中，u_i、u_j 为均值；δ_i、δ_j 为方差。

试验采集人工分级好的 A、B、C 三个等级各 100 个样品，使用灰度共生矩阵变换提取其 8 维特征参数，表 5-9 所列为不同等级双孢菇灰度共生矩阵特征值数据统计结果。

表 5-9　不同等级双孢菇灰度共生矩阵特征值数据统计结果

等级	熵 ENT		能量 ASM		对比度 CON		相关性 CORR	
	均值	标准差	均值	标准差	均值	标准差	均值	标准差
A 级	0.0032	0.0366	0.3869	0.1314	1.9048	0.0725	0.0411	0.0002
B 级	0.0045	0.0158	0.2411	0.0787	1.9764	0.2164	0.0441	0.0005
C 级	0.0051	0.0272	0.1928	0.1243	2.2669	0.1590	0.0591	0.004

4. 基于极限学习机的分类检测

试验所用双孢菇是于 2021 年 3 月购买于洛阳市奥吉特食用菌工厂的鲜采双孢菇，经工厂专业分拣作业人员分级后，分箱、分层包装在恒温箱内低温保存快速运至试验室。

到达试验室后，经人工将运输过程破损、压伤的蘑菇筛选排除外，然后随机从 3 个等级中选出 200 个样本，基于以上研究，使用图像处理的方式提取不同等级的双孢菇直径、圆度以及纹理特征，共计 10 个特征参数；最后使用极限学习机分类模型对不同等级的双孢菇进行分级检测识别，训练集占比 80%，测试集占比 20%。ELM 分级检测结果如图 5-22 所示。

由图 5-22 可以看出，当模型训练的输入为菇盖直径长度、圆度及基于灰度变换的八维度的纹理参数共计 10 个特征值时，训练集的识别准确度可以达到 98% 以上，识别较好，说明不同等级的双孢菇在以上特征下具有较好的识别度，能够有效区分双孢菇品质；而测试集相对训练集的识别准确度有一定程度的降低，但仍然能够达到 92% 以上。综合识别算法与特征提取过程考虑，分析主要原因有三个：第一，通过统计可以看出，识别检测分级错误的情况出现在 A 等级与 B 等级之间，在这两个等级之间直径区分度上较小，A 等级为 1.8~

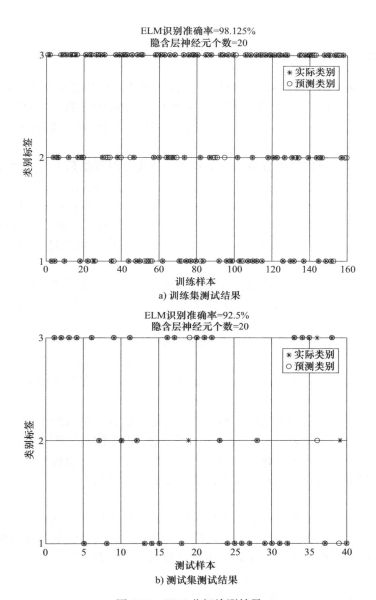

图 5-22   ELM 分级检测结果

4.0cm，B 等级为 1.8~4.5cm，两者直径跨度区间高度重合，虽然在 4.0~4.5cm 有区分度，但是识别检测算法在二值化、边缘检测过程中有一定误差，导致直径测量并不完全准确；第二，表面纹理上，A 等级双孢菇菇盖洁白、无斑点，B 等级菇盖略有斑点或者有污斑，鲜采双孢菇为人工采摘之后直接放入容器内，人为采摘过程为"一抓、二拧、三拔"，容易带出基质，加之容器放置前，未做切割、漂洗处理，菇盖容易掺杂一定的杂质，这些杂质容易被识别为斑点或者污斑，在人工分级过程中则能避免这种情况；第三，由于仅采集了 200 张不同等级的双孢菇图像，样本训练集数量较少，对不同等级双孢菇不同特性的特征提取不够全面，个别特殊情况未考虑到，并且采集为菇盖上端图像，菇盖开伞情况不能检测出来，因此而产生误检情况。

5.2.6 分级系统试验研究

前面内容对双孢菇分级分拣系统的软硬件进行了设计，并对部分关键参数进行数据分析、模型仿真，得到了不同关键参数的范围值。为保证系统工作的稳定性、可靠性以及适用性，本节对以上关键参数进行验证试验，并对整机进行试验分析，以检验分级分拣设备的可行性。

1. 试验因素分析

双孢菇的分拣运动过程可以分解为三个步骤：首先是对双孢菇进行一个姿态矫正，负压吸盘抓取位置为双孢菇菇盖上端，当菇柄位置朝上时不能完成抓取动作；其次是图像检测，对双孢菇进行定位分析，通过图像的像素尺寸与实际坐标系的转换得到实际坐标；最后是并联机构末端执行器（即吸盘）将双孢菇从传送带上吸附起来。因此，评判分级分拣设备的作业效果指标主要有三个方面：第一是输送机构的拨正效率，第二是图像识别的定位精度，第三是双孢菇的吸附成功率。

在双孢菇姿态矫正过程中，通过仿真分析可知，传送带的传送速度是影响双孢菇拨正成功率的重要因素，当速度小于或大于一定范围值时，会产生拨正失败或过矫正的情况，因此要通过试验验证，确定传送带的传送速度。

在双孢菇分拣过程中，首先要在试验前进行标定工作，得到相机与世界坐标系的转换公式，然后以图像处理后的坐标通过转换公式得到最终坐标，进而指导机械手臂的分拣作业。若定位误差较大，则不能完成抓取作业，因此要通过试验验证图像识别的分拣定位精度是否在±5mm之内。

在双孢菇吸附阶段，因为末端执行器运动平台是通过真空泵所产生的负压力来吸附双孢菇的，所以真空系统的负压力（即真空度）是影响吸附效果的主要因素，真空度越高，系统的吸附力越强，吸附的效果就越好，但是当真空度过于大时，会造成双孢菇菇盖部分的机械性损伤，降低双孢菇品质。因此要通过试验确定真空度的大小。

2. 拨正机构传送带传送速度验证试验

本研究的抓取装置采用负压吸盘式抓取装置，吸盘吸附位置为菇盖顶端，双孢菇在传送带上的姿态是决定是否能够抓取成功的直接因素，为了保证较高的双孢菇抓取成功率，需要对传送带传送速度进行单因素验证试验。拨正试验图如图5-23所示。

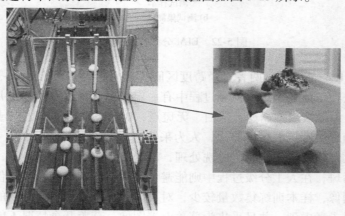

图5-23　拨正试验图

本书前面章节对拨正机构传送带进行了虚拟机仿真试验，得出传送速度区间为 $0.05 \sim 0.12 \mathrm{m/s}$，能够达到姿态矫正效果。因此，本次试验在传送带传送速度 $v = 0.05 \sim 0.12 \mathrm{m/s}$ 的条件下进行，速度区间步长为 $0.01 \mathrm{m/s}$，共计试验 8 次。以最终双孢菇菇盖朝向及拨正成功率作为试验指标，每次试验样本数量为 100 个，试验结果见表 5-10。

表 5-10　拨正试验结果

传送带速度/（m/s）	拨正成功率（%）
0.05	64
0.06	82
0.07	93
0.08	97
0.09	96
0.10	85
0.11	62
0.12	45

根据试验结果，使用 MATLAB 软件对数据进行计算、分析，拟合吸附成功率曲线方程为 $y = -35238.095x^2 + 5683.333x - 131.9881$，相关系数为 $R^2 = 0.98125$。传送带与拨正成功率的关系如图 5-24 所示。

通过试验验证的方法可以统计出，当输送带速度增大到 $0.0806 \mathrm{m/s}$ 时，拨正的成功率达到了 97.169%，此时拨正效果最好，拨正的成功率最高。考虑到步进电动机脉冲控制下的传送精度，这里选用传送带传送速度为 $0.08 \mathrm{m/s}$ 作为后续试验的参数条件。

3. 分拣定位精度试验

图像检测出的分拣定位精度是直接决定抓取动作成功与否的重要因素，前文通过图像标定获得了相机坐标系与世界坐标系之间的转换关系，但在实际分级分拣作业过程中，由于图像检测本身算法、设备轻微振动以及光照等外界因素影响，可能会出现一定误差，因此，本节对分拣的定位精度进行验证试验，如图 5-25 所示。本次试验的目的是验证图像检测出的位置信息是否准确，是否满足精度要求。

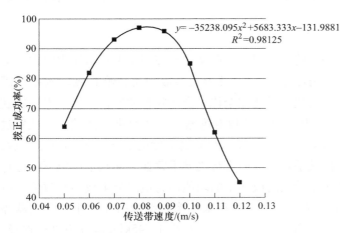

图 5-24　传送带速度与拨正成功率的关系　　　　图 5-25　定位精度试验图

本次试验选取 50 个不同等级的双孢菇，放置到传送带上，分为 5 次试验进行，每次试验 10 个样本，试验过程为：当传送带运行到图像采集区后，通过算法识别检测出双孢菇的位置信息，将位置信息传输给机械手臂，机械手臂运动到指定位置上端，然后人工测量吸盘中心位置、算法识别的中心位置，试验结果见表 5-11。

表 5-11　分拣定位精度试验结果

序号	检测坐标值	实际坐标值	x 轴误差/mm	y 轴误差/mm
1	(17.35, 10.36)	(17.5, 10.4)	−1.5	−0.4
2	(17.48, 6.58)	(17.7, 6.3)	−2.2	+2.8
3	(16.92, 7.03)	(16.6, 7.3)	+3.2	−2.7
4	(17.40, 12.59)	(17.2, 12.8)	+2.0	−2.1
5	(17.37, 18.03)	(17.6, 18.6)	−2.3	−2.7
6	(7.30, 18.32)	(7.7, 18.6)	−4.0	−2.8
7	(6.95, 13.64)	(6.7, 13.7)	+2.5	−0.6
8	(7.33, 9.68)	(7.5, 9.9)	−1.7	−2.2
9	(7.32, 6.36)	(7.6, 6.5)	−2.8	−1.4
10	(8.02, 12.56)	(8.4, 12.3)	−3.8	+2.6
平均	—	—	+2.6	+2.03

由表 5-11 可以看出，定位坐标在 x 轴方向的平均误差为+2.6mm，最大误差为−4.0mm，最小误差为−1.5mm；y 轴方向上的平均误差为+2.03mm，最大误差为+2.8mm，最小误差为−0.4mm，满足最初设计要求的范围±5mm。考虑其误差来源以及误差值可以发现，x 轴方向上的误差值高于 y 轴方向的误差值，这可能是由于双孢菇菇柄直径大小不一，在传送带上两端有间隙，并且蘑菇菇柄位置并不是严格在菇盖正中心，而 y 轴上的值是由菇盖下端与传送带直接接触来计算的，在双孢菇位置不变的情况下，其坐标值与坐标转换关系直接相关，因此 x 轴误差高于 y 轴误差。

4. 吸盘真空度验证试验

真空系统的真空度是决定吸附成功率的主要因素，前文虽然在理论上对负压力的大小进行了设计，但是实际情况中，双孢菇大小、含水量以及形状参数均是影响其吸附效果的因素，在参数设计过程中，对模型进行了简化，不能完全代表全体物料的属性差异。本试验在真空度（−20~−60kPa）范围内进行，随机筛选 300 枚双孢菇，分 3 组进行预试验，试验过程为：将双孢菇放置到并联机械手下端某一固定位置，调节真空度的负压力值到设定值后，手动输入当前双孢菇位置坐标信息给机械手臂，继而进行机械手臂在不同真空度值下的分拣作业，统计数据值以相应真空度下 3 次试验吸附成功率的均值作为最终吸附成功率数值。试验发现，当真空度大于−45kPa 时，由于负压过大，吸盘末端橡胶结构挤压严重，会在菇盖顶端留下较深的痕迹，造成双孢菇菇盖损伤，所以真空水平在小于−45kPa 范围内进行选择。以吸附成功率作为评价指标，真空度验证试验结果见表 5-12。

表 5-12　真空度验证试验结果

真空度/kPa	吸附成功率（%）
−20	52
−25	75
−30	87
−35	96
−40	98
−45	99

根据试验结果，使用 MATLAB 软件对数据进行计算、分析，拟合吸附成功率曲线方程为 $y = -0.1071x^2 + 8.7829x - 78.9857$，相关系数为 $R^2 = 0.99399$。真空度与吸附成功率的关系如图 5-26 所示。

经过求解验证，当真空度大于 −41kPa 时，吸附成功率趋于稳定并且达到 96% 以上。综合双孢菇易损特性，在满足要求的情况下要尽量选取较小的真空度，所以最终选定真空度为 −41kPa。

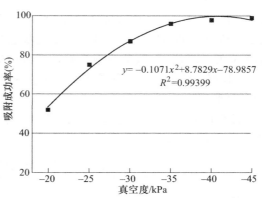

图 5-26　真空度与吸附成功率的关系

5. 整机试验

为验证双孢菇分级分拣系统样机的适用性和可靠性，对样机进行了试验。试验样品为 2021 年 3 月购买的洛阳市奥吉特食用菌工厂鲜采双孢菇，每次试验购买 50kg 双孢菇，采用低温保存的方式快速运至实验室，运至实验室后将由于运输过程中严重挤压的级外品剔除，并随机筛选出 1200 个样品作为试验对象，分 6 次试验，每次试验历时 3min 左右。整机试验图如图 5-27 所示。

试验采用人工上料的方式，逐步将双孢菇分批次放置到传送带上，在传送带传送速度为 0.8m/min，真空系统真空度值为 −41kPa 条件下进行试验，试验过程中人工进行统计、记录，并聘请奥吉特食用菌工厂专业分级工作人员进行检验，最后人工使用游标卡尺按照行业标准 NY/T 1790—2009《双孢菇等级规格》严格统计分级，进而对比设备与人工的分级分拣结果。分级结果的对比标准为分拣效率、漏检率、破损率以及正确率。其中，人工分拣时的漏检率为 0，设备的漏检率为由于视觉系统未

图 5-27　整机试验图

检测出或机械手臂抓取不成功而导致分拣失败的双孢菇；人工分拣破损率为由于分拣用力过猛或翻捡过程中造成损伤的双孢菇，设备分拣破损率则为在设定压力值下由于个体区别吸附过程中在双孢菇菇盖表面留有较深压痕的双孢菇；误检率则为最后统计结果。双孢菇分级人

工与设备对比试验数据见表 5-13。具体计算公式如下

$$P_1 = \frac{N_1 + N_2 + N_3}{N_{sum}} \times 100\% \tag{5-42}$$

$$P_2 = \frac{D_1 + D_2 + D_3}{N_{sum}} \times 100\% \tag{5-43}$$

$$P_3 = \frac{G_1 + G_2 + G_3}{N_{sum}} \times 100\% \tag{5-44}$$

$$P_4 = \frac{N_{sum} - G_1 - G_2 - G_3}{t} \tag{5-45}$$

式中，P_1 为正确率；P_2 为破损率；P_3 为漏检率；P_4 分拣效率；N_1、N_2、N_3 分别为设备或人工正确分拣的对应 A 级、B 级、C 级双孢菇个数；D_1、D_2、D_3 分别为设备或人工分拣的对应 A 级、B 级、C 级的双孢菇破损个数；G_1、G_2、G_3 分别为设备或人工分级分拣的对应 A 级、B 级、C 级双孢菇漏检个数；N_{sum} 为相应试验次数的双孢菇总数；t 为每次试验分拣所用时间。

表 5-13 的试验数据通过相关公式计算得到表 5-14，最后计算出平均检测效率、准确率、破损率以及漏检率，见表 5-14。

表 5-13　双孢菇分级人工与设备对比试验数据

组别	设备分级					人工分级			
	时间/min	总数/个	A 级/个	B 级/个	C 级/个	时间/min	A 级/个	B 级/个	C 级/个
1	3.15	198	93	52	49	2.10	98	50	50
2	3.45	205	83	76	41	2.55	88	74	43
3	3.25	201	67	59	68	2.25	70	60	71
4	2.95	190	57	60	66	1.95	60	62	68
5	3.35	215	82	58	69	2.65	88	60	67
6	2.85	191	47	70	68	2.05	52	69	70

表 5-14　双孢菇分级人工与设备试验结果分析

组别	设备分级				人工分级		
	准确率（%）	破损率（%）	漏检率（%）	检测效率/(个/min)	准确率（%）	破损率（%）	检测效率/(个/min)
1	95.96	0	2.02	61.58	90.91	0	89.52
2	95.12	1.46	0.98	57.97	94.15	2.93	75.69
3	94.53	1.99	1.49	58.46	92.04	1.49	87.11
4	94.74	0.53	3.16	61.02	95.26	1.05	92.82
5	96.74	2.33	0.47	62.39	88.37	0	74.72
6	96.86	1.57	1.57	69.45	95.81	1.57	93.17
平均值	95.67	0.83	2.08	59.95	93.17	1.17	82.51

从统计结果可以看出，设备分拣的平均准确率、漏检率、破损率以及检测效率分别为

95.67%、2.08%、0.83%、59.95 个/min，人工分拣则为 93.17%、0%、1.17%、82.51 个/min。由此可以发现，设备分拣相对人工分拣在漏检率上表现较差，设备分拣漏检率平均为 2.08%，而人工分拣则不存在漏检的情况；而破损率上设备表现良好，人工分拣破损率为 1.17%，设备分拣的破损率为 0.83%，人工分拣的破损率约为设备分拣的 1.5 倍；就分拣准确率来看，设备分拣要好于人工分拣，分拣准确率提高了 2.5%，这可能是由于设备可以长时间稳定作业，而人工分拣精度随着分拣时间的增加，人容易疲劳，进而使分拣精度有所下降，并且人工分拣主观意识强，介于等级间的双孢菇不同分级次数，分级结果往往有所差异；在单体效率上，人工分拣要高于设备分拣，但设备分拣仍有较大优势，人工分拣平均每天工作 8h，而设备可以全天候工作，实际生产中每天可以分拣 400~500kg，设备分拣 59.95 个/min，合计约 0.66kg/min，24h 可分拣约 950.4kg，分拣效率提高 2 倍左右。

5.3　双孢菇贮藏与包装

5.3.1　双孢菇贮藏

双孢菇采后子实体仍继续生长，生长过程会消耗自身营养物质进行代谢，且还会受到各种微生物感染及蒸腾作用，最终使得双孢菇出现开伞、褐变、异味、失水等现象，降低其耐贮性，严重影响了其营养及商业价值，造成巨大经济损失。因此，在双孢菇采后采取相应的贮藏措施，对延长其保鲜期和提高商品价值具有重要意义。本节主要针对双孢菇等食用菌的几种不同保鲜贮藏措施进行论述，以期在保证双孢菇采后质量的前提下，对其采取行之有效的保鲜手段。

1. 低温贮藏

低温贮藏技术是将双孢菇置于低温空间中，以此减缓食用菌的新陈代谢和酶化反应，从而达到延长双孢菇新鲜期及抑制微生物生长的目的。双孢菇采后经挑选分级，用清水冲洗干净，为防止菇色发黄或变褐，可放入 0.01% 焦亚硫酸钠水溶液中漂洗 3~5min。迅速用冷水对菇体进行预冷处理，尽快降至 0~3℃。沥干水分，装于通气的塑料筐中，再放入温度 0~3℃、相对湿度 90%~95% 的冷库中贮藏，贮藏过程中注意通风换气。贮藏期间，要求温、湿度相对稳定，不宜多变或骤变，此法可保鲜 8~10 天。另一种方法是将双孢菇采后去除杂质，放在 0.03~0.04mm 厚的聚乙烯塑料袋中（最好打几个孔）并扎口，或置于塑料筐内并盖一层湿布，放于 3~4℃ 的冷库中贮藏，可保鲜 7~10 天。

低温贮藏情况下，双孢菇保鲜周期明显延长，因此常被用于双孢菇工厂化栽培的包装技术中。在进行双孢菇工厂化栽培包装的自动化技术系统设计时，要考虑双孢菇含水量的情况以及预冷与进入冷藏包装之间的时效关系。在进行工厂化栽培包装时，预冷时间至关重要，而且双孢菇一旦离开低温环境，就需要尽快食用。因此，低温贮藏技术只能用于短途间点对点包装运送，不适合长期性的贮存销售。

2. 气调贮藏

气调贮藏技术是在普通薄膜包装方式不能维持双孢菇新鲜度的基础上，研究发现的一种食用菌包装技术，旨在通过改变包装环境的气体成分，增加或减少包装内 O_2 或 CO_2 的浓度，来使包装更加适合双孢菇的保存。气调贮藏技术有点类似于真空包装贮藏，根据双孢菇对气体环境的要求，对包装袋内的空气进行置换，来达到保质、保鲜的目的。气调贮藏技术又可分为主动气调包装、被动气调包装和复合气调包装。

主动气调包装主要是利用机械设备创造出对食用菌保鲜最有利的气体环境。食用菌经普通包装后，在包装内达到真空状态时，再向包装内充入一定量 O_2、CO_2 等适宜食用菌保鲜贮藏的气体，在适宜的气体环境下使食用菌保持良好的生理状况，从而达到保鲜的效果。主动气调的优点是操作者能够根据不同食用菌呼吸作用的特点，调节包装内不同气体的比例，建立起食用菌贮藏所需的最佳气调环境；缺点是前期需要配气，因此增加了大量设备成本。

被动气调包装也称自发气调包装，其利用包装材料自身的气体选择透过性及食用菌在贮藏过程中自身的呼吸作用，吸收包装内的 O_2，释放 CO_2，制造一个低浓度 O_2、高浓度 CO_2、适宜食用菌贮藏和不利于食用菌呼吸作用的气体环境，达到延长食用菌货架期的目的。被动气调法要求包装内食用菌的呼吸作用与包装材料的透气性保持良好的契合，尽管包装成本较低、易操作，但创建最佳的气调环境需较长时间且适用的贮藏产品种类较少。

复合气调包装也称为气体置换包装，是一种自动化包装常用的方式。它采用 2~4 种按食用菌特性配比混合的复合保鲜气体对包装盒或包装袋内的空气进行置换，改变盒或袋内食用菌的外部环境，达到抑制微生物生长，减缓食用菌代谢速度及延长保鲜期的目的。此外，在结合食用菌对保鲜环境要求的基础上，还要注重食用菌包装膜的气体透过性。

双孢菇气调贮藏过程为在经漂洗分级后，沥干水分、冷却后每 1kg 装于 1 个 0.025mm 的塑料袋内，可自动调整袋内气体含量，使 O_2 的体积分数为 1% 左右，CO_2 的体积分数为 2%~5%。此时，菇体生长受到抑制，开伞少、菇色洁白。袋内最好放吸水材料以吸收冷凝水，此法室温下可保鲜 7 天。

气调包装贮藏技术作为一种安全无污染、保鲜效果较好、便于运输的保鲜技术，目前在市场应用中拥有巨大的潜力，但由于影响气调贮藏的因素相对复杂，针对不同的食用菌其作用效果不同，且保鲜气体的成分及比例亦不同，当前研究多针对单一食用菌种类。

3. 辐照贮藏

辐照贮藏作为一种高效、可靠的冷杀菌技术，其采用 γ、β 等各种穿透力极强的射线穿透食用菌包装对食用菌表面微生物细胞内的分子结构进行破坏，杀死影响食用菌品质的微生物，降低食用菌菇体的酶活性，以降低酶化反应，减慢食用菌新陈代谢速度，保证食用菌品质。在食用菌工厂化栽培包装的自动化设计中，在辐照包装环节，需要对辐射量进行严格控制，要保持食用菌的新鲜并不意味着需要大量的射线辐射。对双孢菇来说，低剂量率的辐射比高剂量率的辐射能够取得更好地保鲜效果，也能更好地保证菇体细胞膜的完整性，减少其褐变或腐烂。

双孢菇装于多孔聚乙烯塑料袋内，用 γ 射线照射，使用剂量为 2000~3000Gy，经照射的双孢菇水分蒸发少、失重率低，明显抑制了双孢菇的褐变、破膜和开伞。照射后的双孢菇放于温度为 16~18℃，相对湿度 85% 条件下可贮藏 4~5 天，低温条件下贮藏时间更长。

辐照贮藏具有处理量大、效果显著、成本低、无残留、易操作等优点，在保证安全卫生的同时，对营养品质和感官性质损伤较小，因此也常与其他技术联合使用。

4. 生物保鲜贮藏

生物保鲜贮藏中应用最为广泛的是生物涂膜保鲜贮藏。生物涂膜与化学涂膜不同，对人体无害无毒，且具有良好的杀菌和抑菌效果，一般通过喷雾、浸泡等方式在双孢菇表面形成一层保护膜，减少菇体内外气体交换和机械损伤，抑制食用菌的呼吸作用，在延缓衰老、抑制病原菌生长等方面效果良好，具有天然无污染、安全、健康等优良特点。生物涂膜根据生物保鲜剂主要成分来源方式，分为植物源、动物源和微生物源三大类；根据其使用方式，分为单一型和复合型。它们在食用菌保鲜领域中均有应用。

植物源保鲜剂主要包括精油、茶多酚等。其中，精油是应用最为广泛的植物源保鲜剂之一，它是从植物花、叶、根、树皮等提取出来的具有杀菌性能的芳香物质，能显著延缓双孢菇褐变进程，抑制 PPO（多酚氧化酶）和 POD（过氧化物酶）的活性，增强 PAL（苯丙氨酸氨裂合酶）的活性，提升抗氧化物质含量，抑制微生物活动。

动物源保鲜剂大多为多糖类，保鲜有效成分通过浸泡、喷洒等方式在食用菌表面形成一层薄膜，保护机体减少外界氧化和微生物侵害作用。蜂胶、蜂蜡复合膜能延缓双孢菇变软的速度和可溶性蛋白含量的降低，减少失重和腐烂，抑制 MDA（丙二醛）含量、菌落数量，以及呼吸顶峰值的上升。

微生物源保鲜剂采用某些微生物通过其拮抗和竞争作用，或通过产生细菌素、有机酸等抗菌活性代谢产物，抑制或杀灭其他有害微生物生长的方式来延缓食用菌的劣变；有些微生物能分泌具有成膜性多糖物质，在食用菌表面形成微气调环境，抑制呼吸作用和水分蒸发，从而达到保鲜效果。

5. 保鲜剂贮藏

保鲜剂贮藏是利用化学试剂对食用菌进行防腐、杀菌、抑制酶活性、延缓食用菌劣变，来有效延长食用菌的贮藏期。一般用喷涂、浸泡等方法，操作方便，成本低廉。目前常用的保鲜剂有抗坏血酸、柠檬酸、二氧化氯、1-甲基环丙烯、亚硫酸盐等。其操作方法是将鲜菇放在涂膜剂（如甘油或明胶）中浸 3～5min，捞起沥干后装入聚乙烯塑料袋内，每袋装菇 0.5kg；将 1g 连二亚硫酸钠（脱氧剂）和少量活性炭混合，用纸袋包装后一同装入塑料袋，扎紧袋口，置于 16～18℃条件下可贮藏 6～7 天。

然而，有关研究表明，一定含量的亚硫酸盐会引起人染色体畸变以及受试小鼠器官和淋巴细胞 DNA 的损伤，因此在使用亚硫酸盐作为保鲜剂时，其用量和使用方法要特别注意。单一化学保鲜方法由于药物残留等可能会引起一些安全问题，因此考虑复合化学保鲜剂，即通过几种成分的协同增效作用提升保鲜效果，避免单一成分使用过量。

6. 速冻保鲜贮藏

速冻保鲜贮藏是将食用菌内的水分冻结成固态冰结晶结构，导致菌体温度急剧下降，并利用低温控制微生物生长繁殖和酶活性，延长食用菌保鲜贮藏期。速冻保鲜能最大程度的保持食用菌原有的新鲜程度、色泽和营养成分。

在沸水中添加柠檬酸，之后投入沸水重量 15% 的鲜菇，烫煮 90～150s，并随时搅动使菇体受热均匀，使菇体表呈淡黄色，具有弹性和光泽，熟而不烂。煮烫后的菇体及时用 10～20℃冷水冲淋，再移入 3～5℃流动冷水池中继续降温，然后送至冷库，使菇堆的中心温度保持在-18℃以下，可长时间保持双孢菇原有的品质与风味。

7. 臭氧保鲜贮藏

臭氧保鲜贮藏是利用一定浓度臭氧的强氧化性破坏微生物的细胞膜或细胞壁，并渗透进细胞内使蛋白质变性，破坏酶系统，影响其正常生理代谢从而杀死微生物的。臭氧还能氧化乙烯、乙醛等，降低对食用菌的催熟作用，缩小食用菌表面气孔，降低呼吸强度，延长食用菌保鲜期。臭氧处理可通过臭氧溶液浸泡或气体熏蒸实现。采用臭氧处理食用菌，具有零残留、高活性、高渗透、无污染、成本低、操作简单、效果好的优点。合适的臭氧浓度能较好地提高菇体贮藏期，但臭氧浓度过高会使食用菌代谢紊乱，降低贮藏品质。目前臭氧处理食用菌研究还处于实验室研究阶段，臭氧的最佳处理浓度和保鲜机理尚未形成定论，能否将其应用于商业化保鲜还需进一步深入研究。

5.3.2　工厂化包装自动化生产线

对于双孢菇这一新鲜农产品，采后处理过程需要经历多个工序，使用单独的加工处理设备难以满足生产需求。对于具有相当规模的双孢菇生产企业，对双孢菇的加工处理，可实现各工序的机械化，设备之间相互衔接、协调动作、统一调控，既符合工艺要求，又能达到生产目标，能够有效提高作业及设备的工作效率，实现双孢菇采后处理生产线的自动化。

自动化包装装备融合了机械加工、电气控制、信息系统控制、工业机器人、图像传感、微电子等多领域技术，将其与双孢菇品质特性及生产工艺相结合，实现上袋/盒、装填、封口/封膜、计量、贴标等一系列包装工序的自动化，能够提高双孢菇包装过程生产率、降低劳动强度、改善作业环境、节约人工成本、优化生产工艺和实现大规模生产。

1. 斜坡式提升装置

提升装置为食用菌包装生产线中的一种辅助机械设备，结构简单，主要由机架、料斗、带有间隔的传送带和驱动电动机组成，提升装置主要是将食用菌依次有序地逐个传送到相应的加工处理设备或出料口，保证加工处理设备正常运行或有序送至包装盒/袋内，避免传送过程中食用菌受到挤压而造成损伤。

2. 包装盒/袋供给传送装置

包装盒/袋供给传送装置将包装盒/袋依次有序供给包装机并传送至料斗出口。在食用菌工厂化栽培后续自动化包装过程中，包装盒/袋传送装置占据了重要的地位，食用菌的半自动包装和全自动包装系统的区别就在于供盒/袋系统。半自动包装系统需要由操作人员手工将包装盒/袋依次放在传送装置上，然后由工作人员给出上袋指令，完成食用菌的装盒/袋，食用菌包装的速度与工作人员的操作有直接的关系。而全自动包装系统则由上袋机械自动完成，操作人员只需将所用的包装盒/袋放进供盒/袋仓中就可以了，食用菌全自动包装机包装速度快，能够满足食用菌工厂化生产效益需要。

3. 保鲜薄膜输送与回收装置

对于托盘式的拉伸膜包装需在包装盒顶部使用保鲜膜进行封顶。保鲜薄膜输送装置由放膜卷轴，放膜辊及导向辊组成。为了便于安装及更换不同尺寸的食品级保鲜薄膜卷，也便于调节和固定膜卷轴上的位置，输送装置需选取合适位置安装。放膜卷轴与封切工位协调运行。收膜装置主要由收膜卷轴，导向辊和配重轴组成。该装置主要用来收卷封切后剩余的废膜，采用独立伺服电动机驱动，配重轴以用来保证封口质量及包装作业连续顺利进行。

4. 封切装置

封切的目的就是为了将食用菌的包装袋封口，或在包装盒顶部用保鲜膜封顶完成后应用切断机构将相互连接着的薄膜料袋分割成单个包装产品，其作用不仅是防止食用菌产品的泄漏，还是和包装技术一起形成一个完整的食用菌包装件，便于食用菌的运输、仓储和销售。封切装置由上、下模具两大部件构成。工作时，保鲜薄膜在上、下模具间穿过，提前由送盒装置将安放好食用菌的包装盒送至下模具部件的道具腔内定位，顶模机构将下模具部件上顶与上模具部件中的密封压板密合，使其间的保鲜薄膜与下模具模腔形成密闭腔室；在抽离完原有空气后充填混合好的保护性气体，下模部件继续上移，与上模具部件的热封模具、切刀先后接触，依次完成包装盒封口及保鲜薄膜分切工作。随即下模具部件下移复位，顶盒机构将成品包装盒顶出模腔，推杆将其推出封切工位。

5. 称重、计量装置

称重、计量装置是食用菌包装生产的基础，通过计量食用菌重量及份额，才能在运用各种包装技术时准确把握各项数据。计量系统的运用能够满足食用菌工厂化栽培的自动化包装精确度的需要，减少包装的失误。

食用菌称重装置安装于生产线末端，采用零速静态称重原理，主要工作过程是当包装完成的食用菌保鲜包装盒通过传送带到达生产线末端时，光电传感器检测到包装盒并开始计数，包装盒由于生产线传动带带速的原因，滑入称重装置托物台，在完成称重过程后，称重台侧面的动作气缸得到称重完成的信号，将包装盒推出称重台。包装盒的数量和重量得到统计，数据进入控制系统。

6. 贴标装置

贴标装置是在包装好的双孢菇包装袋/盒上加上标签，标签上显示商品名称、单价、净含量、分装/包装日期、保存期等相关信息。有些双孢菇包装设计有相对精美的标签，这不仅有助于提升产品形象，还能促进其销售。

当前生鲜超市中新鲜食用菌类的售卖基本采用人工称重贴标，人工劳动强度大、贴标效率低，而在双孢菇包装自动化生产线上采用自动贴标装置，不仅能够减轻工作人员劳动强度、提高生产率，还能降低人工成本、增强市场竞争力。

贴标装置主要由供标机构、取标机构、打印机构、贴标机构等组成，当检测到食用菌包装袋/盒到达贴标位置时，限位机构将待贴标的食用菌包装盒/袋的位置固定。打印机构在标签正面打印商品名称、单价、净含量等相关信息，同时检测标签是否打印完成，若标签已打印完成，贴标机构收到打印完成信息，取标机构将标签取出并贴附在包装盒/袋的贴标部位，完成贴标过程。

5.4　本章小结

1）确定了双孢菇分级分拣系统总体硬件结构，结合相关数据分析软件与虚拟机仿真软件对相关参数进行计算与验证。相关结果表明：在动、静平台直径，主、从动臂参数（50mm、125mm、250mm、570mm）下，能够满足运动空间的需求；当吸盘直径为10mm，真空系统负压力最低在81.663kPa时，能够满足将双孢菇吸起；完成基于 ADAMS 软件平台的拨正机构传送装置的运动速度设计，仿真试验表明，传送带速度在 0.05～0.12m/s 时，双孢菇姿态能被矫正。

2）以 QT 软件为开发平台，搭载 Open CV 机器视觉图像处理库，设计了双孢菇分级分拣系统用户使用界面以及相关硬件系统参数调节界面，实现了图像采集、图像处理、机械臂参数设计标定以及步进电动机、传送带电动机的控制等功能。

3）构建了基于机器视觉的双孢菇品质检测模型。首先使用高斯滤波、最小二值化、形态学操作以及掩膜处理实现双孢菇目标区域的分割，然后通过 Hough 变换、相机标定等处理检获得菇盖直径大小以及圆度特征信息，同时通过灰度共生矩阵变换提取了 8 个维度的特征参数，最后使用直径、圆度以及菇盖表面纹理特征参数共计 10 个特征变量作为 ELM 分类模型输入，对双孢菇品质进行建模分析，最终训练集识别准确率达到 98.125%，测试集的识别准确率达到了 92.5%。

4）完成了双孢菇分级分拣系统样机的验证试验。当传送带速度为 0.08m/s 时，拨正效果最好，拨正成功率达到了 97% 以上，相关系数为 0.98125；对系统真空度进行验证试验，得出真空度与吸附成功率呈现正相关的关系，相关系数为 0.99399，同时优选出在 -41kPa 时，吸附成功率以及破损率较低；设备分拣的平均准确率、漏检率、破损率以及效率分别为：95.67%、2.08%、0.83%、59.95 个/min，设备分级与人工分级相比，分拣准确率提高了 2.08%，分拣效率提高了约 2 倍。

5）针对双孢菇等食用菌的几种不同保鲜贮藏措施进行论述；对食用菌工厂化包装自动化生产线的斜坡式提升装置、包装盒/袋供给传送装置、保鲜薄膜输送与回收装置、切封装置膜、称重/计量装置、贴标装置等一系列包装工序进行简单描述，以期在保证双孢菇采后质量的前提下，对其采取行之有效的保鲜手段及包装自动化生产线的研究设计。

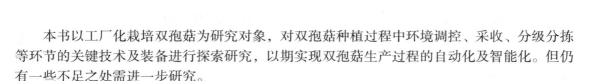

第6章

展　望

06

本书以工厂化栽培双孢菇为研究对象，对双孢菇种植过程中环境调控、采收、分级分拣等环节的关键技术及装备进行探索研究，以期实现双孢菇生产过程的自动化及智能化。但仍有一些不足之处需进一步研究。

1. 工厂化生产环境调控环节

通过自研环境管控系统对菇房环境温度、湿度进行统一调节，将温度、湿度作为控制变量处理，未考虑其对双孢菇发育的影响。后期需要对环境温度、湿度与基质水分间耦合作用的规律进行探究，建立双孢菇综合生长发育、品质预测模型。

考虑控制变量原则，试验能够保证在环境因子变量（如室内环境湿度、温度、CO_2浓度等）一致的情况下进行，对无关变量的控制，如培养基质因不同含水率带来的蒸发量、基质温度和植株蒸腾量的差异，应在接下来研究中通过精确监测进行控制并减少其导致的试验误差。

2. 双孢菇内外部信息检测

双孢菇原位检测算法中，由于双孢菇周围存在无效干扰点，导致菇床背景分割过程中切割层数增多、算法耗时和双孢菇筛选难度大，并造成直径测量误差。同时，个别双孢菇菇盖距离基质过近，难以实现基质背景分割，造成双孢菇原位检测失败，出现漏检现象。在后续研究中，应进一步优化深度图像预处理方法，去除无效干扰点；可以采用深度信息构建彩色三维点云，并利用结构和颜色信息对点云实施分割，以降低双孢菇漏检现象。

双孢菇直径测量过程中，由于双孢菇存在生长歪斜等问题，将双孢菇真实坐标向 xy 平面进行投影时，双孢菇轮廓形状会发生变形，增加了直径测量误差。在进一步研究中，应对生长歪斜的双孢菇进行直径算法进一步优化。

双孢菇白度检测方法中，采用的是 D65 光源为 LED 模拟光源。后续可以采用体积更小的卤素光源模拟 D65 光源，实现采集系统小型化，开发基于机器视觉的便携式白度检测装置。

3. 柔性仿形采摘末端执行器

本书中的柔性仿形双孢菇采摘末端执行器采用的是颗粒物塑性原理实现对双孢菇的仿形，但是实际的变形程度和与密封程度主要由柔性膜和颗粒材料所决定。虽然本书采用的乳胶、石英和塑料等材料能够实现对大多数双孢菇的仿形，但对于一些畸形的双孢菇，采摘过程还存在一些问题。因此，需要探索更加适合的材料来优化末端执行器的性能。同时，结合机器学习算法，对双孢菇进行形态学分类和预测，帮助执行器快速识别并分类各种不同类型的双孢菇，以更好地调整采摘策略和优化采摘效率，提高采摘成功率和效率。此外，通过机器学习算法分析双孢菇的生长趋势和变化规律，提前预测出可能出现的问题，以便能够及时采取措施加以解决，避免损失和浪费。

双孢菇在生长过程中，会呈现出不同的生长姿态和生长角度，如果不是针对性地进行采摘，就可能会导致采摘效率低下和浪费。因此，为了实现对不同生长角度双孢菇的高效采摘，研究配套机械臂，机械臂可以通过采用多关节、柔性的设计方案来适应双孢菇在不同生长角度下的变化，同时还需要搭配感应器和摄像头等传感器设备，实时监测和捕捉双孢菇的位置和形态信息，以实现精确的抓取和采摘。

4. 低损采摘机械手

本书中设计的低损采摘机械手采用的控制策略是传统模糊 PID 控制，控制效果虽能够达到所需要求，但控制稳定速度有待进一步提高，在未来研究中需要采用更好的控制算法进行优化控制。同时，所设计的采摘机械手及提出的双孢菇识别图像处理算法，虽然能够实现双孢菇的采摘作业，但是只适用于去除黏连严重后菇床的采摘过程，对黏连严重菇床的采摘作业适用性较差。因此，后续的研究中可以考虑设计疏菌机构与采摘机械手相配合的模式，以提高双孢菇采摘效率及摘后双孢菇品质。

5. 智能采摘机器人

采摘机器人在采摘过程中，由于受到采摘执行机构与采摘机器人桁架外框之间结构的限制，使得菇床边界处（装有 U 形轨道两侧）的双孢菇检测、采摘难度加大，今后的研究中应对其结构进行进一步优化，并与双孢菇栽植农艺充分结合，以提高采摘机器人的适用性。同时，为提高采摘效率，可在现有单采摘手臂的基础上优化采摘手爪结构并考虑采用多采摘手臂协同作业，加快采摘效率。

6. 智能分级与包装环节

本书中的双孢菇智能分级装备虽然进行了基于近红外光谱不同新鲜度的分级检测研究，并且达到了较好的分级效果，但是近红外光谱原始数据获得过程较为复杂且速度较慢，使得识别检测及分拣效率大幅度降低，因此采用近红外光谱检测设备对双孢菇进行智能分级检测，还需进一步开发快速识别检测算法，以提高检测的时效性。

在采用近红外光谱对双孢菇新鲜度检测中，使用连续投影算法提取了有效特征波长，虽然降低了数据处理的复杂程度，提高了建模速度，但是存在两点不足之处。一是，提取的有效波长数目为 10 个，对于开发便携式多光谱设备仍有一定难度，因此，需对不同新鲜度双孢菇的近红外远波波段，甚至其他光谱技术进行更深入的研究。二是，本研究提取的为不同等级的双孢菇外品质特征，并未融合其内品质特征，因此后期需要开发兼顾内外品质的双孢菇检测模型。

由于多种原因，研究的智能分级分拣系统以单个并联机械手作为分拣作业机构，分拣效率平均约为 60 个/min，与人工作业相比作业效率较低。拨正机构在实际应用过程中，出现了不规则、畸形菇难以拨正，需要人工辅助的情况。同时，分拣分级试验于室内条件下进行，距离实际工程应用阶段还有较大差距，因此，要想实现快速、低损分级分拣作业的应用，还需对该系统进行深入研究与改进。

目前，针对双孢菇自动化包装装备的研究相对较少，且其在工厂化栽培中还未得以广泛运用。未来可考虑将自动化包装装备与双孢菇分级分拣等生产环节集成到一起，形成分级分拣、包装自动化生产线，或将其集成到采摘机器人的功能中，研制集采摘、分级分拣和包装功能于一体的采摘机器人，以尽可能地缩短双孢菇从采摘到销售之间的流转时间，并减少流转过程中对双孢菇造成的损伤，提高经济效益，满足双孢菇智慧化工厂生产装备的自动化及智能化。

参 考 文 献

[1] 姬江涛，孙经纬，赵凯旋，等．基于图像分析的双孢菇（白菇）白度测定方法［J］．中国食品学报，2022，22（1）：289-297.

[2] 王荣先，赵向鹏，林士兰，等．双孢蘑菇工厂化生产关键装备研究现状及对策［J］．农业工程，2019，9（11）：59-62.

[3] 商立超，弓志青，王文亮，等．食用菌采后保鲜技术研究进展［J］．山东农业科学，2022，54（7）：149-156.

[4] 姬江涛，赵向鹏，王荣先，等．水分胁迫对温室双孢菇动态发育品质及水分利用效率的影响［J］．农业工程学报，2021，37（6）：205-213.

[5] 朱雪峰，赵凯旋，姬江涛，等．双孢菇工厂化生产环境因子调控系统设计［J］．农机化研究，2021，43（2）：156-162.

[6] 赵向鹏，王荣先，姬江涛．温室双孢菇栽培智能喷淋装置的设计与试验［J］．农机化研究，2022，44（12）：187-191.

[7] 姬江涛，李梦松，赵凯旋，等．双孢菇柔性仿形采摘末端执行器设计与试验［J］．农业机械学报，2023，54（1）：104-115.

[8] 王玲，徐伟，杜开炜，等．基于SR300深度相机的褐蘑菇原位测量技术［J］．农业机械学报，2018，49（12）：13-19，108.

[9] 孙经纬，赵凯旋，姬江涛，等．基于"淹没法"的双孢菇检测及直径测量方法［J］．农机化研究，2021，43（2）：28-33.

[10] 马淏，张开，姬江涛，等．基于光谱技术的双孢蘑菇新鲜度量化检测技术研究［J］．光谱学与光谱分析，2021，41（12）：3740-3746.

[11] 王风云，封文杰，郑纪业，等．基于机器视觉的双孢蘑菇在线自动分级系统设计与试验［J］．农业工程学报，2018，34（7）：256-263.

[12] 卢伟，王鹏，王玲，等．褐菇无损采摘柔性手爪设计与试验［J］．农业机械学报，2020，51（11）：28-36.

[13] 张俊．面向工厂化褐菇种植的智能蘑菇采摘机器人设计［D］．南京：南京农业大学，2019.

[14] 周砚钢，陈莹燕．食用菌工厂化栽培中的自动化包装技术［J］．中国食用菌，2020，39（8）：75-78.

[15] 刘韦．新鲜双孢蘑菇采收和自动化分级方法研究［J］．中国食用菌，2019，38（10）：56-59；63.

[16] 钱磊，刘连强，李凤美，等．食用菌生物保鲜技术研究进展［J］．保鲜与加工，2020，20（1）：226-231.

[17] JI J T, HE Y K, ZHAO K X, et al. Quality information detection of agaricus bisporus based on a portable spectrum acquisition device［J］. Foods, 2023, 12（13）：2562.

[18] JIANG F L, YANG X, WANG Y N, et al. Design of an online quality inspection and sorting system for fresh button mushrooms（agaricus bisporus）using machine vision［J］. Engineering letters, 2022, 30（1）：221-226.

[19] ZHAO K X, ZHANG M K, JI J T, et al. Whiteness measurement of agaricus bisporus based on image processing and color calibration model［J］. Journal of food measurement and characterization, 2023, 17（3）：2152-2161.

[20] CHONG J L, CHEW K W, PETER A P, et al. Internet of things（IoT）-based environmental monitoring and

control system for home-based mushroom cultivation [J]. Biosensors, 2023, 13 (1): 98.

[21] ZHAO K X, ZHU X F, MA H, et al. Design and experiment of the environment control system for the industrialized production of agaricus bisporus [J]. International journal of agricultural and biological engineering, 2021, 14 (1): 97-107.

[22] AGUSTIANTO K, WARDANA R, DESTARIANTO P, et al. Development of automatic temperature and humidity control system in kumbung (oyster mushroom) using fuzzy logic controller [J]. IOP conference ceries, 2021, 672 (1): 1-10.

[23] JI J T, SUN J W, ZHAO K X, et al. Measuring the cap diameter of white button mushrooms (agaricusbisporus) by using depth image processing [J]. Applied engineering in agriculture, 2021, 37 (4): 623-633.

[24] WANG F Y, ZHENG J Y, TIAN X C, et al. An automatic sorting system for fresh whitebutton mushrooms based on image processing [J]. Computers and electronics in agriculture, 2018, 151: 416-425.

[25] WANG L, WU X Y, ZHU Y H, et al. Portabella mushrooms online measurement for picking robot based on SR300 depth camera and boundary concave points detection [J]. International agricultural engineering journal, 2019, 28 (3): 346-354.

[26] HU X M, PAN Z R, LV S K, et al. Picking path optimization of agaricus bisporus picking robot [J]. Mathematical problems in engineering: theory, methods and applications, 2019 (20): 1-16.

[27] HUANG M S, HE L, CHOI D, et al. Picking dynamic analysis for robotic harvesting of agaricus bisporus mushrooms [J]. Computers and electronics in agriculture, 2021, 185: 106145.

[28] ZHU X Y, ZHU K, LIU P Z, et al. A special robot for precise grading and metering of mushrooms based on yolov5 [J]. Applied sciences basel, 2023, 13 (8): 10104.

[29] XIA R R, HOU Z S, XU H R, et al. Emerging technologies for preservation and quality evaluation of postharvest edible mushrooms: A review [J]. Critical reviews in food science and nutrition, 2023, 4: 1-19.

[30] YAO F, XU H R, SUN Y, et al. Review of packaging for improving storage quality of fresh edible mushrooms [J]. Packaging technology and science, 2023, 36 (8): 629-646.